エクセレント ドリル

1級 土木
施工管理技士

試験によく出る 重要問題集

市ヶ谷出版社

ま え が き

　東日本大震災を初め，各地で頻発する自然災害からの復旧工事や対策，高度成長期に整備された膨大なインフラの更新と維持管理など，土木工事の需要は絶えることがありません。

　これらの土木工事を安全かつ効率的に実施し，事業を達成させるためには，工事の責任者となる監理技術者や主任技術者などの指導者が，必要な資格と力量を持っていることが不可欠です。

　監理技術者等の責任者になるためには，「1級土木施工管理技士」の資格が必須の要件です。資格取得のためには，国家試験である1級土木施工管理技術検定試験に合格しなければなりません。

　試験は，毎年，同じ分野から，似たような内容の問題が出されています。昨年度の設問の中の一つが翌年度に使われていることも珍しくありません。

　同じ傾向の，似たような問題が多いということは，1級土木施工管理技士として，知っておくべき基本的な範囲があり，その内容は限られているということを示しています。

　このテキストは，各分野の代表的，かつ，基本的問題を取り上げて，演習をしながら**試験に必要な知識や事項を習得できる**よう作られています。問題を解き，試験によく出る重要事項を覚えることで，合格に必要な知識が身について，類似の問題の解答ができるようになります。

　是非，本書を活用して，**合格の栄冠**を勝ち取ってください。

令和2年(2020)1月

著者一同

Ⅰ．本書の特色と利用のしかた

　本書は，「1級土木施工管理技士」を目指す受験生が，学科試験について，一つのテーマの問題を繰り返し学習することで，知らず知らずのうちに，合格に必要な力がつくよう「エクセレントドリル」として編集しました。

　本書には，約370題の代表的かつ主要な問題が収録してあります。実際の試験では、60%できれば合格ですので，赤色の透明フィルムを用意して，問題の解答部分や赤字表記の重要事項・文字を隠して，80%，300題の問題を解答できるようにしてください。

　また，第6編には，合格のための難関となっている実地試験の「施工経験記述」について，書き方と学習の仕方をまとめて掲載しました。

　学科試験問題は，簡潔、効率的に学習できるよう，以下のように構成しています。

重要度

　頻出問題や重要問題は★★★，出題頻度は低いが，土木として重要な問題は★★と表記

フォーカス

　出題傾向・出題頻度、内容の応用形などについて記載し、「よく出題される」「～をしっかり覚えておく」など、皆さんの学習の指針となる事柄を具体的に示しました。この指針をよく理解して、学習を効果的に進めましょう。

---

a. 「**適当でない（誤っている）ものはどれか**」という設問の問題
　①　誤っている選択肢の文章の，適当でない部分を赤字で正しい内容に訂正し，理解と定着を図っています。
　②　適当な他の三つの選択肢は，設問文の内容をそのまま覚えてください。

b. 「**適当な（正しい）ものはどれか**」という設問の問題
　①　適当なものの選択肢はそのまま覚えてください。
　②　誤っている三つの選択肢文章の，適当でない部分を赤字で正しい内容に訂正し，理解と定着を図っています。

　a，bともに，必要に応じてポイント的な説明を補足しています。

━━━━ 試験によく出る重要事項 ━━━━

　①　毎年，高い頻度で出題される事項を抽出し，厳選して掲載してあります。
　②　各事項について，覚えておくべきポイントを簡潔に説明しています。
　③　覚えやすいように，事項の数や説明内容は，問題解答に直結するものに絞り，できるだけ少なくしています。

Ⅱ. 「1級土木施工管理技士」学科試験の概要と学習のしかた

1.「1級土木施工管理技士」学科試験の概要

　学科試験は，下表に示すように，午前の試験は選択問題です。合計で 61 問出題され，分野ごとに指定された数だけを選択して，30 問を解答します。午後の試験は，出題された問題全てについて解答する必須問題です。試験は，例年 7 月に行われます。

学科試験出題分類表

午前の部（試験時間　2 時間 30 分）

出題分類		出題数[*1, 2]		出題分類		出題数	
土木一般	土工	5	15(12)	土木法規	労働基準法	2	12(8)
	コンクリート工	6			労働安全衛生法	2	
	基礎工	4			建設業法	1	
専門土木	構造物	5	34(10)		道路関係法	1	
	河川・砂防	6			河川法	1	
	道路・舗装	6			建築基準法	1	
	ダム・トンネル	4			火薬類取締法	1	
	海岸・港湾	4			騒音規制法	1	
	鉄道，地下構造物・鋼橋塗装	5			振動規制法	1	
	上・下水道，薬液注入	4			港則法・海防法	1	
				合　計		61(30)	

午後の部（試験時間　2 時間）

出題分類		出題数	
共通工学	測量	1	4(4)
	契約・設計	2	
	機械・電気	1	
施工管理	施工計画	5	31(31)
	工程管理	4	
	安全管理	11	
	品質管理	7	
	環境保全	2	
	建設リサイクル・副産物	2	
合　計		35(35)	

＊1　分類別の出題数は，変わることがある。
＊2　（ ）は，必要解答数。
＊3　共通工学・施工管理は，必須問題。

2. 学習のしかた

　a. 1 問 3 分を目安に，過去問を分野別に解いてみる。
　b. 解いた問題は，四つの選択肢について読み返し，要点を確実に覚える。
　c. 「試験によく出る重要事項」を覚える。
　d. 再度，問題にあたり，知識を確実なものとする。
　e. 必須問題の施工管理・共通工学から学習を始める。
　注. なお，各編扉の下段に分野ごとの学習のポイントを掲載してあるので，参考にしてください。

3. 受験資格(学歴・資格と実務経験年数)

学歴・資格	実務経験年数*1	
	指定学科卒業後	指定学科以外卒業後
大学・専門学校「高度専門士」	3年以上	4年6か月以上
短期大学・高等専門学校「専門士」	5年以上	7年6か月以上
高等学校・中等教育学校・専門学校（高度専門士・専門士を除く）	10年以上	11年6か月以上
その他の者	15年以上	

＊1　1年以上の指導監督的経験年数が含まれている必要があります。

上記のはか「2級土木施工管理技術検定合格者」と専任の主任技術者の経験が1年(365日)以上ある者には，別途，受験資格が定められています。

Ⅲ. 「1級土木施工管理技士」実地試験

1. 「1級土木施工管理技士」実地試験の概要

実地試験を受験できるのは，前年度および当該年度の「1級土木施工管理技士技術検定・学科試験の合格者等です。試験は，例年10月に行われます。

実地試験は，下表に示すように必須問題の施工経験記述と，選択問題の学科記述とがあります。

① 施工経験記述は，受験者がこれまで携わった工事について現場で留意した施工管理の課題を指定し，解答させることで，1級にふさわしい工事管理者としての経験および技術的判断力などを有しているかを見る試験です。

② 学科記述は，(1)と(2)に分かれ，それぞれ，土工の問題が1問，コンクリートの問題が1問，施工管理の問題が3問の，合計10問が出題されます。そして，(1)から3問，(2)から3問の，合計6問を選択して解答します。

実地試験出題分類表

(試験時間　13時15分〜16時)

出題分野		出題数	摘要
実地試験	施工経験記述	1	必須問題
	土工	2	(1)と(2)があり，(1)の5問題から3問，(2)の5問題から3問，合計6問を選択して解答する。
	コンクリート	2	
	施工管理	6	
		11(7)	

（　）は，必要解答数。

2. 施工経験記述について

施工経験記述は，受験者が苦手としている分野で，それだけに合否を左右する大切な科目です。そのため，本書では，第6編に書き方や学習の仕方などを載せました。

目　　次

第1編　土木一般

　土木一般は，1級土木施工管理技術者として，知っておか
なければならない土工・コンクリート工・基礎工の分野から，
毎年，15問が出題されて12問を解答する，ほとんど必須に
近い選択問題です。

　土工・コンクリート工は，専門土木・施工管理・実地試験
においても出題される大切な科目なので，要点を確実に覚え
ておく必要があります。

　しかし，いわば教養的な分野なので，ここから勉強を始め
て，時間をとられ過ぎないようにしましょう。

　**土木一般は，教養分野です。重要項目を確実に覚えておき
ましょう。**

第1章　土　工

●出題傾向分析(出題数5問)

出題事項	設問内容	出題頻度
土質試験(原位置試験・サウンディング)(室内試験)	試験名，試験目的，試験から求めるもの，結果の利用	単独または組合せて毎年
盛土工	材料，敷均し，締固め，埋戻し等の留意事項	毎年
軟弱地盤対策工法	工法名と施工方法及び特徴	毎年
盛土の締固め規定	工法規定方式，品質規定方式	5年に1回程度
土量変化率	変化率 L と C の意味，その利用法，土量計算	5年に3回程度
建設発生土	利用の留意事項	5年に3回程度
切土法面	法面保護工法，排水工	5年に1回程度
情報化施工	情報化施工の特徴	5年に2回程度
土工機械	締固め機械と適用土質，運搬機械の適用範囲	5年に2回程度

◎学習の指針

1．土質試験は，原位置試験・サウンディングと室内試験について単独または組み合わせて，毎年出題されている。過去に出題されたものについて，試験名と試験方法，試験から求めるもの，結果の利用について，覚えておく。

2．盛土の問題は，盛土材料および敷均しから締固めまで施工の留意事項を中心に学習する。品質管理と実地試験の学科記述も含めて毎年出題されている。

3．軟弱地盤対策工法は，毎年出題されている。各対策工法の概要と特徴は，必ず覚えておく。

4．土量変化率と土量計算は，隔年程度に出題されている。L，C の意味と利用を覚える。計算問題は，必ず解けるようにしておく。

5．最近の動きを踏まえた出題が多くなってきている。①建設発生土の利用，②情報化施工は，施工管理の分野でも出題されているので，過去問から基本事項を覚えておく。

6．土工機械は，共通工学分野でも出題されている。機種と使用範囲，作業の概要などを覚えておく。ハイブリッドなど，最新の動向にも注意しておく。

| 1-1 | 土木一般 | 土 工 | 原位置試験 | ★★★ |

フォーカス 土質試験の問題は，室内試験および原位置試験について，毎年出題されている。原位置試験では，サウンディングの種類と試験方法，結果の利用について覚えておく。

---

1 土の原位置試験で，「試験の名称」，「試験結果から求められるもの」及び「試験結果の利用」の組合せとして，次のうち**適当なもの**はどれか。

[試験の名称]　　　　[試験結果から　　　[試験結果の利用]
　　　　　　　　　　　求められるもの]

(1) 標準貫入試験·················*N*値······················盛土の締固め管理の判定
(2) スウェーデン式
　　サウンディング試験·········静的貫入抵抗·········土層の締まり具合の判定
(3) 平板載荷試験·················地盤反力係数·········地下水の状態の判定
(4) ポータブルコーン
　　貫入試験···························せん断強さ············トラフィカビリティーの判定

解答 (1) 標準貫入試験·········*N*値·········地盤の硬軟，締り具合の判定
(3) 平板載荷試験·········地盤反力係数·········締固め施工管理
(4) ポータブルコーン貫入試験·········コーン指数·········トラフィカビリティーの判定
(2)は，記述のとおり**適当である**。　　　　　　　　　　　　**答** (2)

---

2 各種サウンディング試験の測定値の活用方法に関する次の記述のうち，**適当でないもの**はどれか。

(1) 標準貫入試験の結果は，砂の相対密度，粘土のコンシステンシーの推定に用いられる。
(2) スウェーデン式サウンディング試験の結果は，堅い砂質土層や堅い粘性土層の層厚の推定に用いられる。
(3) ポータブルコーン貫入試験の結果は，トラフィカビリティの推定に用いられる。
(4) オランダ式二重管コーン貫入試験の結果は，砂層の支持力や粘性土の粘着力の推定に用いられる。

解答　スウェーデン式サウンディング試験の結果は，柔らかな地盤の推定に用いられる。堅い地盤には適用しない。

　　したがって，(2)は**適当でない**。　　　　　　　　　　　　　　　　**答**　(2)

3　　土の原位置試験に関する次の記述のうち，**適当でないもの**はどれか。

(1)　盛土の品質管理の目的で行う現場密度の測定は，締固めた土の締固め度，飽和度，空気間隙率等を求めるものである。

(2)　一般にトラフィカビリティは，コーンペネトロメータで測定した塑性指数で示される。

(3)　ベーン試験は，軟弱な粘性土，シルト，有機質土のせん断強さを現地において測定するものである。

(4)　現場透水試験は，地盤に井戸又は観測孔を設け，揚水又は注水時の水位や流量を測定し，地盤の原位置における透水係数を求めるものである。

解答　一般に，トラフィカビリティは，コーンペネトロメータで測定したコーン指数で示される。

　　したがって，(2)は**適当でない**。　　　　　　　　　　　　　　　　**答**　(2)

4　　土の原位置試験に関する次の記述のうち，**適当なもの**はどれか。

(1)　現場密度を測定する方法には，ブロックサンプリング，砂置換法，RI計器による方法があり，現場含水量と同時に測定できる方法は砂置換法である。

(2)　トラフィカビリティは，コーンペネトロメータの貫入抵抗から判定されるもので，原位置又は室内における試験で計測する。

(3)　ベーン試験は，主として硬い砂地盤のせん断強さを求めるもので，ボーリング孔を用いて行う。

(4)　現場透水試験は，軟弱地盤の土の強度を評価したり，掘削に伴う湧水量や排水工法を検討するために行われるものである。

解答　(1)　現場密度を測定する方法には，ブロックサンプリング，砂置換法，RI計器による方法があり，現場含水量と同時に測定できる方法はRI計器による方法である。

(3)　ベーン試験は，主として軟らかい粘性土地盤のせん断強さを求めるもので，ボーリング孔を用いて行う。

(4) 現場透水試験は，地盤の透水係数を測定するもので，掘削に伴う湧水量
や排水工法を検討するために行われるものである。

(2)は，記述のとおり**適当である**。 **答** (2)

═══ 試験によく出る重要事項 ═══

原位置試験

原位置試験

試験の名称		試験から求めるもの	試験結果の利用
サウンディング	標準貫入試験	N 値（打撃回数）	土の硬軟，締まり具合の判定
	スウェーデン式サウンディング	貫入荷重 W_{sw} 半回転数 N_{sw}	土の硬軟，締まり具合の判定
	ポータブルコーン貫入試験（コーンペネトロメータ）	コーン指数 q_c （kN/m^2）	トラフィカビリティの判定
	オランダ式二重管コーン貫入試験	コーン指数 q_c （kN/m^2）	土の硬軟，締まり具合の判定 N 値 30 程度の堅い地盤も試験可
	ベーン試験	粘着力 c（N/mm^2） せん断強さ	細粒土地盤の安定計算
平板載荷試験		地盤反力係数 K （kN/m^3）	締固めの施工管理
現場 CBR 試験		CBR 値（%）	地盤支持力の判定
現場透水試験		透水係数 k（cm/s）	地盤改良，土壌汚染対策の検討 湧水量・排水工法の検討
弾性波探査		地盤の弾性速度 V （m/s）	成層状況の推定，岩の掘削法 地層の種類・性質
単位体積質量試験 （砂置換法，RI 法，コアカッタ法）		湿潤密度 ρ_t（g/cm^3） 乾燥密度 ρ_d（g/cm^3）	締固めの施工管理

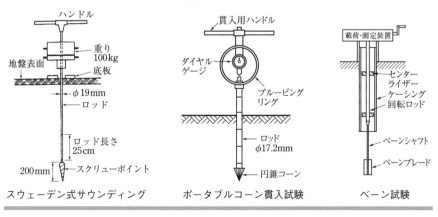

スウェーデン式サウンディング ポータブルコーン貫入試験 ベーン試験

| 1-1 | 土木一般 | 土 工 | 土質試験・室内試験 | ★★★ |

フォーカス　土質試験の問題は，室内試験および原位置試験について，それぞれ単独または組み合わせて毎年出題されている。過去に出題された問題の試験名と調査項目，試験方法，求めた値の利用法については，覚えておく。

5　土質試験結果の活用に関する次の記述のうち，**適当でないもの**はどれか。

(1) 土の含水比試験結果は，水と土粒子の質量の比で示され，切土，掘削にともなう湧水量や排水工法の検討に用いられる。

(2) 土の粒度試験結果は，粒径加積曲線で示され，その特性から建設材料としての適性の判定に用いられる。

(3) CBR試験結果は，締め固められた土の強さを表すCBRで示され，設計CBRはアスファルト舗装の舗装厚さの決定に用いられる。

(4) 土の圧密試験結果は，圧縮性と圧密速度が示され，圧縮ひずみと粘土層厚の積から最終沈下量の推定に用いられる。

解答　土の含水比試験結果は，水と土粒子の質量の比で示され，施工条件の判断に用いられる。切土，掘削にともなう湧水量や排水工法の検討は，<u>現場透水試験</u>結果を用いる。

したがって，(1)は**適当でない**。　　　　　　　　　　**答**　(1)

6　土質試験における「試験の名称」，「試験結果から求められるもの」及び「試験結果の利用」に関する次の組合せのうち，**適当なもの**はどれか。

　[試験の名称]　　　　　[試験結果から求められるもの]　　　[試験結果の利用]

(1) 土の一軸圧縮試験………一軸圧縮強さ………地盤の沈下量の推定

(2) 突固めによる土の締固め試験……………圧縮曲線……………盛土の締固め管理基準の決定

(3) 土の圧密試験…………圧縮指数…………斜面の安定の検討

(4) 土の粒度試験…………粒径加積曲線……建設材料としての適性の判定

解答　(1)　土の一軸圧縮試験………一軸圧縮強さ………地盤支持力の検討

(2)　突固めによる土の締固め試験………締固め曲線………盛土の締固め管理
基準の決定

(3)　土の圧密試験………圧縮指数………地盤の沈下量の推定

(4)は，記述のとおり**適当である**。　　　　　　　　　　　**答**　(4)

═══════════ 試験によく出る重要事項 ═══════════

土の状態変化

a ．コンシステンシー(consistency)試験：含水量の変化による細粒土の変形
のしやすさなど，**固さ・軟らかさの状態変化を調べる試験**。細粒土は，含
水量によって状態が大きく変化する。コンシステンシー試験により，塑性
限界・液性限界を求め，**土の安定性の推定などに用いる**。

b ．**塑性指数**(Ip)：その値が低いほど吸水による強度低下は小さい。

c ．土の状態とコンシステンシー限界

固　体	半固体（チーズ状）	塑性体（軟バター状）	液　体
収縮限界 w_s	塑性限界 w_p	液性限界 w_L	
小　←	含水比 w(%)	→ 　大	
←収縮指数→	←塑性指数 I_p →		

d ．土の室内試験

試験名	試験により求める値	試験で求めた値の利用法
粒度試験	粒径加積曲線 有効径 D_{10} 均等係数 U_c	土の分類・判定 材料として判定 液状化・透水性の判定
含水比試験	含水比 w	土の締固め管理，土の分類
コンシステンシー 試験	液性限界 w_L，塑性限界 w_p 塑性指数 I_p	細粒土の安定性の判定
締固め試験	最大乾燥密度 $\rho_{d\,max}$，最適含水比 $w_{o\,pt}$	盛土の締固め管理
せん断試験 （一軸圧縮試験）	内部摩擦角 ϕ，粘着力 c 一軸圧縮強さ q_u，鋭敏比 S_t	地盤支持力の確認 細粒土の地盤の安定計算
室内 CBR 試験	設計 CBR 値 修正 CBR 値	たわみ性舗装厚の設計 路盤材料の選定
圧密試験	e-$\log P$ 曲線 体積圧縮係数 m_v，圧密係数 C_v	粘土層の沈下量の計算 沈下速度の計算

| 1-1 | 土木一般 | 土　工 | 土の締固め | ★★★ |

フォーカス　土の締固めは，土工の最も基本的，かつ，重要な事項である。隔年程度の出題頻度であるが，品質管理の分野でも出題されるので，締固め曲線を作図できるよう学習しておく。

7　盛土の締固めに関する次の記述のうち，**適当でないもの**はどれか。

(1)　自然含水比が最適含水比より著しく高く施工の制約から含水量調整が困難である土については，空気間隙率や飽和度の管理が適用される。

(2)　土の締固めの特性は，締固め曲線で示され，一般に礫や砂では最大乾燥密度が低く曲線が平坦になる。

(3)　締め固めた土の強度特性は，締固め直後の状態では，一般に最適含水比よりやや低い含水比で強度が最大となる。

(4)　傾斜地盤上の盛土は，豪雨や地震時に変状が生じやすいので，締固め度の管理基準値を通常より高めに設定するとよい。

解答　土の締固めの特性は，締固め曲線で示され，一般に礫や砂では最大乾燥密度が高く曲線が尖った形になる。

したがって，(2)は**適当でない**。　　　　　　　　　　　　　　　**答**　(2)

8　土の締固めに関する次の記述のうち，**適当なもの**はどれか。

(1)　締め固めた土の強度特性は，締固め直後の状態では，最適含水比において，強度，変形抵抗及び圧縮性とも最大となる。

(2)　締固めの目的は，土中の空気を増加させ，外力に対する抵抗性を大きくし，安定性をより高めるために行うものである。

(3)　締固め効果は土の種類によって異なり，粒度のよい砂質土は粘性土と比較して最大乾燥密度が大きく，締固め曲線の形状がなだらかである。

(4)　含水比の高い粘性土をローラで締め固める場合は，締固め回数を増しても締め固まらず，かえって練り返すことによって強度が低下する。このような現象をオーバーコンパクションと呼ぶ。

解答　(1)　締め固めた土の強度特性は，締固め直後の状態では，最適含水比に

おいて，強度，変形抵抗が最大となり，圧縮性は最小となる。

(2)　締固めの目的は，土中の空気を減少させ，外力に対する抵抗性を大きくし，安定性をより高めるために行うものである。

(3)　締固め効果は土の種類によって異なり，粒度のよい砂質土は粘性土と比較して最大乾燥密度が大きく，締固め曲線の形状がとがった凸形となる。

(4)は，記述のとおり**適当である**。　　　　　　　　　　　**答**　(4)

━━━━━━━━━┤試験によく出る重要事項├━━━━━━━━━

土の締固め

a．締固め試験：**締固めによる土の強度と変形特性を把握するための試験で**ある。試験は，土の含水比を変化させて突き固めたときの，含水比と乾燥密度の値をプロットして，締固め曲線を作成する。締固め曲線から，最適含水比と最大乾燥密度を求め，**締固め度や施工含水比の管理基準として用いる。**

$$締固め度 = \frac{現場における締固め後の乾燥密度 \; \rho_d}{基準となる室内締固め試験における最大乾燥密度} \times 100 \; （\%）$$

b．締固め曲線

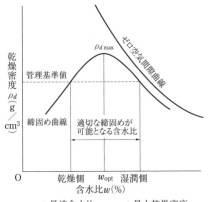

w_{opt}：最適含水比，$\rho_{d\,max}$：最大乾燥密度

締固め曲線

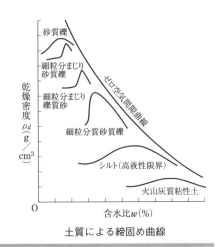

土質による締固め曲線

土木一般

| 1-1 | 土木一般 | 土 工 | 土量変化率・土量計算 | ★★★ |

フォーカス　土量変化率および土量計算の問題は，隔年程度の出題である。変化率 L，C の意味を理解していれば必ず正解できるので，問題演習で確認しておく。

9　土工における土量の変化率に関する次の記述のうち，**適当でないもの**はどれか。

(1)　土の掘削・運搬中の損失及び基礎地盤の沈下による盛土量の増加は，原則として変化率に含まれない。

(2)　土量の変化率 C は，地山の土量と締め固めた土量の体積比を測定して求める。

(3)　土量の変化率は，実際の土工の結果から推定するのが最も的確な決め方で類似現場の実績の値を活用できる。

(4)　地山の密度と土量の変化率 L がわかっていれば，土の配分計画を立てることができる。

解答　地山の密度と土量の変化率 L がわかっていれば，土の運搬計画を立てることができる。

　　したがって，(4)は**適当でない**。　　　　　　　　　　　　　　　　**答**　(4)

10　土工における土量の変化率に関する次の記述のうち，**適当でないもの**はどれか。

(1)　土量の変化率 C は，土工の配分計画を立てる上で重要であり，地山の土量をほぐした土量の体積比を測定して求める。

(2)　土の掘削・運搬中の土量の損失及び基礎地盤の沈下による盛土量の増加は，原則として変化率に含まれない。

(3)　土量の変化率は，実際の土工の結果から推定するのが最も的確な決め方で類似現場の実績の値を活用できる。

(4)　土量の変化率 L は，土工の運搬計画を立てる上で重要であり，土の密度が大きい場合には積載重量によって運搬量が求められる。

解答　土量の変化率 C は，土工の配分計画を立てる上で重要であり，地山の土量と締固めた土量の体積比を測定して求める。

　　したがって，(1)は**適当でない**。　　　　　　　　　　　　　　　　**答**　(1)

土木一般

> **11** 　13,000 m³(締固め土量)の盛土工事において，隣接する切土(砂質土)箇所から 10,000 m³(地山土量)を流用し，不足分を土取場(礫質土)から採取し運搬する場合，土取場から採取土量を運搬するために要するダンプトラックの**運搬延べ台数**は次のうちどれか。
>
> 　ただし，砂質土の変化率　　$L=1.20$　　$C=0.85$
> 　　　　　礫質土の変化率　　$L=1.40$　　$C=0.90$
> 　　　　ダンプトラック1台の積載量(ほぐし土量)8.0 m³ とする。
>
> (1)　361 台　　　(2)　506 台　　　(3)　625 台　　　(4)　875 台

解答 ▎**ダンプトラックの運搬台数の計算**

①　隣接する切土箇所から地山 10,000 m³ を盛土に流用し，締め固めたときの土量を求める。

　　砂質土の変化率 C は 0.85 であるから，$10,000 \times 0.85 = 8,500$(m³)

②　不足土量を求める。$13,000 - 8,500 = 4,500$(m³)

③　4,500 m³ を土取場の礫質土で盛土するとき，必要となる地山土量を求める。

　　礫質土の変化率 C は 0.9 であるから，$4,500 \div 0.9 = 5,000$(m³)

④　5,000 m³ をダンプトラックで運搬する場合の総積載土量を求める。
　　礫質土の変化率 L は 1.4 であるから，$5,000 \times 1.4 = 7,000$(m³)

⑤　ダンプトラックの運搬台数を求める。

　　$7,000 \div 8.0 = 875$(台)

　　運搬延べ台数は 875 台である。

　したがって，(4)が正しい。　　　　　　　　　　　　　　　　　　**答** (4)

━━━━━━━━━ 試験によく出る重要事項 ━━━━━━━━━

土量変化率

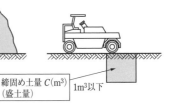

地山土量 1m³

ほぐし土量 L(m³)
(運搬土量)　1m³以上

締固め土量 C(m³)
(盛土量)　1m³以下

$$ほぐし率\ L = \frac{ほぐし土量}{地山土量} : 土の運搬計画に用いる$$

$$締固め率\ C = \frac{締固め土量}{地山土量} : 土の配分計画に用いる$$

土木一般

| 1-1 | 土木一般 | 土 工 | 軟弱地盤対策工法 | ★★★ |

フォーカス　軟弱地盤対策は，3年に2回程度の高い頻度で出題されている。軟弱層が薄い場合と厚い場合の対策工法について，概要と特徴を覚えておく。

12　軟弱地盤対策工法に関する次の記述のうち，**適当でないもの**はどれか。

(1) 緩速載荷工法は，構造物あるいは構造物に隣接する盛土などの荷重と同等又はそれ以上の盛土荷重を載荷したのち，盛土を取り除いて地盤の強度増加をはかる工法である。

(2) サンドマット工法は，地盤の表面に一定の厚さの砂を敷設することで，軟弱層の圧密のための上部排水の促進と施工機械のトラフィカビリティーの確保をはかる工法である。

(3) 地下水位低下工法は，地盤中の地下水位を低下させ，それまで受けていた浮力に相当する荷重を下層の軟弱地盤に載荷して，圧密を促進するとともに地盤の強度増加をはかる工法である。

(4) 荷重軽減工法は，土に比べて軽量な材料で盛土を施工することにより，地盤や構造物にかかる荷重を軽減し，全沈下量の低減，安定確保及び変形対策をはかる工法である。

解答　緩速載荷工法は，時間を十分にかけ，盛土の圧力により圧密を進行させ，地盤の強度増加をはかる工法である。(1)の説明は，載荷重工法である。
したがって，(1)は**適当でない**　　　　　　　　　　　　　**答**　(1)

13　軟弱地盤対策工法に関する次の記述のうち，**適当でないもの**はどれか。

(1) サンドドレーン工法は，地盤内に鋼管を貫入して管内に砂などを投入し，振動により締め固めた砂杭を地中に造成することにより，支持力の増加や液状化の防止をはかるものである。

(2) 深層混合処理工法は，軟弱土と固化材を原位置で撹拌混合することにより，地中に強固な柱体状などの安定処理土を形成し，すべり抵抗の増加や沈下の低減をはかるものである。

(3) 表層混合処理工法は，表層部分の軟弱なシルト・粘土と固化材とを撹拌混合することにより改良し，地盤の安定やトラフィカビリティーの改善をはかるものである。

(4)　ディープウェル工法は，地盤中の地下水位を低下させることにより，それまで受けていた浮力に相当する荷重を下層の軟弱層に載荷して，圧密の促進や地盤の強度増加をはかるものである。

解答　サンドコンパクションパイル工法は，地盤内に鋼管を貫入して管内に砂などを投入し，振動により締め固めた砂杭を地中に造成することにより，支持力の増加や液状化の防止をはかるものである。

したがって，(1)は**適当でない**。　　　　　　　　　　　**答**　(1)

===== 試験によく出る重要事項 =====

軟弱地盤対策工法

工　法	工法の種類	説　明
表層処理工法	敷設材工法 表層混合処理工法 表層排水工法 サンドマット工法	軟弱地盤の表面にジオテキスタイルなどを敷き広げる。地盤の表面を石灰やセメントで処理してトラフィカビリティを改善する。 サンドマットはトラフィカビリティの改善，圧密促進の排水層としても用いる。
載荷重工法	押さえ盛土工法 プレローディング工法	盛土のすべり側に押さえの盛土を行う。 予め，地盤に盛土などで荷重をかけ，圧密を促進させた後，荷重を除去し，構造物の基礎とする。
排水工法	地下水低下工法	ウエルポイント工法・ディープウエル工法などで地下水を強制排水し，有効応力を増加させる。
バーチカルドレーン工法	サンドドレーン工法 ペーパードレーン工法	地盤に排水路として鉛直砂柱やカードボードを設置し，地中の圧密排水距離を短縮して圧密沈下を促進し，強度を増加させる。
固化工法	深層混合処理工法 薬液注入工法	軟弱地盤層の土をセメント・石灰などと混合攪拌し，強度を増加させる。 地盤中に薬液を注入し，透水性の減少と地盤強度の増加を図る。
置換工法	全面置換工法 部分置換工法	軟弱層を掘削除去し，良質土で置き換える。 軟弱層が比較的浅い場合に用いられる。
締固め	サンドコンパクションパイル工法 バイブロフローテーション工法，ロッドコンパクション工法 重錘落下工法	振動機を用いて地盤内に砂杭を造成して周辺地盤を締め固める。液状化抵抗を増大させる。 ゆるい砂地盤中に棒状の振動体を貫入し，砂地盤を締め固める。水噴射による水締めを併用する場合もある。 クレーンなどを利用し，重錘を自由落下させ，地盤に衝撃を与えて締め固める方法。

| 1-1 | 土木一般 | 土　工 | 盛土工 | ★★★ |

フォーカス　盛土の締固め施工における，現場の地盤強度，軟弱地盤の処理，材料，使用機械，施工中の排水などの留意事項を，確実に覚えておく。

14　盛土の施工に関する次の記述のうち，**適当でないもの**はどれか。

(1) 盛土の施工に先立って行われる基礎地盤の段差処理で，特に盛土高の低い場合には，凹凸が田のあぜなど小規模なものでも処理が必要である。

(2) 盛土材料の敷均し作業は，盛土の品質に大きな影響を与える要素であり，レベル測量などによる敷均し厚さの管理を行うことが必要である。

(3) 盛土施工時の盛土面には，盛土内に雨水などが浸入し土が軟弱化するのを防ぐため，数パーセントの縦断勾配を付けておくことが必要である。

(4) 盛土の締固めにおいては，盛土端部や隅部などは締固めが不十分になりがちになるので注意する必要がある。

解答　盛土施工時の盛土面には，盛土内に雨水などが浸入し土が軟弱化するのを防ぐため，数パーセントの横断勾配を付けておくことが必要である。
　　したがって，(3)は**適当でない**。　　　　　　　　　　　　　　　　　**答**　(3)

15　盛土の施工に先立って行われる基礎地盤の処理に関する次の記述のうち，**適当でないもの**はどれか。

(1) 基礎地盤の地下水が毛管水となって盛土内に浸入するのを防ぐ場合には，厚さ 0.5 m ～ 1.2 m のサンドマットを設けて排水をはかる。

(2) 表層に薄い軟弱層が存在している基礎地盤は，盛土基礎地盤に溝を掘って盛土の外への排水を行い，盛土敷の乾燥をはかって施工機械のトラフィカビリティーを確保する。

(3) 基礎地盤に極端な凹凸や段差がある箇所で，盛土高が低い場合には段差処理を省略できるが，盛土高が高い場合には均一な盛土とするため段差処理を行う。

(4) 基礎地盤の勾配が 1：4 程度より急な場合には，盛土との密着を確実にするため，地山の段切りを行うとともに，敷均し厚さを管理して十分に締め固めることが重要である。

解答　基礎地盤に極端な凹凸や段差がある箇所で，盛土高が高い場合には段差処理を省略できるが，盛土高が低い場合には均一な盛土とするため段差処理を行う。

　　したがって，(3)は**適当でない**。　　　　　　　　　　　　　　　　**答**　(3)

═══════════ 試験によく出る重要事項 ═══════════

盛土工

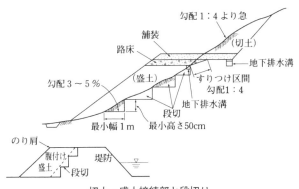

切土・盛土接続部と段切り

a．材料の含水比：最適含水比にできるだけ近づける。

b．盛土の1層の敷均し厚：締固め後の仕上がり厚さで，道路路体は30 cm 以下，路床は20 cm 以下，河川堤防では30 cm 以下が標準である。

c．排水勾配：施工中の降雨などへの対策として，締固めは排水勾配をつけて行う。

d．運搬機械の走行路：固定せず，走行による締固めができるよう，逐次，切り回す。

e．段切り：傾斜が1：4以上の傾斜地の場合は，段切りして，盛土がすべらないようにする。

f．腹付け盛土：既設盛土部に段切りをする(幅1 m，高さ0.5 m 以上)。

g．地下排水溝：構造物周辺は，雨水が集まりやすいので，地下排水溝などによる排水処理を行う。沢部を埋めた盛土では排水工とし，地下排水溝を設置する。

土木一般

1-1 土木一般　土 工　盛土の情報化施工　★★★

フォーカス　新しい施工方法として，出題が増えると予想される。使用機器・施工方法・検査方法などを覚えておく。

16　盛土の情報化施工に関する次の記述のうち，**適当でないもの**はどれか。

(1) 情報化施工を実施するためには，個々の技術に適合した3次元データと機器・システムが必要である。

(2) 基本設計データの間違いは出来形管理に致命的な影響を与えるので，基本設計データが設計図書を基に正しく作成されていることを必ず確認する。

(3) 試験施工と同じ土質，含水比の盛土材料を使用し，試験施工で決定したまき出し厚，締固め回数で施工した盛土も，必ず現場密度試験を実施する。

(4) 盛土のまき出し厚や締固め回数は，使用予定材料の種類ごとに事前に試験施工で表面沈下量，締固め度を確認し，決定する。

解答　試験施工と同じ土質，含水比の盛土材料を使用し，試験施工で決定したまき出し厚，締固め回数で施工した盛土は，現場密度試験を省略できる。
　　　したがって，(3)は**適当でない**。　　　　　　　　　　　　　　**答** (3)

17　情報化施工における TS(トータルステーション)・GNSS(衛星測位システム)を用いた盛土の締固め管理に関する次の記述のうち，**適当でないもの**はどれか。

(1) TS・GNSS を用いた盛土の締固め管理は，締固め機械の走行位置をリアルタイムに計測し転圧回数を確認する。

(2) TS・GNSS を用いた盛土の締固め管理システムの適用にあたっては，地形条件や電波障害の有無などを事前に調査して，システムの適用の可否を確認する。

(3) 盛土施工に使用する材料は，試験施工でまき出し厚や締固め回数を決定した材料と同じ土質の材料であることを確認する。

(4) 盛土材料を締め固める際は，盛土施工範囲の代表エリアについて，モニタに表示される締固め回数分布図の色が，規定回数だけ締め固めたことを示す色になることを確認する。

解 答　盛土材料を締め固める際は，盛土施工範囲の全エリアについて，モニタに表示される締固め回数分布図の色が，規定回数だけ締め固めたことを示す色になることを確認する。

　　したがって，(4)は**適当でない**。　　　　　　　　　　　　**答**　(4)

土木一般

|18| 　トータルステーションを利用した情報化施工による盛土工に関する次の記述のうち，**適当でないもの**はどれか。

(1)　情報化施工による工法規定方式の施工管理では，使用する締固め機械の種類，締固め回数，走行軌跡が綿密に把握できるようになり，採用が増えている。

(2)　締固め管理システムは，トータルステーションと締固め機械との視通を遮るようなことが多い現場であっても広く適用できるというメリットがある。

(3)　情報化施工による盛土の締固め管理では，土地が変化した場合や締固め機械を変更した場合，改めて試験施工を実施し，所定の締固め回数を定めなければならない。

(4)　締固め機械の走行軌跡による締固め管理は，締固め機械の走行軌跡を自動追跡することによって，所定の締固め回数が確認でき，踏み残し箇所を大幅に削減できる。

解 答　締固め管理システムは，トータルステーションと締固め機械との視通を遮るようなことが多い現場では広く適用できない。

　　したがって，(2)は**適当でない**。　　　　　　　　　　　　**答**　(2)

═══════════════ 試験によく出る重要事項 ═══════════════

盛土の情報化施工

①　盛土工におけるICT(情報通信技術)の導入目的は，測量を含む計測の合理化と効率化，施工の効率化と精度向上，安全性の向上などである。

②　締固め機械の軌跡管理は，走行軌跡をTSやGNSSにより自動追跡し，工法規定方式の管理に用いられる。

③　ブルドーザやグレーダなどのマシンガイダンス技術は，3次元設計データを建設機械に入力し，TSやGNSSの計測により施工精度を得るもので，丁張りを用いずに施工できる。

1-1　土木一般　土　工　補強土工法　★★

フォーカス　補強土工法は，5年に1回程度の出題である。ジオテキスタイル・テールアルメなど，各工法の概要と特徴を覚えておく。

19　盛土の補強土工法に関する次の記述のうち，**適当なもの**はどれか。

(1)　帯鋼補強土壁(テールアルメ)における盛土材のまき出し，敷均しは，壁面に影響を与えないよう盛土奥側から壁面側に向けて行う。

(2)　帯鋼補強土壁(テールアルメ)における締固め機械は，帯状鋼材に働く盛土材料の摩擦力を高めるため，タンピングローラが適している。

(3)　多数アンカー式補強土壁における盛土材料の締固めは，盛土の中央付近，アンカープレート付近，壁面付近の順に行う。

(4)　ジオテキスタイル補強土におけるジオグリッドの敷設は，転圧時にこれを破損しないよう，緩みを与えて行う。

解答　(1)　帯鋼補強土壁(テールアルメ)における盛土材のまき出し，敷均しは，壁面に影響を与えないよう壁面側から盛土奥側に向けて行う。

(2)　帯鋼補強土壁(テールアルメ)における締固め機械は，帯状鋼材に働く砂質土の摩擦力を高めるため，ロードローラなどを使用する。

(4)　ジオテキスタイル補強土におけるジオグリッドの敷設は，ジオテキスタイルの引張り力や引抜き抵抗が働くよう，緩みを与えないように施工する。

(3)は，記述のとおり**適当である**。　　　　　**答**　(3)

20　補強盛土工法の中で，ジオテキスタイルを利用した工法の特長に関する次の記述のうち，**適当でないもの**はどれか。

(1)　軟弱地盤の盛土においては，ジオテキスタイルを利用することによりトラフィカビリティが確保され，機械転圧を行うことができる。

(2)　浸食を受けやすい土で築造される盛土においては，ジオテキスタイルを利用して盛土の浸食抵抗を高めることができる。

(3)　急勾配盛土においては，ジオテキスタイルを盛土中に敷設することにより盛土の安定性の向上を図ることができる。

(4)　ジオテキスタイルを現場で敷設・縫合するためには，特殊な大型機械を必要とするが，養生などが不要で工期を短くすることができる。

解答 ジオテキスタイルは布状や網目状の**軽量の敷設材**で，現場で敷設・縫合するためには，特殊な大型機械は**必要ない**。

したがって，⑷は**適当でない**。 **答** ⑷

═══════ 試験によく出る重要事項 ═══════

補強土工法の種類と特徴

名　称	概　　要	施工法など
テールアルメ（鋼帯補強土壁）工法	土と補強材との摩擦力による拘束により，盛土を安定させるもの。端部をスキンとよぶコンクリート製または鋼製の壁面材と連結し，垂直な壁面を構築する。	良質な盛土材（砂質土系）を一定の層ごとに転圧した後，ストリップとよぶ帯状鋼製補強材を一定間隔に配置する。盛土材のまき出し・敷均しは，壁面側から奥へ向かって行う。
多数アンカー式補強土壁工法	盛土内に設置された鋼製アンカーの支圧抵抗力による引抜き抵抗で，土留め効果を期待する工法。	盛土材の締固めは，①盛土構造の本体となる中央部 → ②アンカー補強材の固定部となるアンカープレート付近 → ③壁面付近の順で行う。
ジオテキスタイル補強土工法	盛土内に，層ごとに面状に敷設したジオテキスタイルの，引張り強度による土の抵抗力の補強，間隙水圧の減少効果などにより，盛土の安定を高めるもの。	ジオテキスタイルには，高分子材料の繊維を織った布，不織布・メッシュなどがある。軽量で施工が容易，人力で取り扱うことができる。

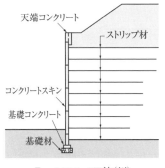

テールアルメ工法(例)

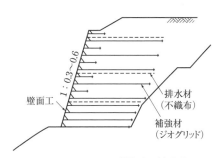

ジオテキスタイル補強土工法(例)

| 1-1 | 土木一般 | 土　工 | 盛土の締固め規定 | ★★★ |

フォーカス　盛土工事において，土の締固め状態を管理する方法は，工法規定方式と品質規定方式とがある。

品質管理の分野でも出題されるので，確実に覚えておくこと。

21　次に示す盛土の締固めを規定する方法のうち品質規定方式に該当しないものはどれか。

(1)　基準試験の最大乾燥密度，最適含水比によって規定する方法

(2)　空気間隙率，又は飽和度を施工含水比で規定する方法

(3)　締固めた土の強度，変形特性を規定する方法

(4)　使用する締固め機械の機種，締固め回数などを規定する方法

解　答　使用する締固め機械の機種，締固め回数などを規定するのは，工法規定方式である。

したがって，(4)は該当しない。　　　　　　　　　　　　　　　　**答**　(4)

━━━━━━ 試験によく出る重要事項 ━━━━━━

土の締固め規定と適用土質

方式	規定名 (規定方式)　　適用土	粘性土	シルト	砂	礫	岩塊・玉石
	粒径 (mm)	0.005	0.075	2.0	76	
工法規定方式	工法規定 (重量，走行回数)				←	
品質規定方式	強度規定 (現場CBR値，K値，q_c値)			←		→
	変形量規定 (ローラ走行時沈下量)					
	乾燥密度規定（締固め度）		←	→		
	飽和度規定（飽和度）					
	空気間隙率規定(空気間隙率)	→				

a．品質規定方式：盛土の締固め度などを定め，施工方法については，施工者にゆだねる方法。

$$締固め度 = \frac{現場における締固め後の乾燥密度\ \rho_d}{基準となる室内締固め試験における最大乾燥密度} \times 100\ （\%）$$

b．工法規定方式：締固め機械の種類，敷均し厚さ，締固め回数などを定め，これに従って施工することにより，一定の品質を確保する方法。

| 1-1 | 土木一般 | 土　工 | 建設発生土の利用 | ★★★ |

フォーカス　建設発生土の利用については，建設副産物として，建設リサイクルの分野でも出題される。利用基準，細粒分の多い土の処理方法，建設廃棄物における分類などについて整理し，覚えておく。

22　建設発生土を盛土材料として利用する場合の留意点に関する次の記述のうち，**適当でないもの**はどれか。

(1)　セメント及びセメント系固化材を用いて土質改良を行う場合は，六価クロム溶出試験を実施し，六価クロム溶出量が土壌環境基準以下であることを確認する。

(2)　自然由来の重金属などが基準を超え溶出する発生土は，盛土の底部に用いることにより，調査や対策を行うことなく利用することができる。

(3)　ガラ混じり土は，土砂としてではなく全体を産業廃棄物として判断される可能性が高いため，都道府県などの環境部局などに相談して有効利用することが望ましい。

(4)　泥土は，土質改良を行うことにより十分利用が可能であるが，建設汚泥に該当するものを利用する場合は，「廃棄物の処理及び清掃に関する法律」に従った手続きが必要である。

解答　自然由来の重金属などが基準を超え溶出する発生土は，盛土の底部に用いる場合でも，調査や対策を行うことなく利用することができない。
　土壌汚染状況調査(自然由来汚染調査)を行わなければならない。
　したがって，(2)は**適当でない**。　　　　　　　　　　　　　**答**　(2)

23　建設発生土の利用に関する次の記述のうち，**適当でないもの**はどれか。

(1)　建設発生土を工作物の埋戻し材に用いる場合は，供用開始後に工作物との間にすきまや段差が生じないように圧縮性の小さい材料を用いなければならない。

(2)　建設発生土を安定処理して裏込め材として利用する場合は，安定処理された土は一般的に透水性が高くなるので，裏面排水工は，十分な排水能力を有するものを設置する。

(3)　道路の路体盛土に第1種から第3種建設発生土を用いる場合は，巨礫など

　　を取り除き粒度分布に留意すれば，一般的な場合そのまま利用が可能である。
　(4)　道路の路床盛土に第3種及び第4種建設発生土を用いる場合は，締固めを
　　行っても強度が不足するおそれがあるので，一般的にセメントや石灰などに
　　よる安定処理が行われる。

解答　建設発生土を安定処理して裏込め材として利用する場合は，安定処理された土は一般的に透水性が低くなるので，裏面排水工は，十分な排水能力を有するものを設置する。
　　したがって，(2)は**適当**でない。　　　　　　　　　　　　　　　　**答**　(2)

================ 試験によく出る重要事項 ================

建設発生土の区分と利用基準

区分	土　質	利用基準（そのままでの利用）
第1種	砂・礫	河川堤防を除き，全てに利用可
第2種	砂質土・礫質土	河川堤防を除き，全てに利用可
第3種	通常の施工性が確保される粘性土	建築物の埋戻し，河川堤防，水面埋立
第4種	粘性土	水面埋立
泥土		そのままでは利用できない。

1-1	土木一般	土　工	法面排水工	★★★

　法面排水では，表面排水工・地下排水工の方式を覚えておく。

24　法面排水工に関する次の記述のうち**適当でないもの**はどれか。

(1)　盛土法面の表層崩壊のおそれのある箇所には，必要に応じて排水層等による排水を行ったり，あるいは法尻部を砂礫や砕石ふとんかご等により置き換えて，補強と排水を併用した対策を行うのがよい。

(2)　切土法面に湧水等があって安定性に悪影響のある場合には，その箇所に水平排水孔を設けるなどの処理をその都度行い，小段排水溝，縦排水溝等は原則として法面整形後に施工する。

(3)　法面に小規模な湧水があるような場合には，水平排水孔を掘って穴あき管等を挿入して水を抜き，その孔の長さは一般に 2 m 以上とする。

(4)　ソイルセメントを用いた排水溝は，風化や凍害に対する耐久性が大きいので本設の排水溝としても多く用いられる。

解答　ソイルセメントを用いた排水溝は，風化や凍害に対する耐久性が小さいので本設の排水溝としては用いない。本設には U 字溝や半円ヒューム管などを用いる。

したがって，(4)は**適当でない**。　　　　　　　　　　　　　　　　**答**　(4)

=== 試験によく出る重要事項 ===

法面排水

①　法肩排水溝：法面の法肩に設ける。

②　小段排水溝：小段に設ける。

③　縦排水溝：法肩排水溝および小段排水溝の水を法尻へ導く。

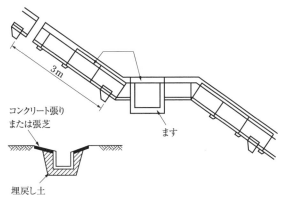

コンクリート張りまたは張芝

ます

3m

埋戻し土

U 形を使用した縦排水溝

| 1-1 | 土木一般 | 土 工 | 建設機械 | ★★ |

フォーカス　建設機械の問題は，共通工学・施工管理の分野でも出題される。現場状況と作業内容に適合した機械の開発，環境対策や情報化施工など，建設機械に関する最新の動向を把握し，整理しておく。

25　道路の盛土に用いる締固め機械に関する次の記述のうち，**適当なもの**はどれか。

(1) 振動ローラは，締固めによっても容易に細粒化しない岩塊などの締固めに有効である。

(2) ブルドーザは，細粒分は多いが鋭敏比の低い土や低含水比の関東ロームなどの締固めに有効である。

(3) タイヤローラは，単粒度の砂や細粒度の欠けた切込砂利などの締固めに有効である。

(4) ロードローラは，細粒分を適度に含み粒度が良く締固めが容易な土や山砂利などの締固めに有効である。

解答　(2) タンピングローラは，細粒分は多いが鋭敏比の低い土や低含水比の関東ロームなどの締固めに有効である。

(3) 振動ローラは，単粒度の砂や細粒度の欠けた切込砂利などの締固めに有効である。

(4) タイヤローラは，細粒分を適度に含み粒度が良く締固めが容易な土や山砂利などの締固めに有効である。

(1)は，記述のとおり**適当である**。　　　　　　　　　**答**　(1)

━━━━━━━ 試験によく出る重要事項 ━━━━━━━

建設機械の性能

1. 土工機械の機種と必要なコーン指数

土工機械	コーン指数 (kN／m²)
湿地ブルドーザ	300 以上
スクレープドーザ	600 以上
ブルドーザ	500～700 以上
被けん引式スクレーパ	700 以上
自走式スクレーパ	1,000 以上
ダンプトラック	1,200 以上

2. 運搬機械と適応する運搬距離，勾配

運搬機械の種類	運搬距離 (m)	適応可能勾配 (%)
ブルドーザ	60 以下	
スクレープドーザ	40～250	15～20
被けん引式スクレーパ	60～400	15～20
自走式スクレーパ	200～1,200	10 以下
ショベル系掘削機＋ダンプトラック	100 以上	ダンプ　10 以下

第2章　コンクリート工

●**出題傾向分析**（出題数6問）

出題事項	設問内容	出題頻度
セメント，混和材料	セメントの種類と特徴・用途，混和材の名称・用途	5年に3回程度
骨材	骨材の要件，再生骨材の種類と用途，粒径判定実績率	毎年
配合設計	W/C，s/aの規定，粗骨材最大寸法，単位紛体量の役割	5年に3回程度
施工	スランプの条件，運搬・打込み・締固めの留意事項	毎年
養生	養生の種類・方法，留意事項	5年に2回程度
鉄筋の加工・組立	加工・組立の留意事項，許容誤差，エポキシ鉄筋の留意事項	5年に2回程度
暑中コンクリート・寒中コンクリート	暑中コンクリート・寒中コンクリートの打込み・養生の条件，施工の留意事項	5年に2回程度
型枠・支保工・打継目	型枠・支保工・打継目の留意事項，側圧の分布	5年に2回程度
劣化・耐久性	塩害・凍害・中性化，アルカリ骨材反応の発生条件と対策，ひび割れの種類と対策	5年に1回程度

◎**学習の指針**

1．コンクリート工では，運搬・打込み・締固め，養生などの施工の留意事項と骨材の要件などについて，毎年出題されている。また，セメントの種類と用途，混和材料の種類と効果，配合設計，鉄筋の加工・組立などが，高い頻度で出題されている。設問のなかには，専門的な事項を含むものもあるが，答の選択は，基本的事項を知っていれば解答できるものが多い。過去問の演習で，要点を整理しておくとよい。

2．コンクリートの劣化・耐久性については，コンクリート工のなかでの出題頻度が低くなっている。しかし，専門土木・品質管理・実地試験を含めると，毎年出題されている事項である。劣化機構と対策，補修工法および非破壊試験について，一緒に学習すると効果的である。

3．暑中コンクリート・寒中コンクリート・型枠支保工は，過去問の演習で基本事項を覚えておく。

| 1-2 | 土木一般 | コンクリート工 | セメント | ★★★ |

フォーカス セメントは，コンクリートをつくるための最も基礎的材料である。セメントの種類とその用途・特徴を確実に覚えておく。

1 コンクリート用セメントに関する次の記述のうち，**適当でないもの**はどれか。
(1) 高炉セメントB種は，アルカリシリカ反応や塩化物イオンの浸透の抑制に有効なセメントの1つであるが，打込み初期に湿潤養生を行う必要がある。
(2) 早強ポルトランドセメントは，初期強度を要するプレストレストコンクリート工事などに使用される。
(3) 普通ポルトランドセメントとフライアッシュセメントB種の生産量の合計は，全セメントの90％を占めている。
(4) 普通エコセメントは，塩化物イオン量がセメント質量の0.1％以下で，一般の鉄筋コンクリートに適用が可能である。

解答 普通ポルトランドセメントと高炉セメントB種の生産量の合計は，全セメントの90％を占めている。
したがって，(3)は**適当でない**。　　　　**答** (3)

2 各種セメントの一般的特性と用途に関する次の記述のうち**適当でないもの**はどれか。
(1) フライアッシュセメントは，水和熱が高く，化学抵抗性も劣るので使用実績は少ない。
(2) 中庸熱ポルトランドセメントは，水和熱を低くしたセメントで長期強度が大きく，マスコンクリートに用いられている。
(3) 高炉セメントは，アルカリ骨材反応抑制対策となり，広く用いられるようになってきている。
(4) 早強ポルトランドセメントは，初期の強度発現が速いので，寒中工事や緊急工事などに用いられている。

解答 フライアッシュセメントは，水和熱が低く，化学抵抗性が大きいので，マッシブな構造物に使われ，使用実績が多い。
したがって，(1)は**適当でない**。　　　　**答** (1)

━━━━━━━━━━━ 試験によく出る重要事項 ━━━━━━━━━━━

セメントの種類と特徴

セメントの種類		特　　　徴
ポルトランドセメント	普通ポルトランドセメント	土木・建築工事，セメント製品に最も多量に使用されている。
	早強ポルトランドセメント	初期強度が大きい。硬化時の発熱量が大きい。冬期工事，寒冷地工事に使われる。マスコンクリートには適さない。
	中庸熱ポルトランドセメント	水和熱が低い。長期強度が大きい。マスコンクリートに使用される。長期の強度増進が大きい。
混合セメント	高炉セメント	化学抵抗性が大きく，水和熱が低い。アルカリ骨材反応抑制用として使用。長期にわたり，強度が増進する。強度の発現が緩慢，養生期間が長く必要。
	シリカセメント	化学抵抗性が大きく，水和熱が低い。長期にわたり，強度が増進する。単位水量が多く，乾燥収縮によるひび割れに注意する。
	フライアッシュセメント	ワーカビリティが良好で，単位水量が少ない。化学抵抗性が大きく，水和熱が低い。乾燥収縮が少ない。早期強度は小さいが，長期の強度増進が大きい。
	エコセメント	焼却灰や汚泥等の各種廃棄物を主原料としたセメント。2002 年（平成 14 年）7 月に JIS に定められた。(JIS R 5214)

| 1-2 | 土木一般 | コンクリート工 | コンクリート用骨材 | ★★★ |

フォーカス　コンクリート用骨材については，毎年出題されている。よい骨材の条件，副産骨材・再生骨材の規格・特徴などを覚えておく。

3　コンクリート用細骨材に関する次の記述のうち，**適当でないもの**はどれか。

(1) 高炉スラグ細骨材は，粒度調整や塩化物含有量の低減などの目的で，細骨材の一部として山砂などの天然細骨材と混合して用いられる場合が多い。

(2) 細骨材に用いる砕砂は，粒形判定実績率試験により粒形の良否を判定し，角ばりの形状はできるだけ小さく，細長い粒や偏平な粒の少ないものを選定する。

(3) 細骨材中に含まれる粘土塊量の試験方法では，微粉分量試験によって微粒分量を分離したものを試料として用いる。

(4) 再生細骨材Lは，コンクリート塊に破砕，磨砕，分級等の処理を行ったコンクリート用骨材で，JIS A 5308 レディーミクストコンクリートの骨材として用いる。

解答　(4)　再生細骨材Hは，コンクリート塊に破砕，磨砕，分級等の処理を行ったコンクリート用骨材で，JIS A 5308 レディーミクストコンクリートの骨材として用いる。

　　　したがって，(4)は**適当でない**。　　　　　　　　　　　　　　　**答**　(4)

4　コンクリート用骨材に関する次の記述のうち，**適当でないもの**はどれか。

(1) アルカリシリカ反応を生じたコンクリートは特徴的なひび割れを生じるため，その対策としてアルカリシリカ反応性試験で区分A「無害」と判定される骨材を使用する。

(2) 細骨材中に含まれる多孔質の粒子は，一般に密度が小さく骨材の吸水率が大きいため，コンクリートの耐凍害性を損なう原因となる。

(3) JISに規定される再生骨材Hは，通常の骨材とほぼ同様の品質を有しているため，レディーミクストコンクリート用骨材として使用することが可能である。

(4) 砕砂に含まれる微粒分の石粉は，コンクリートの単位水量を増加させ，材料分離が顕著となるためできるだけ含まないようにする。

解答　砕砂に含まれる微粒分の石粉は，コンクリートの単位水量を増加させるが，材料分離を抑える効果があるため，3〜5%混入していることが望ましい。したがって，(4)は**適当でない**。　　　**答**　(4)

5　コンクリートに使用する細骨材に関する次の記述のうち，**適当なものはどれか**。

(1)　JIS に規定されている「コンクリート用スラグ骨材」に適合したスラグ細骨材は，ガラス質で粒の表面組織が滑らかであるため，天然産の細骨材よりも保水性が小さい。

(2)　コンクリート表面がすりへり作用を受ける場合においては，受けない場合に比べて，細骨材に含まれる微粒分量を大きくする方がよい。

(3)　アルカリシリカ反応に対して耐久的なコンクリートとするために，安定性損失質量の小さい細骨材を用いる方がよい。

(4)　細骨材の骨材粒子が多孔質であると，これを用いたコンクリートの耐凍害性は向上する。

解答　(2)　コンクリート表面がすりへり作用を受ける場合においては，受けない場合に比べて，細骨材に含まれる微粒分量を小さくする方がよい。

(3)　アルカリシリカ反応に対して耐久的なコンクリートとするために，アルカリシリカ反応性試験で無害と確認された細骨材を用いる方がよい。

(4)　細骨材の骨材粒子が多孔質であると，これを用いたコンクリートの耐凍害性は低下する。

(1)は，記述のとおり**適当である**。　　　**答**　(1)

試験によく出る重要事項

骨　材

①　骨材の基本的条件：清浄・堅硬，適度な粒形・粒度をもち，粘土塊や有機不純物などを含まないこと。

②　粒形判定実績率：実績率の大きい骨材は，適度な粒形・粒度をもつ，よい骨材である。

③　電気炉還元スラグ：電気炉において還元精錬時に発生する鉄鋼スラグ。水と反応して膨張する性質がある。

④　再生骨材：品質により H，M，L に区分され，JIS に制定されている。H はレディーミクストコンクリート用，M は杭，基礎梁など，乾燥収縮や凍結融解の影響を受けない部分，L は捨てコンクリートなどに使用する。

⑤　骨材の試験：安定性試験は，骨材の耐凍害性についての品質を調べる試験。骨材のアルカリシリカ反応性試験（化学法あるいはモルタルバー法）は，アルカリシリカ反応に対する骨材の安定性を判定する試験。

土木一般

| 1-2 | 土木一般 | コンクリート工 | 混和材 | ★★★ |

フォーカス 混和材(剤)は，隔年程度の頻度で出題されている。主な混和材の名前と使用目的・特徴を覚えておく。

6 混和材を用いたコンクリートの特徴に関する次の記述のうち，**適当でない**ものはどれか。

(1) 普通ポルトランドセメントの一部をフライアッシュで置換すると，単位水量を減らすことができ長期強度の増進や乾燥収縮の低減が期待できる。

(2) 普通ポルトランドセメントの一部をシリカフュームで置換すると，水密性や化学抵抗性の向上が期待できる。

(3) 普通ポルトランドセメントの一部を膨張材で置換すると，コンクリートの温度ひび割れ抑制やアルカリシリカ反応の抑制効果が期待できる。

(4) 細骨材の一部を石灰石微粉末で置換すると，材料分離の低減やブリーディングの抑制が期待できる。

解答 普通ポルトランドセメントの一部を膨張材で置換すると，コンクリートの温度ひび割れ抑制効果が期待できる。アルカリシリカ反応の抑制効果は期待できない。

したがって，(3)は**適当でない**。 **答** (3)

7 コンクリート用混和材に関する次の記述のうち，**適当なもの**はどれか。

(1) フライアッシュを適切に用いると，コンクリートのワーカビリティーを改善し単位水量を減らすことができることや初期強度の増進などの効果がある。

(2) 膨張材を適切に用いると，コンクリートの乾燥収縮や硬化収縮に起因するひび割れの発生を低減するなどの効果がある。

(3) 高炉スラグ微粉末を適切に用いると，コンクリートの湿潤養生期間を短くすることができることや，コンクリートの長期強度の増進などの効果がある。

(4) 石灰石微粉末を適切に用いると，ブリーディングの抑制やアルカリシリカ反応を抑制するなどの効果がある。

解答 (1)フライアッシュを適切に用いると，コンクリートのワーカビリティーを改善し単位水量を減らすことができることや長期強度の増進などの効果がある。

(3)　高炉スラグ微粉末を適切に用いると，ブリーディンの抑制ができること
　や，コンクリートの長期強度の増進などの効果がある。

(4)　石灰石微粉末を適切に用いると，ブリーディングの抑制や材料分離の低
　減などの効果がある。

　(2)は，記述のとおり**適当である**。　　　　　　　　　　　　　**答**　(2)

8　混和材料に関する次の記述のうち，**適当でないもの**はどれか。

(1)　フライアッシュを適切に用いると，マスコンクリートの水和熱による温度
　上昇が小さくなるので，温度応力によるひび割れ発生を抑制する上で有効な
　材料である。

(2)　フライアッシュを適切に用いると，コンクリートのワーカビリティーを改
　善し単位水量を減らすことができる。

(3)　AE 減水剤を適切に用いると，コンクリートのワーカビリティーが改善さ
　れ，単位水量を減らすことができる。

(4)　AE 減水剤を適切に用いると，寒中コンクリートでは，水セメント比を大
　きくすることができ，凍害に対して抵抗性を高めることができる。

解答　AE 減水剤を適切に用いると，寒中コンクリートでは，水セメント比を
小さくすることができ，凍害に対して抵抗性を高めることができる。
　したがって，(4)は**適当でない**。　　　　　　　　　　　　　**答**　(4)

=== 試験によく出る重要事項 ===

混和材

種類	効果，利用目的
フライアッシュ，シリカフューム，高炉水砕，火山灰，けい酸白土，けい藻土	ポゾラン活性の利用。長期強度・水密性・化学抵抗性が大きい。早期強度が小さい。単位水量が多くなり，乾収縮が大きくなることがある。水和熱上昇を抑制，ひび割れ制御。
高炉スラグ微粉末	潜在水硬性を利用。
けい酸質微粉末	オートクレーブ養生で高強度を生じさせる。
石灰石微粉末	流動性を高めたコンクリートの材料分離やブリーディングを減少させる。

土木一般

| 1-2 | 土木一般 | コンクリート工 | 配合設計 | ★★★ |

フォーカス コンクリートの配合設計の問題は，ほぼ毎年出題されている。強
度と水セメント比，空気量，骨材量など，配合設計の基本を理解しておく。

9 コンクリートの配合に関する次の記述のうち，**適当なもの**はどれか。

(1) 締固め作業高さによる打込み最小スランプは，締固め作業高さが2mと0.5
mでは，2mの方の値を小さく設定する。

(2) 荷卸しの目標スランプは，打込みの最小スランプに対して，品質のばらつ
き，時間経過に伴うスランプの低下，ポンプ圧送に伴うスランプの低下を考
慮して設定する。

(3) 圧送において管内閉塞を生じることなく円滑な圧送を行うためには，でき
るだけ単位粉体量を減らす必要がある。

(4) 高性能AE減水剤を用いたコンクリートは，水セメント比及びスランプが
同じ通常のAE減水剤を用いたコンクリートに比較して，細骨材率を1～2
%小さく設定する。

解答 (1) 締固め作業高さによる打込み最小スランプは，締固め作業高さが2
mと0.5mでは，2mの方の値を大きく設定する。

(3) 圧送において管内閉塞を生じることなく円滑な圧送を行うためには，で
きるだけ単位粉体量を増やす必要がある。

(4) 高性能AE減水剤を用いたコンクリートは，水セメント比及びスランプ
が同じ通常のAE減水剤を用いたコンクリートに比較して，細骨材率を1
～2%大きく設定する。

(2)は，記述のとおり**適当である**。　　　　　　　　　　　　　　　　**答** (2)

10 コンクリートの配合に関する次の記述のうち，**適当でないもの**はどれか。

(1) AEコンクリートは，微細な空気泡による所要の空気量を確保することに
より耐凍害性の改善効果が期待できる。

(2) 細骨材率は，骨材全体の体積の中に占める細骨材の体積の割合で，所要の
ワーカビリティーが得られる範囲内で単位水量ができるだけ小さくなるよう
に設定する。

(3) 水セメント比は，その値が小さくなるほど，強度，耐久性，水密性は高く

なるが，その値をあまり小さくすると単位セメント量が大きくなり水和熱や自己収縮が増大する。

(4)　単位水量は，作業ができる範囲内でできるだけ小さくなるようにし，単位水量が大きくなると材料分離抵抗性が低下するとともに乾燥収縮が減少する。

解答　単位水量は，作業ができる範囲内でできるだけ小さくなるようにし，単位水量が大きくなると材料分離抵抗性が低下するとともに乾燥収縮が増加する。
したがって，(4)は**適当でない**。　　　　　　　　　　　　　　　　　**答**　(4)

11　コンクリートの配合設計に関する次の記述のうち，**適当でないもの**はどれか。

(1)　打込みの最小スランプは，打込み時に円滑かつ密実に型枠内に打ち込むために必要な最小のスランプで，鋼材量や鋼材の最小あきなどの配筋条件や施工条件などにより決定される。

(2)　スランプ8 cm 程度のコンクリートを作る場合，粗骨材最大寸法が小さいほど細骨材率を小さくする。

(3)　単位水量は，その値が大きくなると材料分離抵抗性の低下，乾燥収縮の増加，コンクリートの品質低下につながるので，作業ができる範囲内でできるだけ小さくなるようにする。

(4)　水セメント比は，強度，耐久性，水密性，ひび割れ抵抗性，及び鋼材を保護する性能を考慮してこれらから定まる水セメント比のうちで最も小さい値とする。

解答　スランプ8 cm 程度のコンクリートを作る場合，粗骨材最大寸法が大きいほど細骨材率を小さくする。
したがって，(2)は**適当でない**。　　　　　　　　　　　　　　　　　**答**　(2)

════════ 試験によく出る重要事項 ════════

配合設計

a．粗骨材：粗骨材の寸法が小さいほど，水が付着する骨材の表面積が多くなるため，単位水量は増える傾向になる。

b．空気量：コンクリートの圧縮強度は，空気量の増加1 %について4〜6 %減少する。

c．水セメント比：ワーカビリティが得られる範囲で，できるだけ小さくする。鉄筋コンクリートは55 %以下，無筋コンクリートは60 %以下，水密性を要求されるコンクリートは55 %以下としている。

| 1-2 | 土木一般 | コンクリート工 | 打込み・締固め | ★★★ |

フォーカス　コンクリートの打込み・締固めの問題は，毎年出題されている。型枠の点検，打込み高さ，打ち重ねの許容時間，内部振動機の使い方などについて，守らなければならない基本的事項を，確実に覚えておく。

12　コンクリートの打込みに関する次の記述のうち，**適当なもの**はどれか。

(1) 型枠内に打ち込んだコンクリートは，材料分離を防ぐため，棒状バイブレータを用いてコンクリートを横移動させながら充てんする。

(2) コンクリート打込み時にシュートを用いる場合は，縦シュートではなく斜めシュートを標準とする。

(3) コールドジョイントの発生を防ぐためのコンクリートの許容打重ね時間間隔は，外気温が高いほど長くなる。

(4) コンクリートの打上がり面に帯水が認められた場合は，型枠に接する面が洗われ，砂すじや打上がり面近くにぜい弱な層を形成するおそれがあるので，スポンジやひしゃくなどで除去する。

解答　(1) 型枠内に打ち込んだコンクリートは，材料分離を防ぐため，棒状バイブレータを用いてコンクリートを横移動させてはならない。

(2) コンクリート打込み時にシュートを用いる場合は，斜めシュートではなく縦シュートを標準とする。

(3) コールドジョイントの発生を防ぐためのコンクリートの許容打重ね時間間隔は，外気温が高いほど短くなる。

(4)は，記述のとおり**適当である**。　　　　　　　　　　**答**　(4)

13　コンクリートの締固めに関する次の記述のうち，**適当でないもの**はどれか。

(1) 呼び強度50以上の高強度コンクリートは，通常のコンクリートと比較して，粘性が高くバイブレータの振動が伝わりやすいので，締固め間隔を広げてもよい。

(2) コンクリートを打ち重ねる場合には，上層と下層が一体となるよう，棒状バイブレータを下層のコンクリート中に10cmほど挿入する。

土木一般

(3)　鉄筋のかぶり部分のかぶりコンクリートの締固めには，型枠バイブレータの使用が適している。

(4)　再振動を行う場合には，コンクリートの締固めが可能な範囲でできるだけ遅い時期がよい。

解 答　呼び強度 50 以上の高強度コンクリートは，通常のコンクリートと比較して，粘性が高くバイブレータの振動が伝わりにくいので，締固め間隔などは狭くする。

したがって，(1)は**適当でない**。　　　　　　　　　　　　　**答**　(1)

=== 試験によく出る重要事項 ===

コンクリートの打込み

①　打込み時間：練り始めから打込み完了までは，外気温が 25 ℃を超えるときは 1.5 時間，25 ℃以下のときは 2.0 時間以内とする。許容打ち重ね時間は，これに 30 分を加えることができる。

②　1 層の打込み高さ：40 ～ 50 cm。落下高は 1.5 m 以下。

③　打上がり速度：30 分で 1 ～ 1.5 m 程度以下とする。

④　締固め：棒状内部振動機を用いることを原則とする。

⑤　振動機の差込み：振動機は 50 cm 以下の間隔で鉛直に挿入し，5 ～ 10 秒振動させ，跡が残らないようゆっくりと引き抜く。

　　2 層以上に分けて打ち込む場合は，振動機を下層のコンクリートに 10 cm 程度挿入して，一体化をはかる。

⑥　再振動時期：再振動はコンクリートの硬化前で，再振動のできる範囲でなるべく遅い時期とする。

⑦　シュート：シュートを使用する場合は，縦シュートを原則とする。

⑧　水の排除：浮き出た水はスポンジなどで排除する。コンクリート表面は水平になるよう打ち込む。

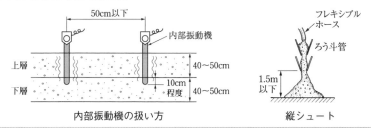

内部振動機の扱い方　　　　　　　縦シュート

| 1-2 | 土木一般 | コンクリート工 | 養　生 | ★★★ |

フォーカス　コンクリートの養生の問題は，隔年程度の頻度で出題されている。日平均気温とセメントの種類による養生期間や施工環境などとの関係，養生方法の種類などを覚えておく。

14　コンクリートの養生に関する次の記述のうち，**適当でないもの**はどれか。

(1)　マスコンクリートの養生では，コンクリート部材内外の温度差が大きくならないようにコンクリート温度をできるだけ緩やかに外気温に近づけるため，断熱性の高い材料で保温する。

(2)　暑中コンクリートの養生では，打込み終了後直射日光や風により急激に乾燥してひび割れを生じることがあることから，露出面が乾燥しないように速やかに行う。

(3)　混合セメントB種を用いたコンクリートの養生では，普通ポルトランドセメントを用いたコンクリートより湿潤養生期間が短くなる。

(4)　寒中コンクリートの養生では，型枠の取外し直後にコンクリート表面が水で飽和される頻度が高い場合の方が低い場合より養生期間が長くなる。

解答　混合セメントB種を用いたコンクリートの養生では，普通ポルトランドセメントを用いたコンクリートより湿潤養生期間が長くなる。
したがって，(3)は**適当でない**。　　　　　　　　　　**答**　(3)

15　コンクリートの養生に関する次の記述のうち，**適当でないもの**はどれか。

(1)　日平均気温5℃以上10℃未満の場合での通常のコンクリート工事における湿潤養生期間は，普通ポルトランドセメント使用時で9日，混合セメントB種使用時で12日を標準とする。

(2)　部材あるいは構造物の寸法が大きいマスコンクリートは，部材全体の温度降下速度を大きくし，コンクリート温度をできるだけ速やかに外気温に近づける配慮が必要である。

(3)　厳しい気象作用を受けるコンクリートは，初期凍害を防止できる強度が得られるまでコンクリート温度を5℃以上に保ち，さらに2日間は0℃以上に保つことを標準とする。

土木一般

(4) 特に気温が高く，また，湿度が低い場合には，コンクリート表面が急激に乾燥しひび割れが生じやすいので，散水又は覆いなどによる適切な処置を行い，表面の乾燥を抑えることが大切である。

解答　部材あるいは構造物の寸法が大きいマスコンクリートは，部材全体の温度降下速度が大きくならないよう，コンクリート温度をできるだけ緩やかに外気温に近づける配慮が必要である。

したがって，(2)は，**適当でない**。　　　　　　　　　　　　　**答**　(2)

━━━━━━━━━ 試験によく出る重要事項 ━━━━━━━━━

養　生

1．養生期間の標準

日平均気温	普通ポルトランドセメント	混合セメントB種	早強ポルトランドセメント
15℃以上	5日	7日	3日
10℃以上	7日	9日	4日
5℃以上	9日	12日	5日

2．養生方法

a．湿潤養生：露出面をマットや布で覆った上に散水して湿潤状態を保つ。

b．膜養生：膜材料を散布し，表面に膜を形成させる。打継目や鉄筋に付着しないように注意して，均一に十分な量を散布する。

c．高圧蒸気養生：オートクレーブという高圧容器内において蒸気養生するもので，1日で所要の強度は得られるが，その後の強度の増進は，期待できない。主に工場製品に用いる。

| 1-2 | 土木一般 | コンクリート工 | 暑中コンクリート・寒中コンクリート | ★★★ |

フォーカス　暑中コンクリート・寒中コンクリートの施工が，高い頻度で出題されている。運搬・打込み時の温度，養生期間などは，数字を含めて覚えておく。

16　暑中コンクリートに関する次の記述のうち，**適当でないもの**はどれか。

(1) 暑中コンクリートでは，運搬中のスランプの低下や連行空気量の増加などの傾向があり，打込み時のコンクリート温度の上限は，35℃ 以下を標準とする。

(2) 暑中コンクリートでは，練上がり温度の 10℃ の上昇に対し，所要のスランプを得るために単位水量が 2〜5%増加する傾向がある。

(3) 暑中コンクリートでは，コールドジョイントの発生防止のため，減水剤，AE 減水剤及び流動化剤について遅延形のものを用いる。

(4) 暑中コンクリートでは，練上がりコンクリートの温度を低くするために，なるべく低い温度の練混ぜ水を用いる。

解答　暑中コンクリートでは，運搬中のスランプの低下や連行空気量の減少などの傾向があり，打込み時のコンクリート温度の上限は，35℃ 以下を標準とする。

したがって，(1)は**適当でない**。　　　　　　　　　　　　　**答**　(1)

17　暑中コンクリートに関する次の記述のうち，**適当でないもの**はどれか。

(1) 暑中コンクリートでは，練上がり温度の 10℃の上昇に対し，所要のスランプを得るための単位水量が 2〜5% 増加する傾向にある。

(2) 暑中コンクリートでは，練混ぜ後できるだけ早い時期に打ち込まなければならないことから，練混ぜ開始から打ち終わるまでの時間は，1.5 時間以内を原則とする。

(3) 暑中コンクリートは，最高気温が 25℃を超える時期に施行することが想定される場合に適用される。

(4) 暑中コンクリートは，運搬中のスランプの低下，連行空気量の減少，コールドジョイントの発生防止のため打込み時のコンクリート温度の上限は 35℃ 以下を標準としている。

解答　暑中コンクリートは，日平均気温が 25℃ を超える時期に施工することが想定される場合に適用される。

　　したがって，(3)は**適当でない**。　　　　　　　　　　　　　　　　**答**　(3)

18　寒中コンクリート及び暑中コンクリートの施工に関する次の記述のうち，**適当でないもの**はどれか。

(1)　寒中コンクリートでは，コンクリート温度が低いと型枠に作用するコンクリートの側圧が大きくなる可能性があるため，打込み速度や打込み高さに注意する。

(2)　寒中コンクリートでは，保温養生あるいは給熱養生終了後に急に寒気にさらすと，コンクリート表面にひび割れが生じるおそれがあるので，適当な方法で保護して表面の急冷を防止する。

(3)　暑中コンクリートでは，運搬中のスランプの低下，連行空気量の減少，コールドジョイントの発生などの危険性があるため，コンクリートの打込み温度をできるだけ低くする。

(4)　暑中コンクリートでは，コンクリート温度をなるべく早く低下させるためにコンクリート表面に送風する。

解答　暑中コンクリートでは，コンクリートの表面に送風して乾燥させてはいけない。打込み終了後は，コンクリート表面が乾燥しないよう速やかに養生する。

　　したがって，(4)は**適当でない**。　　　　　　　　　　　　　　　　**答**　(4)

試験によく出る重要事項

暑中コンクリート

①　日平均気温が 25℃ を超えるときは，打込み後 24 時間は露出面を湿潤状態にし，養生は，少なくとも 5 日間以上行う。

②　練混ぜ開始から打ち終わるまで 1.5 時間以内に行う。

③　コールドジョイントの発生防止のため，減水剤，AE 減水剤および流動化剤は遅延型のものを用いる。

④　練上がり温度が 10℃ 上昇すると，所要のスランプを得るために単位水量が 2〜5% 増加する。

寒中コンクリート

①　日平均気温が 4℃ 以下のときは，所要の強度（$5\ \mathrm{N/mm^2}$）が得られるまでコンクリートの温度を 5℃ 以上に保ち，さらに 2 日間は 0℃ 以上に保つ。

| 1-2 | 土木一般 | コンクリート工 | 鉄筋の加工・組立 | ★★★ |

フォーカス　鉄筋の加工・組立の問題は，隔年以上の高い頻度で出題されている。鉄筋は，曲げ戻しをしない，急冷の禁止，鋼材は全て所定のかぶりを確保するなどの，加工・組立における基本事項について確実に覚えておくこと。

19　エポキシ樹脂塗装鉄筋の加工・組立に関する次の記述のうち，**適当でない**ものはどれか。

(1) 気温が5℃を下回る条件で曲げ加工は行わない方がよく，やむを得ず5℃以下で加工する場合は80℃未満の範囲で鉄筋の温度を上げておくとよい。

(2) 組立後は，できるだけ長期間直射日光にさらしておくとよい。

(3) 曲げ加工機と鉄筋が接触する部分は，緩衝材を用いて保護するとよい。

(4) 組立の際に用いる鉄線は，芯線径が0.9 mm以上のビニール被覆されたものを用いるとよい。

解答　組立後は，長期間直射日光にさらしてはいけない。
　　したがって，(2)は**適当でない**。　　　　　　　　　　**答**　(2)

20　鉄筋の曲げ加工，組立に関する次の記述のうち，**適当でない**ものはどれか。

(1) いったん曲げ加工した鉄筋を曲げ戻すのは避けたほうがよい。

(2) 鉄筋の点溶接は，局部的な加熱によって鉄筋の材質を害し，疲労強度が低下するおそれがある。

(3) 組立用鋼材は，耐久性の観点からかぶりを確保しておく。

(4) 鉄筋は常温加工するのが原則であるが，やむを得ず加熱加工した場合は，できるだけ急な冷却をしたほうがよい。

解答　鉄筋は，常温で曲げ加工することを原則とする。急な冷却は，材質が変化し，悪影響の生じるおそれがあるので行わない。
　　したがって，(4)は**適当でない**。　　　　　　　　　　**答**　(4)

━━━━━━ 試験によく出る重要事項 ━━━━━━

エポキシ樹脂塗装鉄筋

a. 放置の禁止：保護対策なしで，3ヶ月以上放置してはならない。

b. 塗膜損傷：現場加工時に，目視によって損傷のないことを確認する。1 mm² 以上の損傷は，補修をしなければならない。

c. 補修方法：補修用塗料の塗布，ホットメルト，防蝕テープ巻きつけなどの方法がある。

d. エポキシ樹脂塗装鉄筋使用のコンクリートの締固め：

　ア. 内部振動機の挿入間隔を細かくして，振動時間を短くする。

　イ. 内部振動機を横移動させない。

　ウ. 内部振動機を鉄筋に接触させない。

　エ. 内部振動機をポリウレタン等で被覆する。

鉄筋加工の留意点

a. 鉄筋の曲げ加工は，常温で行うことを原則とする。加熱加工の場合は，急冷しない。

b. 一度，曲げ加工した鉄筋は，曲げ戻しをしない。

c. 溶接した鉄筋の曲げ加工は，溶接個所から直径の10倍以上離れた位置で行う。

d. 折り曲げ鉄筋の曲げ内半径は 5 φ 以上，隅角部は 10 φ 以上とする。

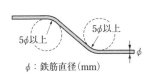

(a) 折曲げ鉄筋の曲げ内半径

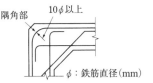

(b) ラーメン構造の隅角部の外側に沿う鉄筋の曲げ内半径

鉄筋の曲げ加工

e. 鉄筋加工後の全長 L は，±20 mm 以内であること。

| 1-2 | 土木一般 | コンクリート工 | 鉄筋の組立・継手 | ★★★ |

フォーカス　鉄筋の組立に関する問題は，コンクリート標準示方書の規定等から出題されている。鉄筋組立にあたっての基本規定を必ず覚えておく。

21　鉄筋の継手に関する次の記述のうち，**適当なもの**はどれか。

(1) 重ね継手の重ね合せの部分は，焼なまし鉄線によりしっかりと緊結し，焼なまし鉄線を巻く長さはできるだけ長くするのがよい。

(2) ガス圧接継手における鉄筋の圧接端面は，軸線に直角とせず傾斜させて切断するのがよい。

(3) ガス圧接継手において直近の異なる径の鉄筋の接合は，可能である。

(4) フレア溶接継手は，ガス圧接継手や重ね継手に比較して安定した品質が得やすい。

解答　(1)　重ね継手の重ね合せの部分は，焼なまし鉄線によりしっかりと緊結し，焼なまし鉄線を巻く長さはできるだけ**短く**するのがよい。

(2)　ガス圧接継手における鉄筋の圧接端面は，軸線に**直角**に切断するのがよい。

(4)　フレア溶接継手は，ガス圧接継手や重ね継手に比較して安定した品質が得**にくい**。

(3)は，記述のとおり**適当である**。　　　　　　　　　　　　　　　**答**　(3)

22　現場打ちコンクリート構造物に用いる鉄筋の継手に関する次の記述のうち，**適当でないもの**はどれか。

(1) 重ね継手に焼なまし鉄線を使用したときは，焼なまし鉄線をかぶり内に残してはならない。

(2) 鉄筋の継手の位置は，一断面に集中させないように互いにずらして設け，重ね継手，ガス圧接継手の種類に関わらず，継手の端部どうしを鉄筋直径の25倍以上ずらすようにする。

(3) 引張鉄筋の重ね継手の長さは，付着応力度より算出する重ね継手長以上，かつ，鉄筋の直径の20倍以上重ね合わせる。

(4) 鉄筋の切断及び圧接端面の加工は，圧接作業前日に行い，圧接技量資格者により圧接作業直前にその状態を確認する。

解答　鉄筋の切断及び圧接端面の加工は，圧接作業当日に行い，圧接技量資格

者により圧接作業直前にその状態を確認する。

したがって，(4)は**適当**でない。　　　　　　　　　　　　**答**　(4)

━━━━━━ 試験によく出る重要事項 ━━━━━━

鉄筋組立の留意点

① **鉄筋の交点**：交点の要所は，径 0.8 mm 以上の焼なまし鉄線，または，適切なクリップで緊結する。点溶接は材質を害し，疲労強度を低下させる恐れがある。

② **スペーサ**：型枠に接するスペーサは，本体と同等以上の強度のモルタル製，あるいは，コンクリート製を使用する。

③ **重ね継手位置の強度**：通常部の 80 % 程度なので，同一断面に集中して配置しない。

④ **鉄筋継手の配置**：継手位置を軸方向に相互にずらす距離は，継手の長さ＋鉄筋直径の 25 倍以上，または，断面高さの大きいほうを加えた長さを標準とする。

⑤ **鉄筋相互のあき**：梁は 2 cm 以上，鉄筋直径以上，粗骨材の最大寸法の $\frac{3}{4}$ 以上とする。柱は 4 cm 以上，鉄筋直径の 1.5 倍以上，粗骨材の最大寸法の $\frac{3}{4}$ 以上とする。継手位置では，粗骨材の最大寸法以上とする。

⑥ **粗骨材の最大寸法**：最小部材寸法の $\frac{1}{5}$ 以下，鉄筋相互のあき，および，かぶりの $\frac{3}{4}$ 以下とする。

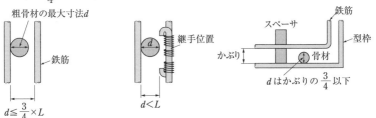

最大粗骨材寸法 d とあき

⑦ **かぶり**：設計値に対して 0 〜 +25 mm の範囲にあること。耐久性照査で設計した値以上であること。

土木一般

| 1-2 | 土木一般 | コンクリート工 | 型枠支保工 | ★★★ |

フォーカス　型枠支保工は，安全管理の分野でも出題される。作用する諸荷重，組立・解体における原則など，設計・施工の基本事項を学習しておく。

23　スランプが10 cm程度のコンクリートを用いて高さ4 mの壁（長さ＝5 m）に打上がり速度2.5 m/h程度で打ち込んだとき，型枠に作用するコンクリートの側圧分布（P）に関する次の模式図(イ)～(ニ)のうち，**適当なもの**はどれか。

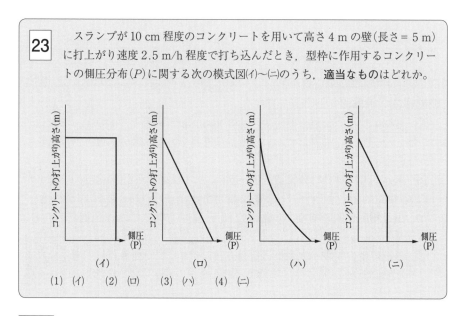

(イ)　　　　(ロ)　　　　(ハ)　　　　(ニ)

(1) (イ)　　(2) (ロ)　　(3) (ハ)　　(4) (ニ)

解答　コンクリートの側圧は，打上り高さが大きくなるにしたがって上昇する。しかし，スランプが小さなコンクリートを用いて打込みの1層の高さを0.4～0.5 mとして打ち重ねた場合には，型枠内におけるコンクリートのスランプ低下，凝結の進行，鉄筋との付着等により，ある高さよりも低い位置では側圧が増加しなくなり，ある高さよりも下方では側圧が一定になる。
したがって，(4)が**適当**である。　　　　　　　　　　　　　**答**　(4)

24　施工条件が同じ場合に，型枠に作用するフレッシュコンクリートの側圧に関する次の記述のうち，**適当なもの**はどれか。
(1) コンクリートのスランプを大きくするほど側圧は大きく作用する。
(2) コンクリートの圧縮強度が大きいほど側圧は小さく作用する。
(3) コンクリートの打上がり速度が大きいほど側圧は小さく作用する。
(4) コンクリートの温度が高いほど側圧は大きく作用する。

解答 (2) コンクリートの圧縮強度と側圧とは関係がない。

(3) コンクリートの打上がり速度が大きいほど側圧は大きく作用する。

(4) コンクリートの温度が高いほど側圧は小さく作用する。

(1)は，記述のとおり**適当である。**　　　　　　　　　　　　**答** (1)

---

25 コンクリート打込み時において，型枠に作用する側圧に関する次の記述のうち，**適当でないもの**はどれか。

(1) 打込み速度が一定の場合，コンクリートの単位容積質量が大きいほど，型枠に作用する側圧は大きくなる。

(2) コンクリートの打込み速度が早いほど，型枠に作用する側圧は大きくなる。

(3) 打込み速度が一定の場合，コンクリートのスランプが大きいほど，型枠に作用する側圧は大きくなる。

(4) 打込み速度が一定の場合，コンクリートの温度が高いほど，型枠に作用する側圧は大きくなる。

解答 打込み速度が一定の場合，コンクリートの温度が低いほど，型枠に作用する側圧は大きくなる。

したがって，(4)は**適当でない。**　　　　　　　　　　　　**答** (4)

=== 試験によく出る重要事項 ===

型枠支保工

a．作用荷重：鉛直方向荷重・水平方向荷重，コンクリートの側圧など。

b．締付け：ボルトまたは鋼棒で締め付ける。鉄線を使用してはならない。

c．継目：せき板・パネルの継目は，部材軸に直角または平行とする。

d．上げ越し：沈下・変形を考慮して，適当な上げ越しを行う。

e．取外し：下部から上部へ，鉛直部から水平部へ向かって行う。取外し時期は，現場と同じ状態で養生した圧縮強度で判断する。

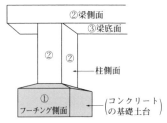

型枠の取外し順序

型枠取外し時期

部材の種類	圧縮強度 (N/mm^2)
フーチング側面	3.5 以上
柱・壁・梁の側面	5.0 以上
梁・スラブの下面	14 以上

| 1-2 | 土木一般 | コンクリート工 | 打継目の施工 | ★★★ |

フォーカス　コンクリートの打継目は，構造物の弱点となる。問題演習を通じて，対策や留意事項を覚えておく。

26　コンクリートの打込みに関する次の記述のうち，**適当でないもの**はどれか。

(1)　スラブと柱は，連続して1度に打ち上げることが望ましい。

(2)　コンクリートを2層以上に分けて打ち込む場合，上層のコンクリートの打込みは，下層のコンクリートが固まり始める前に行う。

(3)　コンクリートの打込み中に著しい材料分離が認められた場合には，打ち込むのをやめ，後のコンクリート打込みのために材料分離の原因を調べて，これを防止する。

(4)　コールドジョイント対策として，遅延形AE減水剤の使用が有効である。

解答　スラブと柱は，連続して1度に打ち上げない。沈下ひび割れを防止するため，鉛直部材である柱のコンクリートの沈下収縮が終了してから水平部材であるスラブを打込む。

したがって，(1)は**適当でない**。　　　　　　　**答**　(1)

27　コンクリートの打継目の施工に関する次の記述のうち**適当なもの**はどれか。

(1)　鉛直打継目の施工においては，新しいコンクリートの打込み後，再振動締固めを行うのがよい。

(2)　水平打継目の施工においては，旧コンクリート表面のレイタンスなどを完全に除き，表面を乾燥させた状態で，新しいコンクリートを打ち込むのがよい。

(3)　打継目は，できるだけせん断力の大きい位置に設け，打継面を部材の圧縮力の作用する方向と平行にするのがよい。

(4)　水平打継目の施工においては，敷モルタルの水セメント比は，新旧コンクリート打継面の付着をよくするために，使用コンクリートの水セメント比よりも大きくするのがよい。

解答　(2)　水平打継目の施工においては，旧コンクリート表面のレイタンスなどを完全に除き，表面を十分吸水させてから，新しいコンクリートを打ち込む。

(3)　打継目は，できるだけせん断力の小さい位置に設け，打継面を部材の圧縮力の作用する方向と**直角**にする。

(4)　水平打継目の施工においては，敷モルタルの水セメント比は，新旧コンクリート打継面の付着をよくするために，使用コンクリートの水セメント比よりも小さくする。

(1)は，記述のとおり**適当である**。　　　　　　　　　　**答　(1)**

土木一般

==========　試験によく出る重要事項　==========

打ち継目

a．打継目の位置と方向：打継目は，せん断力に対して弱点となるので，せん断力の小さい箇所に設ける。梁では中央付近とし，圧縮力に直角に設ける。

b．水平打継目

　　ア．硬化前に打ち継ぐときは，予め高圧の空気または高圧水で表面のレイタンスを除去する（グリーンカット）。

　　イ．硬化後に打ち継ぐときは，ワイヤブラシ等でコンクリート打継面のレイタンスと浮き石を除去し，水で表面を洗い，旧コンクリートに十分吸水させる。セメントペーストまたはコンクリートと同等の品質のモルタルを敷いて打ち継ぐと，新旧のコンクリートがより密着する。

c．鉛直打継目：打継目面をワイヤブラシやチッピングで粗にし，十分に吸水させ，セメントペースト，湿潤用エポキシ樹脂接着剤などを塗り，打ち継ぐ。

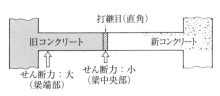

打継目の位置・方向

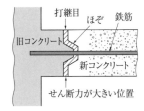

打継目の例

土木一般

| 1-2 | 土木一般 | コンクリート工 | ひび割れ防止 | ★★★ |

フォーカス　ひび割れに関する問題は，隔年程度の高い頻度で出題されている。
コンクリートのひび割れの種類と要因を理解し，その防止対策を覚えておく。

28　コンクリートの乾燥収縮に関する次の記述のうち，**適当でないもの**はどれか。

(1)　骨材に付着している粘土の量が多い場合には，コンクリートの単位水量が増加し乾燥収縮は大きくなる。

(2)　一般に所要のワーカビリティを得るために必要な単位水量は，最大寸法の大きい粗骨材を用いれば少なくでき，乾燥収縮を小さくできる。

(3)　同一単位水量の AE コンクリートでは，空気量が多いほど乾燥収縮は小さい。

(4)　同一水セメント比のコンクリートでは，単位水量が大きいほど乾燥収縮は大きい。

解答　空気量は，乾燥収縮に影響を及ぼさない。
したがって，(3)は**適当でない**。　　　　　　　　　　　　　　　　**答**　(3)

29　コンクリートの収縮及びひび割れ防止に関する次の記述のうち，**適当でないもの**はどれか。

(1)　温度ひび割れを防止するためには，単位セメント量をできるだけ少なくするのがよい。

(2)　沈下ひび割れを防止するためには，単位水量の少ない配合とすることが有効である。

(3)　自己収縮ひずみは，水セメント比の大きい範囲で大きくなるので，低強度コンクリートにおいて自己収縮ひずみによるひび割れに注意が必要である。

(4)　ブリーディングの少ない高強度コンクリートでは，プラスティック収縮ひび割れを防止するため，打込み後の水分逸散防止に心がけるのがよい。

解答　自己収縮ひずみは，水セメント比の小さい範囲で大きくなるので，高強度コンクリートは，自己収縮ひずみによるひび割れに注意が必要である。
したがって，(3)は**適当でない**。　　　　　　　　　　　　　　　**答**　(3)

コンクリートのひび割れ

　コンクリートは，引張り強度が小さいため，乾燥収縮，初期の養生不足，水和熱による膨張，鉄筋の腐食，打設時の空隙などにより，内部に引張り応力が発生すると，ひび割れを生じやすい性質がある。

コンクリートの主なひび割れ要因と対策

a．温度ひび割れ：セメントの水和作用に伴う発熱によってコンクリート温度が上昇し，初期においては，コンクリート表面と内部との温度差による拘束（**内部拘束**），その後，コンクリートの温度降下時に地盤や既設コンクリートによって受ける拘束（**外部拘束**）などにより発生するひび割れ。

　対策：熱の発生を抑えるため，単位セメント量を減らす。水和熱の小さいセメントを使用する。

b．乾燥収縮によるひび割れ：コンクリート中のセメントペーストが乾燥によって収縮する過程で，内部または外部から拘束を受けることにより発生するひび割れ。

c．ドライアウトによるひび割れ：初期に表面が極度の乾燥状態になり，水和反応が停止し，セメントが粉状で残る現象によるひび割れ。

　対策：乾燥による逸散水を抑制するため，十分な湿潤養生を行う。

d．沈下ひび割れ：打設時に，コンクリートの沈降が鉄筋や異形部などで留められ，沈み込みの続く部分に引っ張られ，引張り力の働くところからひび割れが発生する現象。

　対策：単位水量を小さくして，ブリーディングを少なくする。打設後，再振動やタンピングを行う。

e．自己収縮によるひび割れ：硬化の初期段階で，コンクリートの水和反応の進行に伴い，コンクリート・モルタル・セメントペーストの体積が減少し，収縮する現象によるひび割れ。水セメント比の小さい範囲で大きくなるので，水セメント比の小さい高強度コンクリートは，自己収縮ひずみによるひび割れに注意。

f．プラスティック収縮ひび割れ：打込み直後の，まだ固まっていないプラスティック（可塑）状態のコンクリートにおいて，急激な水分蒸発によってコンクリート表面がこわばり，収縮することで発生するひび割れ。

　対策：打込み後は，速やかにシートや養生マットでコンクリートの表面を覆い，水分の逸散を防止し，散水養生や膜養生を行う。

第3章　基礎工

●出題傾向分析(出題数4問)

出題事項	設問内容	出題頻度
場所打杭工法	場所打杭工法の名称，施工方法，特徴，施工の留意事項	毎年
既製杭工法	プレボーリング工法・中掘杭工法・打撃工法の概要・特徴，施工の留意事項	毎年
直接基礎・ケーソン基礎	直接基礎施工・ケーソン工法の留意事項	5年に4回程度
土留め工	土留め工の種類と特徴・適用箇所，安全対策	5年に4回程度
鋼管杭	鋼管杭溶接の留意事項・検査方法と判定	5年に2回程度

◎学習の指針

1．場所打ち杭工法と既製杭工法について，種類と特徴，施工上の留意事項などが，毎年出題されている。各工法について，工法名と施工の概要，支持機構や支持層の確認，孔壁保護の方法，場所打ち杭の鉄筋かごの留意事項などを覚えておく。

2．直接基礎・ケーソン基礎が，高い頻度で出題されている。地中連続壁を含め，支持機構，基礎地盤の掘削・処理や施工の留意事項について，基本的事項を覚えておく。

3．土留め工は，ほぼ，毎年出題されている。土留め支保工は，土木工事の最も基本的な仮設であり，基礎工のほか，土工，専門土木の下水道，安全管理の分野でも出題されている。土留め工の種類と概要・特徴および施工の留意事項を覚えておく。

4．鋼管杭の溶接が出題されている。溶接の問題は，共通工学でも溶接記号が出題されている。現場溶接の概要・留意事項・溶接検査について，過去問の演習で基本的事項を覚えておく。

| 1-3 | 土木一般 | 基礎工 | 既製杭の施工 | ★★ |

フォーカス 既製杭の問題は，ほぼ，毎年出題されている。杭種，打設方法，支持層の確認方法などについて整理し，覚えておく。

---

1 打込み杭工法による鋼管杭基礎の施工に関する次の記述のうち，**適当でないもの**はどれか。

(1) 杭の打止め管理は，試験杭で定めた方法に基づき，杭の根入れ深さ，リバウンド量（動的支持力），貫入量，支持層の状態などより総合的に判断する必要がある。

(2) 打撃工法において杭先端部に取り付ける補強バンドは，杭の打込み性を向上させることを目的とし，周面摩擦力を増加させる働きがある。

(3) 打撃工法においてヤットコを使用したり，地盤状況などから偏打を起こすおそれがある場合には，鋼管杭の板厚を増したりハンマの選択に注意する必要がある。

(4) 鋼管杭の現場溶接継手は，所要の強度及び剛性を有するとともに，施工性にも配慮した構造とするため，アーク溶接継手を原則とし，一般に半自動溶接法によるものが多い。

解答 打撃工法において杭先端部に取り付ける補強バンドは，杭の打込み性を向上させることを目的とし，周面摩擦力を**減少**させる働きがある。

したがって，(2)は**適当でない**。 **答** (2)

============ 試験によく出る重要事項 ============

打設工法と支持層の確認

a．**打撃工法**：1打当たりの貫入量とリバウンド量から，支持層や打止め位置を決める。

b．**プレボーリング根固め工法**：オーガ駆動用電動機の電流値と地盤調査データとを比較して，支持層の確認をする。根固め液の注入は，拡大根固め球根部の先端より行い，吐出量，総注入量，ロッドの引上げ速度及び反復回数，球根高さについて管理する。

c．**バイブロハンマ工法**：バイブロハンマモータの電流値と貫入速度から支持力を推定し，打止め位置を決める。

土木一般

| 1-3 | 土木一般 | 基礎工 | 既製杭埋込み工法 | ★★★ |

フォーカス　既製杭埋込み工法は，ほぼ，毎年出題されている。施工方法，施工上の留意事項，各工法の特徴などについて，問題演習を通じて確実に覚えておく。

2　中掘り杭工法及びプレボーリング杭工法に関する次の記述のうち，**適当なもの**はどれか。

(1)　プレボーリング杭工法では，地盤の掘削抵抗を減少させるため，掘削液を掘削ビットの先端部から吐出させるとともに，孔内を泥土化して孔壁の崩壊を防止する。

(2)　中掘り杭工法では，杭の沈設後，負圧の発生によるボイリングを引き起こさないよう，スパイラルオーガや掘削用ヘッドは急速に引き上げるのがよい。

(3)　プレボーリング杭工法では，根固液は掘削孔の先端部から杭頭部までの孔壁周囲の砂質地盤と十分にかくはんしながら，所定の位置まで確実に注入する。

(4)　中掘り杭工法では，中間層が比較的硬質で沈設が困難な場合は，フリクションカッターを併用するとともに杭径以上の拡大掘りを行うのがよい。

解答　(2)　中掘り杭工法では，杭の沈設後，負圧の発生によるボイリングを引き起こさないよう，スパイラルオーガや掘削用ヘッドはゆっくり引き上げるのがよい。

(3)　プレボーリング杭工法では，根固液は掘削孔の先端部周辺の砂質地盤と十分にかくはんしながら，所定の位置まで確実に注入する。

(4)　中掘り杭工法では，中間層が比較的硬質で沈設が困難な場合は，フリクションカッターを併用するとともに杭径以上の拡大掘りを行ってはならない。

(1)は，記述のとおり**適当である**。　　　　　　　　　　　　　　　　**答**　(1)

━━━━━━ **試験によく出る重要事項** ━━━━━━

既製杭埋込み工法

ａ．プレボーリング工法：掘削ビットの先端から掘削液を吐出しながら削孔する。ベントナイト液で孔壁を安定させる。根固め液を注入攪拌後，既製杭を沈設し，杭周辺固定液が杭頭部からあふれることを確認する。支持力確保のため，杭頭部を打撃，または，圧入する。根固め液(セメントミルク)の強度は，杭が所定の先端支持力を発揮するように，地盤の極限支持力まで根固め部が破壊しないことが必要である。支持地盤が，N値で20以上の

場合，根固め液の圧縮強度は 20 N/mm² 以上で管理する。振動規制法の届出が必要である。

b．中掘り杭工法：先端開放の中空杭にスパイラルオーガなどを挿入し，掘削に合わせながら杭を沈設する。所定の深さに達したら，先端をセメントミルクの噴出・攪拌で根固めする。スパイラルオーガ引抜き時に，孔底部に負圧が発生してボイリングを起こさないよう，常に，孔内水位は地下水位以上となるように注意する。

c．ジェット工法：コンクリート杭の先端，または，内部にジェットノズルを取り付け，ジェット水で掘削挿入する。杭頭部にモンケンで荷重をかける。必要に応じて，打込みやモルタルで支持力の増加を行う。

d．圧入工法：既設構造物や既設杭・圧入機械などを反力として，既製杭を地中に押し込む。支持力を確認しながら作業ができる。

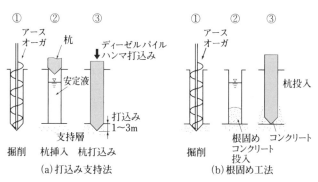

プレボーリング工法

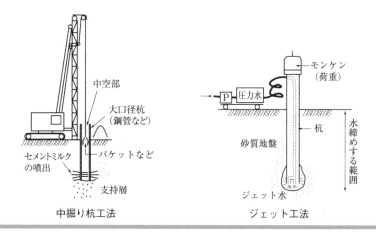

中掘り杭工法　　　　ジェット工法

土木一般

1-3 | 土木一般 | 基礎工 | 場所打ち杭工法 | ★★★

フォーカス　場所打ち杭工法は，毎年出題されている。施工における留意事項，各工法の違い・特徴などを整理して覚えておく。

3　場所打ち杭基礎の施工に関する次の記述のうち，**適当なもの**はどれか。

(1)　アースドリル工法では，地表部に表層ケーシングを建て込み，孔内に注入する安定液の水位を地下水位以下に保ち，孔壁に水圧をかけることによって孔壁を保護する。

(2)　リバース工法では，スタンドパイプを安定した不透水層まで建て込んで孔壁を保護・安定させ，コンクリート打込み後も，スタンドパイプを引き抜いてはならない。

(3)　深礎工法では，掘削孔全長にわたりライナープレートなどによる土留めを行いながら掘削し，土留め材はモルタルなどを注入後に撤去することを原則とする。

(4)　オールケーシング工法では，掘削孔全長にわたりケーシングチューブを用いて孔壁を保護するため，孔壁崩壊の懸念はほとんどない。

解答　(1) アースドリル工法では，地表部に表層ケーシングを建て込み，孔内に注入する安定液の水位を地下水位**以上**に保ち，孔壁に水圧をかけることによって孔壁を保護する。

(2)　リバース工法では，スタンドパイプを安定した不透水層まで建て込んで孔壁を保護・安定させ，コンクリート打込み後は，スタンドパイプを**引き抜く**。

(3)　深礎工法では，掘削孔全長にわたりライナープレートなどによる土留めを行いながら掘削し，土留め材はモルタルなどを注入後も**撤去しない**。

(4)は，記述のとおり**適当である**。　　　　　　　　　　**答** (4)

═══════ **試験によく出る重要事項** ═══════

場所打ち杭工法

工法名	オールケーシング工法	リバースサーキュレーション工法	アースドリル工法	深礎工法
掘削・排土方式の概要	ケーシングを揺動・圧入させながらハンマグラブで掘削・排土する。	ドリルパイプ先端のビットを回転させて掘削し，自然泥水の逆還流によって排土する。	掘削孔内に安定液を満たしながら，回転バケットで掘削・排土する。	ライナープレートやナマコ板などをせき板とし，人力等で掘削・排土する。

土木一般

工法名	オールケーシング工法	リバースサーキュレーション工法	アースドリル工法	深礎工法
掘削方式	ハンマグラブ	回転ビット	回転バケット	人力等
孔壁保護方法	ケーシングチューブ	スタンドパイプ，自然泥水	安定液（表層ケーシング）	せき板と土留めリング
付帯設備	―	自然泥水関係設備（スラッシュタンク）	安定液関係の設備	やぐら・バケット，巻上用ウインチ

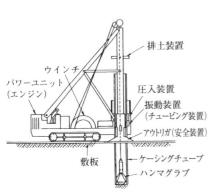

オールケーシング工法

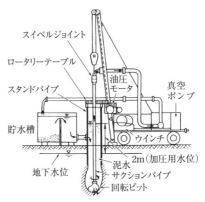

リバースサーキュレーション（リバース）工法

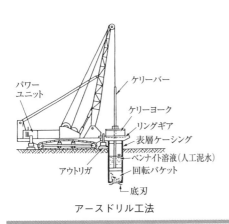

アースドリル工法

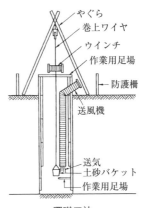

深礎工法

| 1-3 | 土木一般 | 基礎工 | 場所打ち杭の施工 | ★★★ |

フォーカス　場所打ち杭については，孔壁崩壊の防止方法，掘削孔のボイリング対策，スライム処理，コンクリートの品質確保，鉄筋かごの設置など，施工の留意事項が高い頻度で出題されている。

4　オールケーシング工法の施工に関する次の記述のうち，**適当でないもの**はどれか。

(1) ケーシングチューブ下端は，孔壁土砂が崩れて打ち込んだコンクリート中に混入することがあるので，コンクリート上面より常に1 m以上下げておく必要がある。

(2) コンクリート打込み時のトレミーの下端は，打込み面付近のレイタンス，押し上げられてくるスライムなどを巻き込まないよう，コンクリート上面より常に2 m以上入れなければならない。

(3) 軟弱地盤では，コンクリート打込み時において，ケーシングチューブ引抜き後の孔壁に作用する土圧などの外圧とコンクリートの側圧などの内圧のバランスにより杭頭部付近の杭径が細ることがあるので十分に注意する。

(4) ヒービング現象が発生するような軟弱な粘性土地盤では，ケーシングチューブを孔内掘削底面よりケーシングチューブ径以上先行圧入させて掘削することにより，ヒービング現象を抑えることができる。

解答　ケーシングチューブ下端は，孔壁土砂が崩れて打ち込んだコンクリート中に混入することがあるので，コンクリート上面より常に2 m以上下げておく必要がある。

したがって，(1)は**適当でない**。　　　　　　　　　　**答**　(1)

━━━━━━━━　試験によく出る重要事項　━━━━━━━━

スライムの処理

a．スライム：**掘削によって孔の底にたまる地下水と混じった軟らかい泥土のこと**。スライムは，放置しておくと杭の沈下を引き起こす危険性がある。

b．一次処理：掘削完了後，鉄筋かごの吊込み前に底ざらいバケットやスライムバケット，水中ポンプで除去する。

c．二次処理：鉄筋かご吊込み後に，エアリフトポンプやサクションポンプで吸い上げる。二次処理は必ず行う。

| 1-3 | 土木一般 | 基礎工 | 場所打ち杭の鉄筋かご加工・組立 | ★★★ |

5 　場所打ち杭の鉄筋かごの施工に関する次の記述のうち，**適当でないもの**はどれか。

(1) 鉄筋かごの組立ては，鉄筋かごが変形しないよう，組立用補強材を溶接によって軸方向鉄筋や帯鉄筋に堅固に取り付ける。

(2) 鉄筋かごの組立ては，特殊金物などを用いた工法やなまし鉄線を用いて，鋼材や補強鉄筋を配置して堅固となるように行う。

(3) 鉄筋かごの組立ては，自重で孔底に貫入するのを防ぐため，井げた状に組んだ鉄筋を最下端に配置するのが一般的である。

(4) 鉄筋かごの組立ては，一般に鉄筋かごの径が大きくなるほど変形しやすくなるので，組立用補強材は剛性の大きいものを使用する。

解 答　鉄筋かごの組立ては，鉄筋かごが変形しないよう，組立用補強材を溶接によって軸方向鉄筋や帯鉄筋に堅固に取り付けてはならない。形状保持のための溶接は禁止されている。

　したがって，(1)は**適当でない**。　　　　　　　　　　　　　　**答**　(1)

========== 試験によく出る重要事項 ==========

鉄筋かご

a．軸方向鉄筋の継手：重ね継手を原則とし，なまし鉄線を用い，鋼材や補強鉄筋を配置し，堅固に組立る。

b．帯鉄筋の継手：帯鉄筋をフレア溶接[1] とする。

c．継手長：鉄筋径の10倍を標準とする。

d．鉄筋かごの主鉄筋の長さ：支持層深さの変動や掘削誤差を考慮し，ラップ部分に余裕長を確保する。

*1　鉄筋の重ね合わせた部分をアーク溶接で接合する工法。

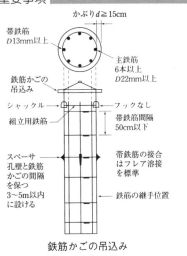

かぶり $d \geqq 15\text{cm}$
帯鉄筋 $D13\text{mm}$以上
主鉄筋 6本以上 $D22\text{mm}$以上
鉄筋かごの吊込み
シャックル
組立用鉄筋
フックなし
帯鉄筋間隔 50cm以下
スペーサ 孔壁と鉄筋かごの間隔を保つ 3～5m以内に設ける
帯鉄筋の接合はフレア溶接を標準
鉄筋の継手位置

鉄筋かごの吊込み

| 1-3 | 土木一般 | 基礎工 | 直接基礎 | ★★★ |

フォーカス 直接基礎の問題は，明り掘削の問題にも共通する分野である。直接基礎の条件や床付け面の処理などを覚えておく。

---

6 擁壁の直接基礎の施工に関する次の記述のうち，**適当でないもの**はどれか。

(1) 基礎の施工にあたっては，擁壁の安定性を確保するため，掘削時に基礎地盤を緩めたり，必要以上に掘削することのないように処理しなければならない。

(2) 基礎地盤が岩盤のときには，擁壁の安定性を確保するため，掘削面にある程度の不陸を残し，平滑な面としないように施工する。

(3) 基礎地盤を現場で安定処理した改良土の強度は，一般に同じ添加量の室内配合における強度よりも大きくなることを考慮して施工しなければならない。

(4) 基礎地盤をコンクリートで置き換える場合には，底面を水平に掘削して岩盤表面を十分洗浄し，その上に置換えコンクリートを直接施工する。

解答 基礎地盤を現場で安定処理した改良土の強度は，一般に同じ添加量の室内配合における強度よりも小さくなることを考慮して施工しなければならない。

したがって，(3)は**適当でない**。　　　　　　　　　　　　　　　　**答** (3)

---

7 道路橋下部工における直接基礎の施工に関する次の記述のうち，**適当でないもの**はどれか。

(1) 基礎地盤が岩盤の場合は，構造物の安定性を確保するため，底面地盤の不陸を整正し平滑な面に仕上げる。

(2) 基礎地盤が砂地盤の場合は，ある程度の不陸を残して底面地盤を整地し，その上に割ぐり石や砕石を敷き均す。

(3) 基礎地盤をコンクリートで置き換える場合は，所要の支持力を確保するため，底面地盤を水平に掘削し，浮き石は完全に除去する。

(4) 一般に基礎が滑動するときのせん断面は，基礎の床付け面のごく浅い箇所に生じることから，施工時に地盤に過度の乱れが生じないようにする。

解答 基礎地盤が岩盤の場合は，構造物の安定性を確保するため，底面地盤の不陸をある程度残し平滑な面としないように仕上げる。

したがって，(1)は**適当でない**。　　　　　　　　　　　　　　　　**答** (1)

土木一般

━━━━━ 試験によく出る重要事項 ━━━━━

直接基礎

① 直接基礎は，深さ5mより浅い部分に支持地盤がある場合に採用する。

② 支持地盤となるのは，岩盤・砂地盤ではN値30以上，粘性土地盤はN値20以上とする。支持層の厚さは，直接基礎の幅以上あるものとする。

③ 直接基礎のすべりは，底面直下の地盤のせん断破壊である。
　　底面の摩擦力だけでは，地震時の水平力に抵抗できないときは，突起を設ける。

④ 床付け面の最終掘削は，人力で行う。一般に支持層面は平坦にする。普通地盤では割栗石をたたき込み，摩擦力を確保する。岩盤面は，粗にし，貧配合の均しコンクリートを打つ。

⑤ 掘削終了後は，支持層面の風化や緩みを防止するため，速やかに均しコンクリートを打つ。できない場合は，シートなどで覆いをしておく。

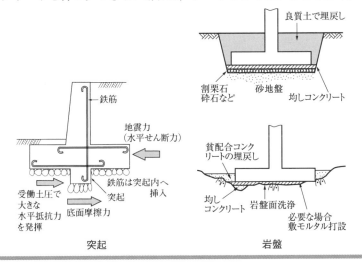

突起　　　　　　　　　　岩盤

土木一般

1-3 土木一般 | 基礎工 | 土留め工 ★★★

フォーカス　土留め工の問題は，隔年程度の出題頻度である。施工管理の安全管理，明り掘削とも共通する分野なので，これらの視点からも学習しておく。

8　土留め工の施工に関する次の記述のうち，**適当でないもの**はどれか。

(1)　自立式土留めは，掘削側の地盤の抵抗によって土留め壁を支持する工法で，掘削面内に支保工がないので掘削が容易であり，比較的良質な地盤で浅い掘削に適する。

(2)　切ばり式土留めは，支保工と掘削側の地盤の抵抗によって土留め壁を支持する工法で，現場の状況に応じて支保工の数，配置などの変更が可能である。

(3)　控え杭タイロッド式土留めは，控え杭と土留め壁をタイロッドでつなげ，これと地盤の抵抗により土留め壁を支持する工法で，軟弱で深い地盤の掘削に適する。

(4)　アンカー式土留めは，土留めアンカーと掘削側の地盤の抵抗によって土留め壁を支持する工法で，掘削面内に切ばりがないので掘削が容易であるが，良質な定着地盤が必要である。

解答　控え杭タイロッド式土留めは，控え杭と土留め壁をタイロッドでつなげ，これと地盤の抵抗により土留め壁を支持する工法で，良質な浅い地盤の掘削に適する。したがって，(3)は**適当でない**。　　　　　　　　　　　**答**　(3)

━━━━━━━━━ 試験によく出る重要事項 ━━━━━━━━━

土留め工

(a) アンカー式土留め　　(b) 控え杭タイロッド式土留め　　(c) アイランド工法

(d) トレンチカット工法

各種の土留め工①

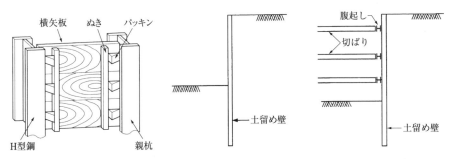

（e）親杭横矢板式土留め　　　　（f）自立式土留め　　　　　（g）切ばり式土留め

各種の土留め工②

区　分	名　称	特　徴
構造体による種類	①親杭横矢板 ②鋼矢板 ③鋼管矢板 ④柱列式連続壁 ⑤地中連続壁	施工が簡単，止水性はない。 たわみ性のため，壁体の変形が大きくなる。 高度の止水が要求される場合は，継手部等を処理する。 隣接する柱体と重ねる場合は，止水性が高い。 大規模開削工事や地盤変形の大きなところに用いる。
	①から⑤に行くに従って，掘削深度が大きくなり，土質不良箇所に適用される。	
支保工による種類	①自立式 ②切ばり式 ③アンカー式 ④控え杭タイロッド式	掘削側の地盤抵抗（受働土圧）で，土留め壁を支える。 切ばりと地盤抵抗で，土留め壁を支える。 背後にアンカーを打ち，土留め壁を支える。掘削面内が広い。 アンカー式より経済的
	③，④は，背後に控え等の設置用地が必要である。	
掘削工法による種類	①アイランド工法 ②トレンチカット工法 ③逆巻き工法	掘削内部の構造物基礎から斜め切ばりで，土留め壁を支える。広くて浅い掘削に適する。 掘削周囲を溝掘削し，周辺構造物を先行構築する。広くて浅い掘削に適する。 本体構造物の床版・側壁を上から下へつくりながら掘削していく。構造物の強度発揮のための養生期間が必要である。

| 1-3 | 土木一般 | 基礎工 | 土留めの安全対策 | ★★★ |

フォーカス　土留めの安全対策は，土質の基礎を理解しておけば解答できるものが多い。ボイリング・ヒービングなどの現象，土留め工の構造と各部材の役割について，基本事項を覚えておく。

9　土留め壁及び土留め支保工の施工に関する次の記述のうち，**適当でないも**のはどれか。

(1) 側圧の大きい場合や切ばりの間隔を広くする場合には，作業空間や切ばり配置を考慮し，二重腹起しや二段腹起しを使用するが，一方向切ばりの土留めや切ばりのない立坑には二重腹起しが用いられる。

(2) 切ばり用鋼材の割付け上の理由により継手を用いる場合には，継手位置は中間杭付近に設けるとともに，継手部にはジョイントプレートなどを取り付けて補強する。

(3) 遮水性土留め壁であっても，鋼矢板壁の継手部のかみ合わせ不良などから地下水や土砂の流出が生じ，背面地盤の沈下や陥没の原因となることがあるので，鋼矢板打設時の鉛直精度管理が必要となる。

(4) 腹起しと切ばりの遊間は，土留め壁の変形原因となるので，あらかじめパッキング材などにより埋めておき，ジャッキの取付け位置は腹起しの付近とし，同一線上に並ばないように千鳥配置とする。

解答　側圧の大きい場合や切ばりの間隔を広くする場合には，作業空間や切ばり配置を考慮し，二重腹起しや二段腹起しを使用するが，一方向切ばりの土留めや切ばりのない立坑には二段腹起しが用いられる。

したがって，(1)は適当でない。　　　　　　　　　　　　　　　**答**　(1)

10　土留め支保工の計測管理の結果，土留めの安全に支障が生じることが予測された場合に，採用した対策に関する次の記述のうち，**適当でないものはど**れか。

(1) 土留め壁の応力度が許容値を超えると予測されたので，切ばり，腹起しの段数を増やした。

(2) 盤ぶくれに対する安定性が不足すると予測されたので，掘削底面下の地盤改良により不透水層の層厚を増加させた。

(3) ボイリングに対する安定性が不足すると予測されたので，背面側の地下水位を低下させた。

(4) ヒービングに対する安定性が不足すると予測されたので，背面地盤に盛土

をした。

解 答 ヒービングに対する安定性が不足すると予測されたので，背面地盤をすき取らせた。

したがって，(4)は**適当でない**。 **答** (4)

━━━━━━━━ 試験によく出る重要事項 ━━━━━━━━

土留めの破壊要因と安全対策

a．**ボイリング**：掘削底面の砂が浸透水流とともに流され，掘削底面に噴出する現象。

対策：① 土留め壁の根入れ深さを長くし，浸透経路の抵抗を大きくする。② 地下水位を下げ，水頭差を小さくする。③ 地盤改良で，地下水の回り込みを遮断する。

b．**ヒービング**：軟弱な粘性土の掘削において，掘削背面の土の重量や荷重ですべり破壊が生じ，掘削底面が破壊し盛り上がる現象。

対策：① 背面地盤の土をすき取り，荷重を減らす。② 土留め壁の根入れを長くし，剛性を増す。③ 地盤改良で土のせん断力を増す。

c．**土圧が大きい**：土圧により支保工や土留め壁に変形や応力超過が生じる。

対策：① 切ばりにジャッキなどでプレロードを与える。② 切ばり・腹起しの剛性を高める。③ 掘削底面の地盤改良。背面の地下水位を低下させる。

d．**盤膨れ**：掘削底部の難透水層地盤が，被圧地下水によって浮き上がる現象。

対策：① 土留め矢板の根入れを深くし，難透水層まで伸ばす。② ウェルポイントなどで，被圧層の水位を下げる。

e．**パイピング**：土中にパイプ状の水みちが形成されて土粒子が流れ出し，水みちが拡大してボイリング状態の破壊が生じる。

対策：人工的な水みちをつくらないよう，杭の引き抜き跡やボーリング調査孔などは必ず埋めるなどの処理をする。

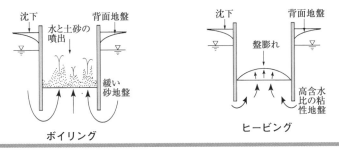

| 1-3 | 土木一般 | 基礎工 | ケーソン基礎 | ★★★ |

フォーカス　ケーソン基礎については，隔年以上の頻度で出題されている。ニューマチックケーソンとオープンケーソンについて，施工上の留意事項を中心に学習しておく。

11　オープンケーソン基礎の施工に関する次の記述のうち，**適当でないもの**はどれか。

(1)　オープンケーソン基礎が沈設時に傾いたときには，ニューマチックケーソンに比べケーソン底部で容易に修正作業ができる。

(2)　沈設完了時の地盤が掘削土から判断して設計時のものと異なり，支持力に不安があると考えられる場合は，ケーソン位置でボーリング等を行い支持力の確認を行う。

(3)　最終沈下直前の掘削にあたっては，中央部の深掘りは避けるようにするのがよい。

(4)　水中掘削を行う際には，ケーソン内の湛水位を地下水位と同程度に保っておかなければならない。

解答　オープンケーソン基礎が沈設時に傾いたときには，ニューマチックケーソンに比べケーソン底部で容易に修正作業ができない。
したがって，(1)は**適当でない**。　　　　　　　　　　**答**　(1)

12　ニューマチックケーソン基礎の施工に関する次の記述のうち，**適当でない**ものはどれか。

(1)　ニューマチックケーソンの作業室部のコンクリートは，水密かつ気密な構造となるよう，原則として連続して打ち込まなければならない。

(2)　一般に，ニューマチックケーソンは，1リフトから2リフト位の比較的根入れが浅い時期の場合，周面摩擦抵抗や刃口部の支持抵抗力が大きいので，急激な沈下は生じにくい。

(3)　作業気圧 $0.1\,N/mm^2$ 以上のニューマチックケーソンを施工するにあたっては，ホスピタルロックの設置が必要である。

(4)　中埋めコンクリートの施工中は，コンクリートの打込みに伴って気圧が上昇するため，気圧を調節する必要がある。

解答　ケーソン沈設の初期は，急激な沈下や傾斜などの変位が生じやすい。
したがって，(2)は**適当でない**。　　　　　　　　　　**答**　(2)

━━━━━ 試験によく出る重要事項 ━━━━━

ケーソン施工上の留意事項

① オープンケーソンは，ボイリングやヒービング防止のため，内部の水位を地下水位と同じに保つ。

② 底版コンクリートの施工後に，底版上にたまった水を排除しない。

③ 掘削は，余掘りをできるだけ避けて，中央から端部へすり鉢状に行う。

④ フリクションカットによって生じた地盤との隙間は，セメントペーストなどを圧入して地盤とケーソンとを一体化させる。

⑤ 排気管の径は 53 mm 以上とする。送気管・排気管は，掘削土を運搬するシャフト内に設けてはならない。

⑥ 支持層は平板載荷試験で確認する。

⑦ 作業室の気圧は，可能なかぎり低くする。

ケーソン工法の比較

項　目	オープンケーソン	ニューマチックケーソン
仮設備	割安	割高
安全性	問題なし	高圧下作業（健康障害）
公　害	静か	圧縮空気，排気音
周辺地盤	地下水位低下，地盤緩み	影響なし
工　期	地盤の形状により異なる	定められる
支持力	確認できない	直接，確認できる
転石処理	困難	容易
深　さ	60 m 程度まで	地下水位下30m程度まで（大深度工法を除く）

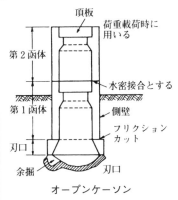

オープンケーソン

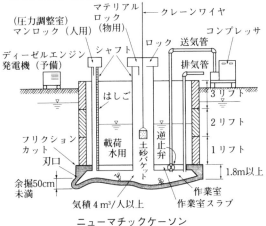

ニューマチックケーソン

土木一般

フォーカス　地中連続壁は，2〜3年に1回程度の頻度で出題されている。施工上の留意事項などについて，場所打ち杭と比較しながら学習すると，効率的である。

13　鉄筋コンクリート地中連続壁工法の施工に関する次の記述のうち，**適当でないもの**はどれか。

(1)　鉄筋かご建込み直前には，二次スライム処理時に新たなスライムの発生を極力抑えるため，溝内安定液を良液に置換する工法もある。

(2)　ベントナイト系安定液は，砂質土層が多い場合は泥膜形成性が高い安定液が用いられ，その配合は掘削地盤の平均の透水係数を考慮して求められる。

(3)　溝壁の安定確保には，溝壁の周辺地盤の地下水位を低下させ，溝壁内外の水位差を利用する地下水位低下工法が一般に用いられている。

(4)　コンクリートの打上りは，その速度が小さすぎると安定液との接触時間が長くなり，ゲル化した安定液をコンクリート中へ巻き込み品質低下につながる。

解答　ベントナイト系安定液は，砂質土層が多い場合は泥膜形成性が高い安定液が用いられ，その配合は掘削地盤の最大の透水係数を考慮して求められる。したがって，(2)は**適当でない**。　　　　　　　　　　　　　**答**　(2)

14　場所打ち杭工法の掘削土の適正処理に関する次の記述のうち，**適当でないもの**はどれか。

(1)　建設汚泥を自工区の現場で盛土に用いるには，特定有害物質の含有量の確認は不要である。

(2)　流動性を呈しコーン指数が概ね $200 \ \mathrm{kN/m^2}$ 以下で一軸圧縮強度が概ね $50 \ \mathrm{kN/m^2}$ 以下の建設汚泥は，産業廃棄物として取り扱われる。

(3)　脱水や乾燥処理を行った建設汚泥は，粘土やシルト分が多く含まれるが，粗粒分を混合して内部摩擦角を増加させて，更に生活環境の保全上支障のないものは盛土に使用することができる。

(4)　含水率が高く粒子の直径が74ミクロンを超える粒子が概ね95％以上含まれる掘削物は，ずり分離などを行って水分を除去し，更に生活環境の保全上支障のないものは盛土に使用することができる。

解 答 建設汚泥を自工区の現場で盛土に用いるには，特定有害物質の含有量の確認が必要である。

したがって，(1)は**適当でない**。 **答** （1）

━━━━━━━━━ 試験によく出る重要事項 ━━━━━━━━━

地中連続壁

a．掘削機：クラムシェル・回転ビット・パーカッションなどを，地盤状況に応じて選定する。

b．スライム処理：二次スライム処理は，鉄筋かごの建込み直前に行う。

c．鉄筋継手：かごの軸方向継手は，圧接または機械継手とする。帯鉄筋の継手はフレア溶接とし，継手の長さは，鉄筋径の 10 倍以上とする。

d．コンクリートの打込み：トレミー管で行う。トレミー管の先端は，コンクリートに 2 m 程度もぐらせておく。

e．安定液：比重が大き過ぎると，打込み時間が長くなり，コンクリートの品質が低下する。

f．建設汚泥：掘削工事などから発生する泥状の発生物で，コーン指数が概ね $200 \ \mathrm{kN/m^2}$ 以下，一軸圧縮強度が概ね $50 \ \mathrm{kN/m^2}$ 以下の泥土を**建設汚泥**といい，**産業廃棄物**として取り扱われる。

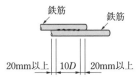

D：鉄筋径(呼び径)
S：溶接ビードの幅　$S = 0.5D$
a：のど厚
　$a = 0.39D - 3 \, (10\mathrm{mm} < D \leqq 22\mathrm{mm}\,の場合)$

D	S	a
16	8.0	3.2
19	9.5	4.4
22	11.0	5.6

単位（mm）

フレア溶接

1-3 土木一般　基礎工　鋼管杭の施工　★★

フォーカス　鋼管杭については，建込み・打込み・打止まりの管理，および，現場での継ぎ溶接などについて，留意点を整理しておく。

15　鋼管杭の現場溶接の施工に関する次の記述のうち，**適当でないもの**はどれか。
(1) 現場溶接継手は，既製杭による基礎全体の信頼性に大きな影響を及ぼすので，所定の技量を有した溶接工を選定し，原則として板厚の異なる鋼管を接合する箇所に用いてはならない。
(2) 現場溶接作業の施工にあたっては，変形した継手部を手直し，上杭と下杭の軸線を合わせ，目違い，ルート間隔などのチェック及び修正を行わなければならない。
(3) 現場溶接は，溶接部が天候の影響を受けないように処置を行う場合を除いて，降雨，降雪などの天候の悪い場合は溶接作業をしてはならない。
(4) 現場溶接完了後の有害な外部きずは，肉眼により溶接部のわれ，ピットなどの欠陥を一定頻度で検査し，内部きずは放射線透過試験ですべての溶接部の検査を行わなければならない。

解答　現場溶接完了後の有害な外部きずは，肉眼により溶接部のわれ，ピットなどの欠陥をすべての溶接部について検査し，内部きずは放射線透過試験で一定頻度で検査を行わなければならない。
したがって，(4)は**適当でない**。　　　　　　　　　　　**答**　(4)

==== 試験によく出る重要事項 ====

鋼管杭施工の留意事項
a．現場継手：アーク溶接継手を原則とする。
b．溶接検査：溶接完了後，外部きず(表面欠陥)検査は，すべての溶接部について，割れ，ピット，サイズ不足，アンダーカット，オーバーラップ，溶け落ちなどを目視および浸透探傷試験で検査する。内部きず検査は，放射線透過検査・超音波探傷試験で行う。
c．**施工困難例**
① 杭先端部の破損は，転石などの障害物による。
対策：アースオーガなどで障害物を除去する。
② 杭頭部の座掘は，ハンマが大き過ぎる，落下高が大き過ぎることによる。
対策：適正なハンマに代える，落下高を調整する，杭頭補強などを行う。
③ 打ち止まらないのは，杭長不足や支持層の見込み違いによる。
対策：継杭による杭の延長，ボーリングによる詳細調査を行う。

第2編　専門土木

　専門土木は，上記の各章に示される分野から，34問出題され，10問を解答します。

　勉強は，すべての分野を覚えるのではなく，答えられそうな分野を四つ程度に絞り，集中的に勉強して，確実に得点できるようにしましょう。

　専門土木は，得意分野をつくって，それを集中的に学習しましょう。

第1章　構造物

●出題傾向分析(出題数5問)

出題事項	設問内容	出題頻度
鋼材加工	耐候性鋼材の特徴，鋼材の力学特性，加工の留意事項	5年に3回程度
鋼材溶接	施工の留意事項，溶接検査	5年に4回程度
ボルト接合	締付け方法，検査方法と判定，トルシア型高力ボルトの施工	5年に4回程度
橋梁架設	架設工法の種類と適用場所・条件	5年に4回程度
鉄筋組立	鉄筋継手・組立施工の留意事項，ガス圧接の検査・判定	5年に1回程度
コンクリート構造物の劣化対策	劣化機構・劣化診断・劣化予防・補修対策	毎年
コンクリート構造物の補修工法	補修工法の種類と施工方法・適用箇所	毎年

◎学習の指針

1. 構造物は，鋼橋とコンクリート構造物を対象に出題される。鋼橋では，溶接と高力ボルトが高い頻度で出題されている。
2. 溶接では，溶接記号や開先溶接の基本事項を初め，溶接の準備から確認検査まで，施工の概要と留意事項を過去問で学習しておく。鋼材については，基礎知識として力学特性や加工の際の留意事項を覚えておく。
3. 高力ボルトでは，高力ボルトの締付け作業の留意事項，トルシア型ボルトの施工の概要を覚える。
4. コンクリート構造物では，劣化機構・劣化診断・劣化予防と補修対策などが，毎年出題されている。劣化機構と特徴・対策およびコンクート構造物の補修・補強工法の名称と概要を覚えておく。鉄筋の加工・組立についても出題されているので，品質管理の分野でも出題されているので，合わせて学習し，覚えておくとよい。

| 2-1 | 専門土木 | 構造物 | 溶接接合 | ★★★ |

フォーカス　鋼材の溶接の問題は，ほぼ，毎年出題されている。溶接法，溶接欠陥の種類と対策，検査法などについて学習しておく。溶接記号は，共通工学の設計図の見方でも出題されている。

1　鋼道路橋における溶接施工上の留意事項に関する次の記述のうち，**適当でないもの**はどれか。

(1)　組立溶接は，本溶接と同様の管理が必要ない仮付け溶接のため，組立溶接終了後ただちに本溶接を施工しなければならない。

(2)　開先溶接及び主桁のフランジと腹板のすみ肉溶接は，原則としてエンドタブを取り付け，溶接の始端及び終端が溶接する部材上に入らないようにしなければならない。

(3)　溶接を行う部分は，溶接に有害な黒皮，さび，塗料，油などは除去したうえで，溶接線近傍は十分に乾燥させなければならない。

(4)　開先形状は，完全溶込み開先溶接からすみ肉溶接に変化するなど溶接線内で開先形状が変化する場合，遷移区間を設けなければならない。

解 答　組立溶接は，本溶接と同様の管理が必要で，組立溶接終了後，検査を行ってから本溶接を施工しなければならない。

したがって，(1)は**適当でない**。　　　　　　　　　　　　　　　　**答**　(1)

2　鋼道路橋の溶接の施工に関する次の記述のうち，**適当なもの**はどれか。

(1)　溶接を行う部分は，溶接に有害な黒皮，さび，塗料，油などを取り除いた後，溶接線近傍を十分に湿らせる必要がある。

(2)　エンドタブは，部材の溶接端部の品質を確保できる材片を使用するものとし，溶接終了後，除去しやすいように，エンドタブ取付け範囲の母材を小さくしておく方法がある。

(3)　組立溶接は，組立終了時までにスラグを除去し溶接部表面に割れがある場合には，割れの両端までガウジングをし，舟底形に整形して補修溶接をする。

(4)　部材を組み立てる場合の材片の組合せ精度は，継手部の応力伝達が円滑に行われ，かつ継手性能を満足するものでなければならない。

解 答　(1)　溶接を行う部分は，溶接に有害な黒皮，さび，塗料，油などを取り除いた後，溶接線近傍を十分に**乾燥**させる必要がある。

(2)　エンドタブは，部材の溶接端部の品質を確保できる材片を使用するものとし，溶接終了後，除去しやすいように，エンドタブ取付け範囲の母材を大きくしておく方法がある。

(3)　組立溶接は，組立終了時までにスラグを除去し溶接部表面に割れがある場合には，割れの生じた溶接部を除去し，必要があれば，再度組立溶接を行う。

(4)は，記述のとおり**適当である**。　　　　　　　　　　**答**　(4)

3　鋼橋の溶接継手の施工に関する次の記述のうち，**適当でないもの**はどれか。

(1)　完全溶込み開先溶接で溶接線が応力方向に直角でない場合の有効長は，応力に直角な方向に投影した長さとする。

(2)　完全溶込み開先溶接で部材の厚さが異なる場合の理論のど厚は，両部材厚さの平均値とする。

(3)　すみ肉溶接の理論のど厚は，継手のルートを頂点とする二等辺三角形の底辺のルートからの距離とする。

(4)　すみ肉溶接の有効長は，まわし溶接を行った場合のまわし溶接の長さは含まないものとする

解答　完全溶込み開先溶接で部材の厚さが異なる場合の理論のど厚は，薄いほうの部材の厚さとする。
したがって，(2)は**適当でない**。　　　**答**　(2)

理論のど厚

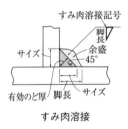
すみ肉溶接

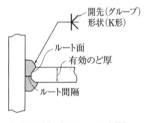
突合せ溶接（グルーブ溶接）
K形の例

══════ 試験によく出る重要事項 ══════

溶接接合

1. 検査法

a．溶接割れ：外観検査とするが，場合によっては，磁粉探傷法または浸透液探傷法を用いて割れを確認する。

b．**浸透液探傷試験**：溶接部の表面，溶接部層間，溶接裏ハツリ部，開先部に発生する欠陥を検出するための検査方法。

c．**磁粉探傷試験**：表面下 2 mm ぐらいまでの傷による欠陥を検査する。強磁性体(軟鋼・高張力鋼など)の線状傷の検出に適する。

2．溶接欠陥の原因と対策

欠陥名	説明	原因	対策
オーバーホール・ピンホール	溶接金属内部に空洞部ができること。	溶接棒や開先面の錆・水分・油脂分・ペンキ，亜鉛めっきからのガス，シールド不良による外気の巻込み。	継手部の洗浄。溶接棒の乾燥。亜鉛めっきの除去。シールドガスの流量確認。屋内作業への変更。
溶込み不良	溶け込んでいない部分がある。	多層溶接部や開先面などでの酸化皮膜の生成	層と層との溶接時間の短縮。開先面の酸化皮膜除去。
アンダーカット	溶接金属の供給が間に合わず，ビード止端部で溝状になった状態。	溶接速度や溶接棒の保持角度の不適性。溶接電流が高い。	溶接速度を遅くする。溶接電流を下げる。深さの許容値：横方向 0.3 mm，縦方向 0.5 mm。
オーバーラップ	溶接金属が過剰で，ビード止端部であふれ出た状態。	溶接速度や溶接棒の保持角度の不適性。溶接電流が低い。	特に溶接速度を速くする。溶接電流を上げる。いかなる場合にも，あってはならない。
スラグの巻込み	スラグが，凝固時に溶接金属中に巻き込まれる。	前層溶接時のスラグの除去不足。継手形状などの不適正。	前層のスラグの完全除去。継手形状の改善。
凝固割れ	溶接金属部において生じる亀裂（割れ）。	溶接棒や継手形状の不適性。	溶接棒の変更。冷却速度の改善。継手形状の変更。
溶接割れ	溶接金属部や熱影響部などに生じる亀裂（割れ）。	溶接棒や開先面に付着している水分からの水素の母材中への侵入。冷却速度の不適正による残留応力の発生など。	溶接棒や開先面の乾燥・清浄化。余熱・後熱の実施。応力除去，焼きなましの実施。

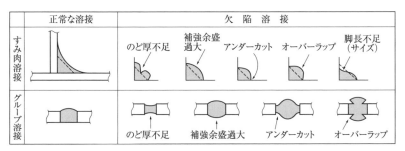

溶接欠陥の外観検査

| 2-1 | 専門土木 | 構造物 | 高力ボルト | ★★★ |

フォーカス　高力ボルトの問題は，2年程度の間隔で出題されている。ボルトの種類，締付け方法，確認検査などについて学習しておく。

4　鋼道路橋における高力ボルトの締付け作業に関する次の記述のうち，**適当なもの**はどれか。

(1) 曲げモーメントを主として受ける部材のフランジ部と腹板部とで，溶接と高力ボルト摩擦接合をそれぞれ用いるような場合には，高力ボルトの締付け完了後に溶接する。

(2) トルシア形高力ボルトの締付けは，予備締めには電動インパクトレンチを使用してもよいが，本締めには専用締付け機を使用する。

(3) 高力ボルトの締付けは，継手の外側のボルトから順次中央のボルトに向かって行い，2度締めを行うものとする。

(4) 高力ボルトの締付けをトルク法によって行う場合には，軸力の導入は，ボルト頭を回して行うのを原則とし，やむを得ずナットを回す場合にはトルク計数値の変化を確認する。

解答　(1) 曲げモーメントを主として受ける部材のフランジ部と腹板部とで，溶接と高力ボルト摩擦接合をそれぞれ用いるような場合には，高力ボルトの締付け完了**前**に溶接する。

(3) 高力ボルトの締付けは，継手の**中央**のボルトから順次**外側**のボルトに向かって行い，2度締めを行うものとする。

(4) 高力ボルトの締付けをトルク法によって行う場合には，軸力の導入は，**ナット**を回して行うのを原則とし，やむを得ず**ボルト頭**を回す場合にはトルク計数値の変化を確認する。

(2)は，記述のとおり**適当**である。　　　　　　　　　　　　　　　**答**　(2)

5　鋼道路橋における高力ボルトの締付け作業に関する次の記述のうち，**適当でないもの**はどれか。

(1) フィラーは，継手部の母材に板厚差がある場合に用いるが，肌隙などの不確実な連結及び腐食などを防ぐため，複数枚を重ねて使用する。

(2) ボルト軸力の導入は，ナットを回して行うのを原則とするが，やむを得ずボルトの頭を回して締め付ける場合は，トルク係数値の変化を確認する。

第1章 構 造 物 75

(3) 摩擦接合では，接合される材片の接触面を塗装しない場合は，所定のすべり係数が得られるよう黒皮，浮きさび，油，泥などを除去し粗面とする。
(4) トルシア型高力ボルトを使用する場合は，予備締めに作業能率のよいトルク制御式インパクトレンチを使用することができ，本締めには専用締付け機を使用する。

解 答 フィラーは，継手部の母材に板厚差がある場合に用いるが，肌隙などの不確実な連結及び腐食などを防ぐため，複数枚を使用してはならない。
したがって，(1)は**適当でない**。　　　　　　　　　　　　　　　　　　**答** (1)

6 鋼道路橋における高力ボルト締付け作業に関する次の記述のうち，**適当でない**ものはどれか。
(1) ボルト軸力の導入は，ナットを回して行うのを原則とし，やむを得ず頭回しを行う場合にはトルク係数値の変化を確認する。
(2) トルシア形高力ボルトを使用する場合は，予備締めに電動インパクトレンチを使用し，本締めにはエアーインパクトレンチを使用する。
(3) ボルトの締付け順序は，連結板の中央のボルトから順次端部ボルトに向かって行い，2度締めを行う。
(4) ボルトの締付けをトルク法によって行う場合は，締付けボルト軸力が各ボルトに均一に導入されるよう締付けトルクを調整する。

解 答 トルシア形高力ボルトを使用する場合は，電動インパクトレンチまたはエアーインパクトレンチを使用する。二つの機種・使用法に規定はない
したがって，(2)は**適当でない**。　　　　　　　　　　　　　　　　　　**答** (2)

7 鋼橋における高力ボルトの継手施工に関する次の記述のうち，**適当でない**ものはどれか。
(1) 摩擦接合において接合される材片の接触面を塗装しない場合は，所定のすべり係数が得られるよう黒皮，浮きさびなどを除去し，粗面とする。
(2) ボルトの締付けは，ナットを回して行うのが原則であるが，やむを得ずボルトの頭を回して締め付ける場合はトルク係数値の変化を確認する。
(3) ボルトの締付けは，継手の外側から中央に向かって締め付けると密着性がよくなる傾向がある。
(4) 曲げモーメントを主として受ける継手の一断面内で溶接と高力ボルト摩擦接合とを併用する場合は，溶接の完了後にボルトを締め付けるのが原則である。

解答　ボルトの締付けは，継手の中央から外側に向かって締め付けると密着性がよくなる傾向がある。

したがって，(3)は**適当でない**。 **答**　(3)

━━━━━━━━━━ 試験によく出る重要事項 ━━━━━━━━━━

高力ボルト

a．**回転法**：ボルト・ナット・座金にマーキングし，所定のナット回転量で締め付ける。検査は，マーキングについて全数の外観検査を行い，共回りがないこと，マークの開き角度が規定の締付け回転角範囲であることを確認する。

b．**トルク法**：ボルト軸力が均一になるように，ナットを回して締付けトルクを調整する。ボルト軸力の 60% で予備締付け後，本締める。検査は，各ボルト群の 10% のボルト本数をトルクレンチで締め付け，設定したトルク値の ±10% の範囲ならば合格である。

c．**摩擦接合**：接合部材間の接触面に生ずる摩擦で応力を伝達する。接触面の黒皮を除去し，粗面とする。すべり係数は 0.4 以上を確保する。

d．**締付け順序**：中央のボルトから端部に向かって締め付ける。

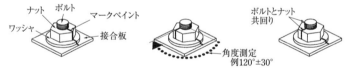

(a) 予備締め後のマーキング　(b) 本締め後の適切な状態　(c) ナットとボルトが共回り状態

回転法のマーキング

e．**継手の母材の板厚差**：フィラーをはさんで埋める。フィラーは1枚とする。2 mm 以下のフィラープレートは用いない。

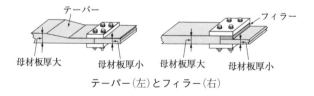

テーパー(左)とフィラー(右)

| 2-1 | 専門土木 | 構造物 | エポキシ樹脂塗装鉄筋の施工 | ★★★ |

フォーカス エポキシ樹脂鉄筋については，土木一般のコンクリート工においても出題される。使用目的，特徴，施工の際の留意事項などを整理して覚えておく。

8 エポキシ樹脂塗装鉄筋の施工に関する次の記述のうち，**適当でないもの**はどれか。

(1) エポキシ樹脂塗装鉄筋とコンクリートとの付着強度は，同一条件では無塗装鉄筋と同じであるので，重ね継手の重ね合せ長さも同じとする。

(2) エポキシ樹脂塗装鉄筋のガス圧接継手は，溶接時に有害なヒュームを発生する樹脂もあるので，圧接端面の塗膜を除去し作業時の環境などを考慮する。

(3) エポキシ樹脂塗装鉄筋に使用するスペーサは，エポキシ樹脂塗膜に損傷を与えない材質で防せい(錆)加工されたものを用いる。

(4) エポキシ樹脂塗装鉄筋の組立は，塗膜の損傷がないか目視により確認し，損傷が確認された場合には判定基準の内容により施工する。

解答 エポキシ樹脂塗装鉄筋とコンクリートとの付着強度は，無塗装鉄筋に比べて小さいため，重ね継手の重ね合せ長さは，通常の 25% 以上大きくする。したがって，(1)は**適当でない**。　　　　**答** (1)

══════════ **試験によく出る重要事項** ══════════

エポキシ樹脂塗装鉄筋

a. 使用場所：塩害などの劣化環境下のコンクリート構造物。

b. 付着強度：エポキシ樹脂塗装鉄筋は，無塗装鉄筋に比べて付着強度が小さい(土木学会では，無塗装鉄筋の 85% の付着強度)。

c. 継ぎ手：付着強度が小さいので，重ね合わせ長さは通常より 25% 以上大きくする。

d. 組立用鉄線：芯線径が 0.9 mm 以上のビニル被覆線を用いる。

e. 被覆の損傷：荷降ろし，加工・組立中の傷や，曲げ加工による割れなどで発生する損傷，塗膜のピンホールなどは目視によって確認し，コンクリート打設前に補修(タッチアップ)する。

専門土木

2-1 専門土木 構造物 コンクリート構造物の劣化 ★★★

フォーカス コンクリート構造物の劣化・補修・補強は、コンクリートの耐久性分野の問題として、毎年出題される。劣化機構と劣化現象を理解し、補修方法を確認しておく。

9 コンクリートのアルカリシリカ反応の抑制対策に関する次の記述のうち、**適当なもの**はどれか。

(1) JIS R 5211「高炉セメント」に適合する高炉セメントB種の使用は、アルカリシリカ反応抑制効果が認められない。

(2) 鉄筋腐食を防止する観点からも、単位セメント量を増やしてコンクリートに含まれるアルカリ総量をできるだけ多くすることが望ましい。

(3) アルカリシリカ反応では、有害な骨材を無害な骨材と混合した場合、コンクリートの膨張量は、有害な骨材を単独で用いるよりも小さくなることがある。

(4) 海洋環境や凍結防止剤の影響を受ける地域で、無害でないと判定された骨材を用いる場合は、外部からのアルカリ金属イオンや水分の侵入を抑制する対策を行うのが効果的である。

解答 (1) JIS R 5211「高炉セメント」に適合する高炉セメントB種の使用は、アルカリシリカ反応抑制効果が認められる。

(2) 鉄筋腐食を防止する観点からも、単位セメント量を減らしてコンクリートに含まれるアルカリ総量をできるだけ少なくすることが望ましい。

(3) アルカリシリカ反応では、有害な骨材を無害な骨材と混合した場合、コンクリートの膨張量は、有害な骨材を単独で用いるよりも大きくなることがある。

(4)は、記述のとおり**適当である**。 **答** (4)

10 コンクリート構造物の劣化とその特徴に関する次の記述のうち、**適当でないもの**はどれか。

(1) 凍害による劣化のうち、スケーリングは、ペースト部分の品質が劣る場合や適切な空気泡が連行されていない場合に発生するものである。

(2) 塩害による劣化は、コンクリート中の塩化物イオンの存在により鋼材の腐食が進行し、腐食生成物の体積膨張によりコンクリートのひび割れやはく離・はく落や鋼材の断面減少が起こる。

(3) 中性化による劣化は、大気中の二酸化炭素がコンクリート内に侵入しコンクリートの空げき中の水分のpHを上昇させ鋼材の腐食により、ひび割れの

発生，かぶりのはく落が起こる。
(4) アルカリシリカ反応による劣化のうち，膨張にともなうひび割れは，コンクリートにひび割れが顕在化するには早くても数年かかるので，竣工検査の段階で目視によって劣化を確認することはできない。

解答 中性化による劣化は，大気中の二酸化炭素がコンクリート内に侵入しコンクリートの空げき中の水分の pH を低下させ鋼材の腐食により，ひび割れの発生，かぶりのはく落が起こる。
したがって，(3)は**適当でない。** **答** (3)

11 鉄筋コンクリート構造物の中性化に関する次の記述のうち，**適当でないもの**はどれか。
(1) 中性化に伴う鋼材腐食は，通常の環境下において，中性化残り 10 mm 以上あれば軽微な腐食にとどまる。
(2) 中性化深さは，一般的に構造物完成後の供用年数の 2 乗に比例すると考えてよい。
(3) 同一水結合材比のコンクリートにおいては，フライアッシュを用いたコンクリートの方が，中性化の進行は速い。
(4) 中性化の進行は，コンクリートが比較的乾燥している場合の方が速い。

解答 中性化深さは，一般的に構造物完成後の供用年数の平方根に比例すると考えてよい。
したがって，(2)は**適当でない。** **答** (2)

12 コンクリート構造物の劣化に関する次の記述のうち，**適当でないもの**はどれか。
(1) アルカリシリカ反応による劣化は，骨材中の反応生成物が吸水膨張してコンクリートにひび割れが発生し，擁壁などでは亀甲状のひび割れとモルタル部のはく離が生じる。
(2) 塩害による劣化は，腐食による鋼材の断面欠損，腐食物質の膨張に伴うコンクリートのひび割れ，はく離を誘発しコンクリート構造物の美観の低下をもたらす。
(3) 中性化による劣化は，水や空気により鋼材腐食が発生しやすく，その進行による体積膨張がコンクリートのひび割れやはく離，鋼材の断面欠損を生じさせる。
(4) 凍害による劣化は，コンクリート構造物表面部の骨材のポップアウトや粗骨材間のモルタル部でのスケーリングが観測される。

解答 アルカリシリカ反応による劣化は，骨材中の反応生成物が吸水膨張して亀甲状のひび割れ，軸方向鉄筋に沿った亀裂が生じる。
したがって，(1)は**適当でない。** **答** (1)

═══ 試験によく出る重要事項 ═══

コンクリート構造物の劣化機構と防止対策

劣化機構	防止対策	補修工法
塩害：コンクリート中に存在する塩化物イオンの作用により，鋼材が腐食し，コンクリート構造物に損傷を与える現象。	①コンクリート中の塩化物イオン量を少なくする。 ②混合セメントを使用する。 ③水セメント比を小さくし，密実なコンクリートとする。 ④ひび割れ幅の制御，かぶりを十分大きくする。 ⑤樹脂塗装鉄筋を使用する。 ⑥コンクリート表面にライニングを行う。	①断面修復工法 ②表面処理工法 ③脱塩電気防食工法
アルカリ骨材反応（アルカリシリカ反応）：骨材中のシリカ分とセメント等に含まれるアルカリ性の水分が反応して，骨材表面に生成した膨張性物質が吸水膨張して表面にひび割れが生じる現象。	①アルカリシリカ反応を抑制する効果のある高炉セメントB種・C種，フライアッシュセメントB種・C種などを使用する。 ②コンクリート中のアルカリ総量を $3.0\,\mathrm{kg/m^3}$ 以下にする。 ③アルカリ反応性試験で無害と確認された骨材を使う。	①止水・排水処理工法 ②ひび割れ注入工法 ③表面処理工法 ④巻立て工法
凍害：コンクリート中に含まれている水分が凍結し，水の凍結膨張により生じた水圧が，コンクリートを破壊する現象。	①耐凍害性の大きな骨材を用いる。 ②AE剤・AE減水剤を使用し，エントレインドエアを連行させる。 ③水セメント比を小さくし，密実なコンクリートとする。	①断面修復工法 ②ひび割れ注入工法 ③表面処理工法
化学的腐食：強酸・強アルカリなどの腐食性物質とコンクリートとの接触によるコンクリートの溶解・劣化，体積膨張によるひび割れ・かぶりの剥離などを引き起こす現象。	①腐食防止処置を施した補強材を使用する。 ②十分なかぶりにより，鋼材を保護する。 ③水セメント比を小さくし，密実なコンクリートとする。	①断面修復工法 ②表面被覆工法
中性化：空気中の二酸化炭素がセメントの水和によって生じた水酸化カルシウムと反応して徐々に炭酸カルシウムとなり，コンクリートのアルカリ性が低下し，鉄筋の腐食が発生しやすくなる現象。深さは，供用年数の平方根に比例する。	①表面をタイル・石張り仕上げとする。 ②鉄筋のかぶりを大きくする。 ③気密性の吹付け材により，表面を被覆する。	①再アルカリ化工法 ②断面修復工法 ③表面処理工法

| 2-1 | 専門土木 | 構造物 | コンクリートのひび割れ | ★★★ |

フォーカス コンクリートのひび割れ形状・ひび割れ機構は，コンクリート工の基本的事項の一つである。土木一般のコンクリート工のひび割れ防止と合わせて学習しておく。

13 下図に示す(1)～(4)のコンクリート構造部のひび割れのうち，水和熱に起因する温度応力により施工後の**比較的早い時期に発生する**と考えられるものは，次のうちどれか。

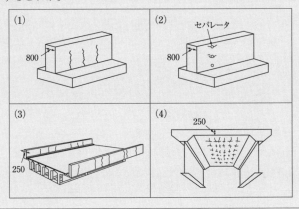

解 答 (1)のマスコンクリートは，水和熱に起因する温度応力により，施工後の比較的早い時期にひび割れが発生する。　　　　　　　　　　**答** (1)

(2)は沈みひび割れ，(3)は乾燥収縮，(4)はかぶり不足，くり返し荷重。

━━━━━━ 試験によく出る重要事項 ━━━━━━

コンクリート構造物のひび割れ

ａ．発生原因：①材料，②配合，③施工，④構造，⑤環境などがある。

ｂ．発生時期

原因により，次のような各時期に分かれる。

①初期：打込み直後からコンクリートの凝結終了まで。

②中期：打込み後，24時間以降より4週程度まで。

③長期：材齢4週程度過ぎ以降。

専門土木

| 2-1 | 専門土木 | 構造物 | コンクリート構造物の補修・補強 | ★★★ |

フォーカス　コンクリート構造物の補修・補強は，維持管理，ライフサイクルコストなどの時代の要請もあり，出題が多くなってきている。コンクリートの基本に立ち返って，劣化機構と劣化現象を理解することが，解答の近道である。

14　損傷を生じた既設コンクリート構造物の補修に関する次の記述のうち，**適当でないもの**はどれか。

(1) 断面修復工法は，劣化又は損傷によって喪失した断面やコンクリートの劣化部分を除去し，ポリマーセメントなどで当初の断面寸法に修復する工法である。

(2) 電気防食工法は，塩害の対策として用いられるが，アルカリシリカ反応と塩害が複合して劣化を生じたコンクリート構造物に適用すると，アルカリシリカ反応を促進することがある。

(3) シラン系表面含浸材を用いた表面処理工法は，コンクリート中の水分低減効果が期待できるのでアルカリシリカ反応抑制効果が期待できる。

(4) 有機系表面被覆工法は，被覆に用いる塗膜に伸縮性があるため，コンクリート中に塩化物イオンが多く浸透した状態での補修に適している工法である。

解答　有機系表面被覆工法は，被覆に用いる塗膜に伸縮性があるため，コンクリート中に塩化物イオンの浸透を防止する補修に適している工法である。

したがって，(4)は**適当でない**。　　　　　　　　　　　　　　　　**答**　(4)

15　塩害を生じた鉄筋コンクリート構造物の補修対策工法に関する次の記述のうち，**適当でないもの**はどれか。

(1) 電気防食工法は，陽極システムを設置し，コンクリート中の鋼材に電流を流すことにより，コンクリート中の塩化物イオンを除去するものである。

(2) 断面修復工法は，塩化物イオンを多く含むコンクリートを除去し，欠損した部分を断面修復材によって修復する工法であり，コンクリート中の塩化物イオンの除去を主目的とするものである。

(3) 表面処理工法には，表面被覆工法や表面含浸工法があり，表面からの塩化物イオンの浸透量の低減や遮断を期待するものである。

(4) 脱塩工法は，仮設陽極を配置し，コンクリート中の塩化物イオンを除去し，鋼材の腐食停止や腐食速度を抑制するものである。

解 答 　電気防食工法は，陽極システムを設置し，コンクリート中の鋼材に電流を流すことにより，コンクリート中の鉄筋の腐食の原因となるアノード反応を停止させるものである。

　　したがって，(1)は**適当でない**。　　　　　　　　　　　　　　　　　　　　　**答**　(1)

━━━━━━━━ 試験によく出る重要事項 ━━━━━━━━

コンクリート構造物の主な補修工法

工　法	概　　　要
断面修復工法	コンクリートの劣化部分をハツリ，新たに断面修復材でコンクリート断面を復元する。補修材料は，ポリマーセメントモルタル系材料を使用する。型枠を用いた充填工法・吹付け工法・左官工法などがある。
巻立て工法	**FRP 巻立て工法**：シート状に編まれたカーボンやガラス繊維を既設の鉄筋コンクリート柱や橋脚等に巻き付け，地震力に抵抗させるもの。 **鋼板巻立て工法**：コンクリート部材の外面を鋼板で巻き立て，鉄筋量を補う工法。曲げとせん断耐力の回復を図る。 **RC 巻立て工法**：既設の RC 橋脚に鉄筋コンクリートを巻き立て打設し，新旧のコンクリートが一体化して外力に抵抗できるようにする。
外ケーブル工法	劣化・損傷により，橋梁の耐荷性能が不足する場合，既設部材の外部に緊張材を配置し，プレストレスを与えて耐荷性能の向上を図る。
電気防食工法	コンクリート表面に陽極材を設置して，防食電流を供給し，塩化物イオンによる，鉄筋表面のアノード反応を停止させる。電流の供給方法は，外部電源方式と流電陽極方式(犠牲陽極法)とがある。
脱塩工法	コンクリート内部から，劣化因子である塩分を電気化学的に外部へ排出させる工法。コンクリート表面に電極を設置し，コンクリート中の鋼材を陰極として直流電流を流すことで，塩分を表面へ排出する。
表面処理(保護)工法	**表面被覆工法**：既設のコンクリート表面に，塗装材料を用いて新たな保護層を設ける。 **表面含浸工法**：コンクリート表面に，含浸材を塗布する。
再アルカリ化工法	中性化により，pH の低下したコンクリートのアルカリ度を回復させ，鋼材の防食効果を向上させる。コンクリートの表面にアルカリ性溶液と電極(＋)を置き，内部の鉄筋(−)との間に通電することにより，アルカリ性溶液を鉄筋周辺まで電気浸透させる電気化学的補修工法である。

| 2-1 | 専門土木 | 構造物 | 鉄筋のガス圧接 | ★★★ |

フォーカス 鉄筋の継手については，重ね継手がコンクリート工において，ガス圧接が構造物とコンクリート工の分野で出題されている。圧接方法および検査の規定を覚えておく。

16 鉄筋の手動ガス圧接継手の外観検査の合否の判定基準(SD 490 は除く)に関する次の記述のうち，**適当でないもの**はどれか。

(1) 圧接部のふくらみの直径は，鉄筋径(径が異なる場合は細い方の鉄筋径)の1.4 倍以上とする。

(2) 圧接部における鉄筋中心軸の偏心量は，鉄筋径(径が異なる場合は細い方の鉄筋径)の1/2 以下とする。

(3) 圧接部のふくらみの頂部からの圧接面のずれは，鉄筋径(径が異なる場合は細い方の鉄筋径)の1/4 以下とする。

(4) 圧接部のふくらみの長さは，鉄筋径(径が異なる場合は細い方の鉄筋径)の1.1 倍以上とする。

解答 圧接部における鉄筋中心軸の偏心量は，鉄筋径(径が異なる場合は細い方の鉄筋径)の$\frac{1}{5}$以下とする。

したがって，(2)は**適当でない**。 **答** (2)

17 鉄筋のガス圧接継手に関する次の記述のうち，**適当でないもの**はどれか。

(1) 鉄筋の切断及び圧接端面の加工は，一般に圧接作業の前日までに行い，圧接技量資格者は加工直後にその状態を確認する。

(2) ガス圧接継手は，一般に重ね継手に比べてコンクリートの充てん性がよいが，圧接前の端面の処理状態や異物の付着等が強度に影響するため，十分な施工管理が必要である。

(3) ガス圧接作業においては，作業開始から圧接端面同士が密着するまで鉄筋を還元炎で加熱する。

(4) 圧接部のふくらみの直径や長さが規定値に満たない場合は，再加熱し，圧力を加えて所定のふくらみに修正する。

解答 鉄筋の切断及び圧接端面の加工は，圧接作業の当日に行い，圧接技量資格者は圧接作業直前にその状態を確認する。

したがって，(1)は**適当でない**。 **答** (1)

━━━━━━━━━━ 試験によく出る重要事項 ━━━━━━━━━━

鉄筋のガス圧接

① 圧接部のふくらみの直径 D（図(a)）は，鉄筋径（径の異なる場合は細い方の鉄筋径）の 1.4 倍以上とする。

② 圧接部のふくらみは，長さ l（図(a)）が鉄筋径の 1.1 倍以上あり，なだらかな形状であること。

③ 圧接面のずれ δ（図(b)）は，鉄筋径の $\frac{1}{4}$ 以下とする。

④ 圧接部における鉄筋中心軸の偏心量 e（図(c)）は，鉄筋径（径の異なる場合は細い方の鉄筋）の $\frac{1}{5}$ 以下とする。

⑤ 明らかな圧接部の折曲がり，著しいたれ・過熱がないこと。

⑥ 圧接部の検査は，全数外観と，抜取り超音波探傷検査を行う。

⑦ 鉄筋の切断および圧接端面の加工は，圧接作業当日に行い，作業直前にその状態を確認する。

⑧ 圧接は，鉄筋の軸方向断面に対して 30 MPa 以上で加圧し，還元炎で加熱する。

⑨ 圧接部が規定値に満たない場合は，再圧接で修正し，外観検査を行う。

⑩ 超音波探傷検査で不合格となった圧接部は，切り取って再圧接し，外観検査および超音波探傷検査を行う。または添筋で補強する。

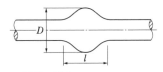

SD490 以外の場合
　　圧接部のふくらみの直径　　$D \geqq 1.4d$
　　圧接部のふくらみの長さ　　$l \geqq 1.1d$
SD490 の場合
　　圧接部のふくらみの直径　　$D \geqq 1.5d$
　　圧接部のふくらみの長さ　　$l \geqq 1.2d$
　d：異形棒鋼の呼び名に用いた数値
（a）　圧接部のふくらみの直径 D と長さ l

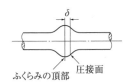

（b）　圧接面のずれ δ

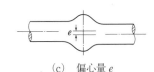

（c）　偏心量 e

2-1 | 専門土木 | 構造物 | プレストレストコンクリートの施工 | ★★★

フォーカス　プレストレストコンクリート(PC)の問題は，3 年程度の間隔で出題されている。プレテンション方式，ポストテンション方式，定着方法，グラウトの施工などについて，留意事項を覚えておく。

18　プレストレストコンクリートの施工に関する次の記述のうち，**適当でない**ものはどれか。

(1)　内ケーブル工法に適用する PC グラウトは，PC 鋼材を腐食から保護することと，緊張材と部材コンクリートとを付着により一体化するのが目的である。

(2)　鋼材を保護する性能は，一般に練混ぜ時に PC グラウト中に含まれる塩化物イオンの総量で設定するものとし，その総量はセメント質量の 0.08%以下としなければならない。

(3)　ポストテンション方式の緊張時に必要なコンクリートの圧縮強度は，一般に緊張により生じるコンクリートの最大圧縮応力度の 1.7 倍以上とする。

(4)　外ケーブルの緊張管理は，外ケーブルに与えられる引張力が所定の値を下回らないように，外ケーブル全体を結束し管理を行わなければならない。

解答　外ケーブルの緊張管理は，外ケーブルに与えられる引張力が所定の値を下回らないように，ケーブル 1 本ごとの管理を行わなければならない。
　　　したがって，(4)は**適当でない**。　　　　　　　　　　　　　　　　**答**　(4)

19　プレストレストコンクリート(PC)橋施工の留意点に関する次の記述のうち，**適当でない**ものはどれか。

(1)　PC 鋼材定着部や施工用金具撤去跡などの後埋め部は，コンクリートの表面を粗にし，膨張コンクリート又はセメント系無収縮モルタルを用いて行うものとする。

(2)　プレキャスト部材を用いた構造物の施工にあたっては，所定の品質，精度を確保できるようプレキャスト部材の製作，運搬，保管，接合について，あらかじめ計画を立て，安全に施工しなければならない。

(3)　支保工は，プレストレッシング時のプレストレス力による変形及び反力の移動を防止する堅固な構造としなければならない。

(4)　暑中におけるグラウト施工は，注入時のグラウトの温度をなるべく低く抑え，グラウトの急激な硬化が生じないようにする。

解 答　支保工は，プレストレッシング時のプレストレス力による変形及び反力の移動を妨げない構造にしておく。

したがって，(3)は**適当**でない。 **答**　(3)

━━━━━━━━ 試験によく出る重要事項 ━━━━━━━━

プレストレストコンクリートの施工

a．型枠：緊張により，コンクリート部材が自由に収縮できるように，底板の一部などを取り去ることができる構造とする。

b．シース：圧縮空気を通し，導通および気密性を確認する。

c．グラウト：緊張材と部材とを一体化し，発錆を防止するために，緊張終了後，できるだけ速やかに行う。

d．グラウト材料：分離しやすいので，注入が終了するまでアジテータなどで緩やかに撹拌する。

日平均気温が 25℃ 以上のときは，グラウトの急激な硬化が生じないよう，氷や冷水機などでグラウトの温度を低くおさえる。

e．緊張管理：PC 鋼材 1 本ごと，および，PC 鋼材のグループ平均値の両方で行う。

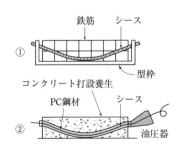
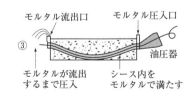

ポストテンション方式

第2章　河川・砂防

●出題傾向分析(出題数6問)

出題事項	設問内容	出題頻度
河川堤防	盛土の留意事項，軟弱地盤対策の種類と特徴	毎年
河川護岸	護岸の形式・構造，各部の名称と機能	毎年
堤防開削・河川掘削	河川掘削の留意事項，堤防開削の施工方法・留意事項	5年に2回程度
樋門	柔構造樋門施工の留意事項	5年に2回程度
砂防えん堤	砂防えん堤の機能，各部の名称，施工の留意事項	毎年1問
渓流保全工	渓流保全工の各部の名称と機能，施工の留意事項	5年に3回程度
地すべり防止工	地すべり防止工の種類と構造の概要・特徴	毎年どちらか1問
急傾斜地崩壊防止工	急傾斜地崩壊防止工の種類と特徴	

◎学習の指針

1．堤体盛土の施工と軟弱地盤対策が，毎年出題されている。盛土の留意事項について，道路と異なる点などを含めて学習しておくとよい。軟弱地盤対策は，土工の問題として他の分野でも出題される。過去に出題された対策工を中心に要点を覚えておく。

2．河川護岸は，護岸の形式，各部の名称と機能，構造設計の基本事項などについて，学習しておく。

3．堤防開削や河川の掘削について，施工の留意事項，仮設工事などを覚えておく。樋門では，柔構造樋門の構造の概要，施工の一般的注意点を覚えておく。

4．砂防では，砂防えん堤各部の機能や名称，堤体および基礎施工の留意事項などが毎年1問出題されている。構造・施工の基本的事項は覚えておく。

5．渓流保全工は，各部の名称と機能を問う問題が多い。縦工・横工・帯工・護岸工・床固工などの機能について，覚えておくとよい。

6．地すべり防止と急傾斜地崩壊防止は，抑止工と抑制工を中心に，工法の概要・特徴および対策の違いなどを学習し，覚えておく。

| 2-2 | 専門土木 | 河川・砂防 | 堤体盛土の施工 | ★★★ |

フォーカス　河川堤防の施工は，地盤対策，盛土材料，土の締固め，降雨対策，施工機械の使用などについて，毎年出題されている。土木一般の土工および道路盛土と一緒に学習すると理解しやすい。

1　河川堤防の施工に関する次の記述のうち，**適当でないもの**はどれか。

(1) 既設堤防の拡幅に用いる堤体材料は，表腹付けには既設堤防より透水性の小さい材料を，裏腹付けには既設堤防より透水性の大きい材料を原則として使用する。

(2) 築堤盛土の締固めは堤防横断方向に行い，締固めに際しては締固め幅が重複するよう留意して施工する。

(3) 築堤土は，粗い粒度から細かい粒度までが適当に配合されたものがよく，土質分類上は粘性土，砂質土，礫質土が適度に含まれていれば締固めを満足する施工ができる。

(4) 既設の堤防に腹付けを行う場合は，新旧堤防をなじませるため段切りを行うとともに，段切り面の水平部分には横断勾配をつけることで施工中の排水に注意する。

解答　築堤盛土の締固めは堤防縦断方向に行い，締固めに際しては締固め幅が重複するよう留意して施工する。

したがって，(2)は**適当でない**。　　　　　　　　　　　　**答**　(2)

2　河川堤防の施工に関する次の記述のうち，**適当でないもの**はどれか。

(1) 基礎地盤が軟弱な場合には，必要に応じて盛土を数次に区分けし，圧密による地盤の強度増加をはかりながら盛り立てるなどの対策を講じることが必要である。

(2) 堤体内に水を持ちやすい土の構造の場合は，ドレーンを川表側の法尻に設置しドレーンの排水機能により液状化層を減少させる効果がある。

(3) 基礎地盤表層部の土が乾燥している場合は，堤体盛土に先立って適度な散水を行い，地盤と堤体盛土の密着をよくする事が必要である。

(4) 基礎地盤に極端な凹凸や段差がある場合は，盛土に先がけて平坦にかきならしをしておくことが必要である。

解答　堤体内に水を持ちやすい土の構造の場合は，ドレーンを川裏側の法尻に設置し，ドレーンの排水機能により液状化層を減少させる効果がある。

したがって，(2)は**適当でない**。　　　　　　　　　　　　　　　　**答**　(2)

3　河川堤防の盛土施工に関する次の記述のうち，**適当でないもの**はどれか。

(1) 築堤盛土は，施工中の降雨による法面侵食が生じないように堤体の横断方向に勾配を設けながら施工する。

(2) 築堤盛土の締固めは，河川堤防法線と平行に行い締固め幅が重複して施工されるようにする。

(3) 盛土の施工開始にあたっては，基礎地盤と盛土の一体性を確保する目的で地盤の表面を掻き起こし，盛土材料とともに締め固めを行う。

(4) 築堤材料として土質が異なる材料を使用するときは，川表側に透水性の大きいものを川裏側に透水性の小さいものを用いるようにする。

解答　築堤材料として土質が異なる材料を使用するときは，川表側に透水性の小さいものを，川裏側に透水性の大きいものを用いるようにする。

したがって，(4)は**適当でない**。　　　　　　　　　　　　　　　　**答**　(4)

4　河川堤防の盛土の施工に関する次の記述のうち，**適当でないもの**はどれか。

(1) 基礎地盤に極端な段差がある場合は，段差付近の締固めが不十分になるので，盛土に先がけてできるだけ平坦にかきならし，均一な盛土の仕上りとなるようにする。

(2) 盛土に用いる土としては，敷均し締固めが容易で締固めたあとの強さが大きく，圧縮性が少なく，河川水や雨水などの侵食に対して強いとともに，吸水による膨潤性の低いことが望ましい。

(3) 高含水比粘性土を敷き均すときは，運搬機械によるわだち掘れやこね返しによる強度低下をきたすので，別途の運搬路を設けたり，接地圧の大きいブルドーザによる盛土箇所までの二次運搬を行う。

(4) 盛土の施工では，降雨による法面侵食の防止のため適当な間隔で仮排水溝を設けて降雨を流下させたり，降水の集中を防ぐため堤体横断方向に排水勾配を設ける。

解　答　高含水比粘性土を敷き均すときは，運搬機械によるわだち掘れやこね返しによる強度低下をきたすので，別途の運搬路を設けたり，接地圧の小さいブルドーザによる盛土箇所までの二次運搬を行う。

　　　　したがって，(3)は**適当でない**。　　　　　　　　　　　　　　　　　**答**　(3)

━━━━━━━━━━ 試験によく出る重要事項 ━━━━━━━━━━

河川築堤

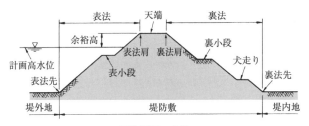

堤防断面の名称

a．**河川堤防**：不透水性・耐水性が最も重要である。道路盛土は，交通荷重を支える基礎の役割が大きい。

b．**盛土材料**：表法面に不透水性の土，裏法先に透水性の大きな砂礫を入れる。砂礫堤の場合は，表面に粘性土を置き，共付けにより表面保護を行う。

c．**1層の敷均し厚さ**：締固め後の仕上り厚が 30 cm 以下になるように行う。

d．**施工中の盛土表面**：横断方向に 3 〜 5％の排水勾配をつける。

e．**盛土高さ**：計画高水位＋余裕高＋余盛(堤体の沈下＋基礎地盤の圧密沈下＋風雨などの損傷)で計画する。法面および小段も余盛りを行う。

f．**天端幅**：計画高水流量によって決める。本川と支川の影響のある場所は，本川と同じにする。

g．**基礎地盤**：堤体重量に対して十分な支持力を有し，不等水性であること。

h．**引堤工事**：新堤防が安定するまで 3 年間は新旧を併存させ，その後に旧堤防を取り壊す。現堤防を壊して，その土で新堤を築くことは，災害のもとになるので行ってはならない。

i．**腹付け**：安定している法面を生かし，川幅を狭くしないためにも裏腹付けとする。

j．**法面仕上げ**：丁張りを法肩・法先に 10 m 以下の間隔に設置し，これを基準に施工する。

k．**ブルドーザによる法面整形**：法勾配が 2 割以上で，法長が 3 m 以上あり，天端・小段および法尻幅がブルドーザの全長以上あること。

| 2-2 | 専門土木 | 河川・砂防 | 河川開削 | ★★★ |

フォーカス　河川や堤防の開削工事が，高い頻度で出題されている。施工の留
意事項を中心に学習しておく。

5　河川の掘削工事に関する次の記述のうち，**適当でないもの**はどれか。

(1)　河道内の掘削工事では，掘削深さが河川水位より低い場合や地下水位が高
い場合，数層に分けて掘削するなど，土質や水位条件などを総合的に検討し
て掘削方法を決める必要がある。

(2)　河道内の掘削工事では，出水時に掘削機械が迅速に安全な場所に退避でき
るように，あらかじめ退避場所を設けておく必要がある。

(3)　低水路部の一連区間の掘削では，流水が乱流を起こして部分的に深掘れな
どの影響が生じないよう，原則として上流から下流に向かって掘削する。

(4)　低水路の掘削土を築堤土に利用する場合は，地下水位や河川水位を低下さ
せるための瀬替えや仮締切り，排水溝を設けた釜場での排水などにより含水
比の低下をはかる。

解答　低水路部の一連区間の掘削では，流水が乱流を起こして部分的に深掘れ
などの影響が生じないよう，原則として下流から上流に向かって掘削する。
したがって，(3)は適当でない。　　　　　　　　　　　　　　　　**答**　(3)

6　堤防を開削する場合の仮締切り工の施工に関する次の記述のうち，**適当で
ないもの**はどれか。

(1)　堤防の開削は，仮締切り工が完成する以前に開始してはならず，また，仮
締切り工の撤去は，堤防の復旧が完了，又はゲートなど代替機能の構造物が
できた後に行う。

(2)　鋼矢板の二重仮締切り内の掘削は，鋼矢板の変形，中埋め土の流出，ボイ
リング・ヒービングの兆候の有無を監視しながら行う必要がある。

(3)　仮締切り工は，開削する堤防と同等の機能が要求されるものであり，天端
高さ，堤体の強度の確保はもとより，法面や河床の洗掘対策を行うことが必
要である。

(4)　鋼矢板の二重仮締切り工に用いる中埋め土は，壁体の剛性を増す目的と鋼
矢板に作用する土圧をできるだけ低減するために，粘性土とする。

解　答　鋼矢板の二重仮締切り工に用いる中埋め土は，壁体の剛性を増す目的と鋼矢板に作用する土圧をできるだけ低減するために，砂質土とする。
　　　したがって，(4)は**適当でない**。　　　　　　　　　　　　**答**　(4)

7　　堤防の開削をともなう構造物の施工に関する次の記述のうち，**適当でない**ものはどれか。

(1)　強度が十分発揮された構造物の埋戻しを行う場合は，構造物に偏土圧を加えないように注意し，構造物の両側から均等に締固め作業を行う。

(2)　安定している既設堤防を開削して樋門・樋管を施工する場合は，既設堤防の開削は極力小さくすることが望ましい。

(3)　軟弱な基礎地盤で堤防の拡築工事にともなって新規に構造物を施工する場合は，盛土による拡築部分の不同沈下が生じることは少ない。

(4)　堤防拡築にともなって既設構造物に継足しを行う場合は，既設構造物とその周辺の堤体を十分調査し，変状があれば補修や空洞充てんなどを行う。

解　答　軟弱な基礎地盤で堤防の拡築工事にともなって新規に構造物を施工する場合は，盛土による拡築部分の不同沈下が生じることが多い。
　　　したがって，(3)は**適当でない**。　　　　　　　　　　　　**答**　(3)

════════════════ 試験によく出る重要事項 ════════════════

仮締切り

① 仮締切り天端高は，施工期間の既往最高水位か，過去 10 年程度の最高水位を対象に，余裕を取って施工する。

② 過去 10 年間の既往最高水位を許容洪水量とする。

③ 鋼矢板の二重締切りに使用する中埋め土は，良質な砂質土を用いる。

④ 仮締切の撤去で出流水の影響がある場合は，下流側→上流側→流水側の順に行う。

⑤ 仮締切り部分は川幅が狭くなるため，原則として洪水時の施工は許可されない。

⑥ 堤防開削で樋門工事を行う場合は，開削による荷重の除去により，床付け面が緩むことが多いので，乱さないように施工し，転圧によって締固める。

| 2-2 | 専門土木 | 河川・砂防 | 軟弱地盤上の堤防施工 | ★★★ |

フォーカス 軟弱地盤対策については，土木一般の土工において，毎年出題されている。河川堤防は，不透水性構造の視点から対策工法などを学習しておく。

8 河川堤防における軟弱地盤対策工に関する次の記述のうち，**適当でないもの**はどれか。

(1) 押え盛土工法は，盛土の側方に押え盛土をしてすべりに抵抗するモーメントを増加させて盛土のすべり崩壊を防止する工法である。

(2) 段階載荷工法は，一次盛土後，圧密による地盤の強度が増加してから，また盛り立てて盛土の安定をはかる工法である。

(3) 盛土補強工法は，地盤中に締め固めた砂杭を造り，軟弱層を締め固めるとともに砂杭の支持力によって地盤の安定を増加して沈下を抑制する工法である。

(4) 掘削置換工法は，軟弱層の一部又は全部を除去し，良質材で置き換えてせん断抵抗を増加させて沈下も抑制する工法である。

解答 (3)は，盛土補強工法の説明ではなく，サンドコンパクションパイル工法の説明である。

したがって，(3)は**適当でない**。　　　　　　　　　　　　　　　　　　**答** (3)

9 河川堤防の耐震対策に関する次の記述のうち，**適当でないもの**はどれか。

(1) 液状化の発生そのものを防止する対策としては，地盤改良により地盤そのものを液状化しにくい性質に変える密度増大工法，固結工法，置換工法，地下水位低下工法などがある。

(2) 液状化被害を軽減する対策としては，堤体の川表側にドレーンを設置し，川裏側には遮水壁タイプの固結工法が一般的に用いられる。

(3) 液状化被害を軽減する対策としては，既河川堤防に対して押え盛土を施工する事により，堤体の変形を抑制させる方法がある。

(4) 液状化の発生そのものを防止する対策の1つであるサンドコンパクションパイル工法の施工中の管理項目としては，砂杭長，投入砂量，砂杭の連続性，打設位置，使用材料の品質などがある。

解答 液状化被害を軽減する対策としては，堤体の川裏側にドレーンを設置し，川表側には遮水壁タイプの固結工法が一般的に用いられる。

したがって，(2)は**適当でない**。　　　　　　　　　　　　　　　**答** (2)

━━━━━━━━━━━━━ 試験によく出る重要事項 ━━━━━━━━━━━━━

軟弱地盤対策工法

工法	概要
表層排水工法	深さ1m程度の溝を掘り，表層部の地下水を低下させる。
サンドマット工法	礫や透水性の高い砂を厚さ0.3～1.2mに敷均し，排水層とする。河川堤防では透水層となるため，別途，止水対策が必要になる。
載荷重工法 • サーチャージ • プレローディング	構造物を施工する前に圧密沈下を促進させ，強度を増加させる工法。計画盛土高以上に盛土し，圧密を促進させた後，余分な盛土を取り除く。 計画に等しく盛土して，圧密させる。沈下速度は遅い。
緩速載荷工法	地盤のすべり破壊や側方流動に対し，安全性を確保しながら時間をかけて盛土を行い，圧密を進行させる。
押え盛土工法	本体盛土のすべりを防止するために，本体盛土の左右に押え盛土をして，すべりを防止する対策工法。押え盛土の施工は，サンドマットを施工した後，本体盛土と同時に，または，先行して行う必要がある。
バーチカルドレーン工法	軟弱地盤中に砂柱(サンドドレーン)や穴あき厚紙のカードボード(ペーパードレーン)を挿入し，地中の間隙水を砂柱からサンドマットへ排水して圧密沈下させ，地盤の支持力を高める排水圧密工法である。排水時間は，砂柱の間隔の2乗に比例して短くなる。
深層混合処理工法	高含水比粘性土地盤を，セメントや石灰と混合して柱体状または壁状に地盤を固結する工法。地盤の沈下やすべり破壊を防止する固結工法である。投入材料には，粉体とスラリーにしたものがある。深さ30m程度まで改良することができる。

| 2-2 | 専門土木 | 河川・砂防 | 護岸の施工 | ★★★ |

フォーカス　護岸については，施工の留意事項が，毎年出題されている。護岸各部の名称と役割とを覚えておくと，正解をみつけやすい。

10　河川護岸に関する次の記述のうち，**適当でないもの**はどれか。

(1)　法覆工に連節ブロックなどの透過構造を採用する場合は，裏込め材の設置は不要となるが，背面土砂の吸出しを防ぐため，吸出し防止材の布設が代わりに必要となる。

(2)　河川護岸には，一般に水抜きは設けないが，掘込河道などで残留水圧が大きくなる場合には必要に応じて水抜きを設けるものとする。

(3)　石張り又は石積みの護岸工には，布積みと谷積みがあるが，一般に布積みが用いられることが多い。

(4)　横帯工は，法覆工の延長方向の一定区間ごとに設け，護岸の変位や破損が他に波及しないよう絶縁するために施工する。

解答　石張り又は石積みの護岸工には，布積みと谷積みがあるが，一般に谷積みが用いられることが多い。

したがって，(3)は**適当でない**　　　　　　　　　　　　**答**　(3)

11　河川護岸の法覆工に関する次の記述のうち，**適当でないもの**はどれか。

(1)　かごマット工では，底面に接する地盤で土砂の吸出し現象が発生するため，これを防止する目的で吸出し防止材を施工する。

(2)　石張り工における張り石は，その重量を2つの石に等分布させるように張り上げ，布積みでなく谷積みを原則とする。

(3)　石積み工は，個々の石のすきま(胴込め)にコンクリートを充てんした練石積みと，単に砂利を詰めた空石積みがあり，河川環境面からは空石積みが優れている。

(4)　コンクリートブロック張り工では，平板ブロックと控えのある間知ブロックが多く使われており，間知ブロックは，流速があまり大きくないところに使用される。

解答　コンクリートブロック張り工では，平板ブロックと控えのある間知ブロックが多く使われており，間知ブロックは，流速が大きいところに使用される。

したがって，(4)は**適当でない**。　　　　　　　　　　　**答**　(4)

━━━■ 試験によく出る重要事項 ■━━━

護岸構造

① **法覆工**：堤防や河岸
　法面を保護する。表面
　は粗面とし，河水の流
　速を低下させる。

② **基礎工**：法覆工の基
　礎部に設け，法覆工を
　支持し，法尻を保護す
　る。

③ **根固工**：護岸前面の
　洗掘を防止し，基礎部
　からの破壊を防止する。

④ **天端工**：護岸の法覆
　工の上部の天端を法覆
　工と同種の構造で保護
　する。

⑤ **天端保護工**：低水護
　岸が流水により裏側か
　ら破壊しないよう保護する。

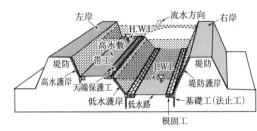

護岸の種類

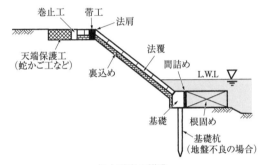

低水護岸の構造

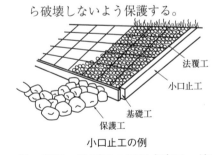

小口止工の例

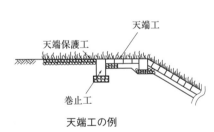

天端工の例

⑥ **帯工**：法覆工の延長方向に，法肩の天端工との境に設け，法肩部の破
　壊を保護するもので，**縦帯工**ともいう。

⑦ **巻止工**：低水護岸の天端工の外側に施工して，低水護岸が流水により
　裏側から浸食されて破壊しないよう保護するもの。

⑧ **小口止工**：法覆工の上下流端に施工して，護岸を保護するもの。

⑨ **すりつけ工**：護岸の上下流端に施工して，河岸または他の施設とすり
　つける。既存護岸より粗度の大きい材料で流速を減少させ，浸食などを
　防止する

| 2-2 | 専門土木 | 河川・砂防 | 環境対応型護岸 | ★★★ |

フォーカス　自然回復型整備の問題が増えている。捨石・かご系・石張りなどの護岸施工，現場発生土の利用などについて，留意事項を整理しておく。

12　多自然川づくりにおける護岸に関する次の記述のうち，**適当でないもの**はどれか。

(1)　かごマット護岸は，屈とう性があり，かつ空隙があるので生物に優しい護岸構造である。

(2)　コンクリート護岸は，現地の表土を用いて覆土を行うことにより，河岸の植生が回復，維持され，川の生き物たちに住みよい環境を提供することが可能である。

(3)　自然石を利用した石積みや石張り護岸は，強度もあり当該河川に自然石がある場合にはこれを活用することにより，周辺と調和した優れた工法となる。

(4)　空石張(積み)護岸は，河川環境面で優れているので，外力に対しての安定性を確認し，目地は少しでも生物に優しい構造になるように浅目地とする。

解答　空石張り(石積み)護岸は，河川環境面で優れているので，外力に対する安定性を確認し，目地は少しでも生物に優しい構造になるように深目地とする。
したがって，(4)は**適当でない**。　　　　　　　　　　　　　**答**　(4)

13　河川護岸の施工に関する次の記述のうち，**適当でないもの**はどれか。

(1)　石張り(積み)工の張り石は，その石の重量を2つの石に等分布させるように谷積みでなく布積みを原則とする。

(2)　鉄線蛇かごの詰め石の施工順序は，まず石を緩く入れておき，低い方から順次かごを満杯に詰め込んでいく。

(3)　護岸部の覆土や寄せ石の材料は，生態系の保全，植生の早期復元，資材の有効利用のため現地発生材を利用する。

(4)　かごマットは，現場での据付けや組立作業を省力化するため，かごは工場で完成に近い状態まで加工する。

解答　石張り(石積み)工の張り石は，布積み・谷積み・乱積みが用いられている。1つに限らない。
したがって，(1)は**適当でない**。　　　　　　　　　　　　　**答**　(1)

14 　河川の多自然(型)護岸の施工に関する次の記述のうち，**適当なもの**はどれか。

(1)　かご系護岸は，屈とう性があり，かつ空隙があるため，かごの上に現場発生土を覆土しても植生の復元が期待できない。

(2)　覆土は，現場発生土を利用して植生が繁茂する厚さを確保し，敷均し後十分締め固める。

(3)　練石張工法では，目地は浅目地として植物繁茂の効果が期待できる。

(4)　空石張工法では，流体力に対しての安定性を検証の上，石のかみあわせを十分に行う。

解答　(1)　かご系護岸は屈とう性があり，かつ空隙があるため，かごの上に現場発生土を覆土しても植生の復元が期待できる。

(2)　覆土は，現場発生土を利用して植生が繁茂する厚さを確保し，敷均し後締め固めない。

(3)　練石張工法では，目地は浅目地とすると植物繁茂の効果が期待できない。

(4)は，記述のとおり**適当である**。　　　　　　　　　　**答**　(4)

■■■■■ 試験によく出る重要事項 ■■■■■

石張り(石積み)工法

a．練石張り工法：石張り(石積み)の空隙をモルタルで埋め込む工法。空隙の奥だけを埋め込む**深目地施工**と，手前までモルタルを埋め込む**浅目地施工**とがある。

b．空張り工法：モルタルを使わず，自重とかみ合わせで積む。

c．布積み(整層積み)工法：積み石の各段を横に同じ高さで積む。石の大きさを同じにする必要がある。

d．谷積み(乱層積み)工法：大小の石を使用し，上下・左右の石を互いにかみ合わせて積む。自重で自然に締まり，高い安定性があり，洪水時の石の洗い出しや地震に対して強い。一般に用いられる。

石張り施工の注意事項

①　張り石は，必ず相互に完全な接触面を保ち，控えの方向を法面に直角に据える。

②　張り石は，その重量を二つの石に等分布させるように張る。

③　法面の下部ほど，大きな石を使う。

2-2 専門土木 ｜ 河川・砂防 ｜ 砂防えん堤の機能・構造 　★★★

フォーカス　砂防えん堤の問題は，毎年1問の出題である。施工の問題が中心であるが，設置目的，透過型などの型式，構造形式，各部の機能などの基本事項は覚えておかなければならない。

15　砂防えん堤に関する次の記述のうち，**適当でないもの**はどれか。

(1)　土石流対策を目的とする不透過型砂防えん堤は，常に計画捕捉量に対応した空き容量を確保しておくことが望ましく，除石が容易なように搬出路が設置される場合がある。

(2)　掃流区間に設置された堰上げ型の透過型砂防えん堤は，平常時に土砂を流下させることが可能なため，土石流の捕捉だけでなく，渓床や山脚の固定にも適している。

(3)　土石流捕捉のための透過型砂防えん堤の設置位置は，斜面上方からの地すべり，雪崩などによって，えん堤の安定が損なわれないように，両岸の斜面が安定している地点を選定することが望ましい。

(4)　縦横侵食の防止を目的とする不透過型砂防えん堤は，侵食区間が長い場合には数基を階段状に設置するが，この場合，最下流のえん堤の基礎は岩盤であることが望ましい。

解答　掃流区間に設置された堰上げ型の透過型砂防えん堤は，土石流の捕捉だけでなく，生態系の維持，下流への土砂供給にも適している。

したがって，(2)は**適当でない**。　　　　　　　　　　　**答**　(2)

16　砂防えん堤の機能，構造に関する次の記述のうち，**適当でないもの**はどれか。

(1)　砂防えん堤は，型式からは透過型，不透過型，土砂の制御形態からは調節形態，捕捉形態，構造からは重力式，アーチ式などに分類される。

(2)　砂防えん堤は，主に渓岸・渓床の侵食を防止する機能，流下土砂を調節する機能，土石流の捕捉及び減勢する機能，流木を速やかに流下させる機能を有する。

(3)　砂防えん堤の水抜きは，施工中の流水の切替えと堆砂後の浸透水圧の減殺を主目的とし，さらに後年の補修時の施工をも容易にする。

(4)　砂防えん堤の前庭保護工には，流量，流送石礫ともに大きく，えん堤位置の河床を構成する石礫が小さい場合，副えん堤と水叩き工を設ける。

解答　砂防えん堤は，主に渓岸・渓床の浸食を防止する機能，流下土砂を調節する機能，土石流の捕捉および減勢する機能，流木を捕捉する機能を有する。したがって，(2)は**適当でない**。　　　　　　　　　　　　　**答**　(2)

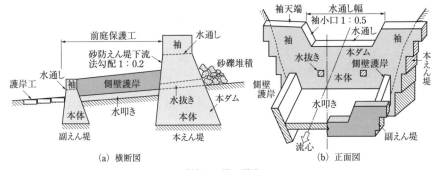

砂防えん堤の構造

════════════ **試験によく出る重要事項** ════════════

砂防えん堤の構造など

 a．水通し：逆台形断面で，幅は側面浸食しない限りできるだけ広くする。袖小口の勾配は 1：0.5 を標準とする。

 b．袖：山脚に越流水が向かわないように，上り勾配にする。屈曲部河川では，凹岸の袖高は凸側の袖高より高くする。袖の両岸への貫入は，えん堤基礎と同程度の安定性を持たせる。

 c．えん堤下流法面勾配：法面は越流土砂による損傷を受けにくくするため，一般に 1：0.2 の急勾配にする。

 d．基礎：所要の支持力並びにせん断摩擦抵抗力を持ち，浸透水などで破壊されないように，必要に応じて止水壁や遮水壁などを設ける。

 e．水抜き暗渠：堆砂後の浸透水圧の除去，施工中の流水の切替えに利用する。洪水流量や流砂量などを考慮して必要最低量とする。

 f．前庭保護工：副えん堤と水叩き，または，水叩きや副えん堤のみで構成する。落下水による洗掘を防止する。

 g．副えん堤：えん堤高が 15 m 以上の場合は副えん堤を設ける。副えん堤は水クッションによって落水の衝撃力を弱め，深掘れを防止する。

 h．不透過型砂防えん堤：土石流時だけでなく，平常時の流出土砂についても貯留する。

 i．透過型・部分透過型砂防えん堤：土石流捕捉のものと土砂調節のためのものとがある。

| 2-2 | 専門土木 | 河川・砂防 | 砂防えん堤の施工 | ★★★ |

フォーカス　砂防えん堤の施工では，基礎掘削の留意事項，および，えん堤のコンクリート打設の出題頻度が高い。同じような内容が多いので，基本的事項を整理し，覚えておく。

17　砂防えん堤の施工に関する次の記述のうち，**適当でないもの**はどれか。

(1) 砂防えん堤の基礎部が砂礫の場合で基礎仕上げ面に大転石が存在するときは，半分が地下にもぐっていると予想されるものは取り除く必要はない。

(2) 高さ15 m以上の砂防えん堤で，基礎岩盤のぜい弱部が存在する場合は，コンクリートでの置き換えやグラウチングによって力学性質を改善するなどの対応を行う必要がある。

(3) 高さ15 m以上の砂防えん堤で，基礎岩盤のせん断摩擦安全率が不足する場合は，えん堤の底幅を広くしたり，カットオフを設けるなどの対応を行う必要がある。

(4) 砂防えん堤の基礎部が砂礫の場合は，ドライワークが必要で水替えを十分に行い，水中掘削は行ってはならない。

解答　砂防えん堤の基礎部が砂礫の場合で基礎仕上げ面に大転石が存在するときは，$\frac{2}{3}$以上が地下にもぐっていると予想されるものは取り除く必要はない。したがって，(1)は**適当でない**。　　　　　　　　　　　**答**　(1)

18　砂防えん堤の基礎地盤の施工に関する次の記述のうち，**適当でないもの**はどれか。

(1) 基礎地盤の掘削は，砂礫基礎では1 m以上，岩盤基礎では0.5 m以上とするが，これは一応の目途であって，えん堤の高さ，地盤の状態などに応じて十分な検討が必要である。

(2) 基礎地盤の掘削は，えん堤本体の基礎地盤へのかん入による支持，固定，滑動，洗掘に対する抵抗力の改善，安全度の向上を目的としている。

(3) 砂礫基礎の仕上げ面付近の掘削は，一般に掘削用機械のクローラ(履帯)などによって密実な地盤をかく乱しないよう0.5 m程度は人力で施工する。

(4) 露出によって風化が急速に進行する岩質の基礎の場合は，コンクリートの打込み直前に仕上げを行うか，モルタルあるいはコンクリートで吹付けを行っておく必要がある。

解答　基礎地盤の掘削は，砂礫基礎では 2 m 以上，岩盤基礎では 1 m 以上とするが，これは一応の目途であって，えん堤の高さ，地盤の状態などに応じて十分な検討が必要である。

　　したがって，(1)は**適当でない**。　　　　　　　　　　　　　　**答**　(1)

═══════════════ 試験によく出る重要事項 ═══════════════

砂防えん堤の施工

　a．砂礫地盤の基礎掘削：ドライ掘削とし，最後の 0.5 m 程度は人力掘削とする。基礎仕上げ面の大きい転石除去には発破を避け，$\frac{2}{3}$ 以上が地下にもぐっているなら，そのままにする。

　b．岩盤の基礎掘削：基礎の根入れは 1 m 以上とする。露出・風化している岩肌は，コンクリート打設直前にモルタルやコンクリートを吹き付ける。

　c．ダムコンクリート打設：コンクリートの配合は，必要最小の水セメント比で，単位セメント量が多く，細骨材の粒径もある程度大きいものがよい。

　d．1 回のリフト高：0.75 m 〜 1.5 m で，ブロック割りは，ダム軸方向(流れに直角)に 15 m 程度とする。

　e．岩盤との付着：ダムコンクリートと同程度の配合のモルタルを 2 cm 程度敷く。

　f．施工時期：基礎部は出水期を避ける。コンクリート打設は厳寒期を避ける。

　g．施工順序：本えん堤基礎部→副えん堤→側壁護岸→水叩き→本えん堤上部の順序で行う。

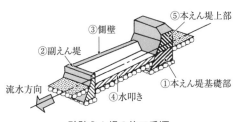

砂防えん堤の施工手順

専門土木

2-2 専門土木 河川・砂防 地すべり防止工 ★★★

フォーカス 地すべり防止の問題は，ほぼ，毎年出題されている。抑制工と抑
止工の各工法について，概要や特徴を整理し，覚えておく。

19 地すべり抑止工に関する次の記述のうち，**適当なもの**はどれか。

(1) アンカーの定着長は，地盤とグラウトとの間の付着長及びテンドンとグラ
ウトとの間の付着長について比較を行い，それらのうち短い方とする。

(2) アンカー工の打設角は，低角度ほど効率がよいが，残留スライムやグラウ
ト材のブリーディングにより健全なアンカー体が造成できないので，水平面
前後の角度は避けるものとしている。

(3) 杭工は，地すべりの移動に伴って杭部材の剛性で抑止力を発揮するため，
杭頭が変位することはないことから，この杭を他の構造物の基礎工として併
用することが一般的である。

(4) 杭の配列は，地すべりの運動方向に対して概ね平行で，杭間隔は等間隔と
なるようにし，単位幅当たりの必要抑止力に，削孔による地盤の緩みや土塊
の中抜けが生じるおそれを考慮して定める。

解答 (1) アンカーの定着長は，地盤とグラウトとの間の付着長及びテンドン
とグラウトとの間の付着長について比較を行い，それらのうち**長い方**とする。

(3) 杭工は，地すべりの移動に伴って杭部材の剛性で抑止力を発揮するた
め，杭頭が**変位することがある**から，この杭を他の構造物の基礎工とし
て併用**してはならい**。

(4) 杭の配列は，地すべりの運動方向に対して概ね**直角**で，杭間隔は等間
隔となるようにし，(以下，省略)

(2)は，記述のとおり**適当である**。　　　　　　　　　　　　**答** (2)

20 地すべり防止工に関する次の記述のうち，**適当でないもの**はどれか。

(1) 排土工は，地すべり頭部の土塊を排除し，地すべりの滑動力を低減させる
ための工法で，その上方斜面の潜在的な地すべりを誘発することのないこと
を事前に確認した上で施工する。

(2) 杭工は，鋼管杭などですべり面を貫いて基盤まで挿入することによって，

　　地すべり滑動力に対して直接抵抗する工法で，杭の根入れ部となる基盤が弱
　　く，地盤反力の小さい場所に適している。
(3)　押え盛土工は，地すべり末端部に排水性のよい土を盛土し，地すべり滑動
　　力に抵抗する力を増加させるための工法で，一般に排土工と併用すると効果
　　的である。
(4)　アンカー工は，斜面から基盤に鋼材などを挿入し，基盤内に定着させた鋼
　　材などの引張り強さを利用して斜面を安定化させる工法で，特に緊急性が高
　　く早期に効果を発揮させる必要がある場合などに用いられる。

専門土木

解 答　杭工は，鋼管杭などですべり面を貫いて基盤まで挿入することによって，
地すべり滑動力に対して直接抵抗する工法で，杭の根入れ部となる基盤が強
く，地盤反力の大きい場所に適している。
　　したがって，(2)は**適当でない**。　　　　　　　　　　　　　　　　　**答**　(2)

━━━━━━━━━━━━━━━ 試験によく出る重要事項 ━━━━━━━━━━━━━━━

地すべり防止工

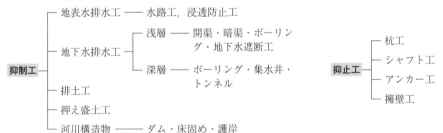

地すべり防止工の分類

　地すべり運動が活発に続いている場合は，抑制工で運動を軽減してから抑
止工を施工する。

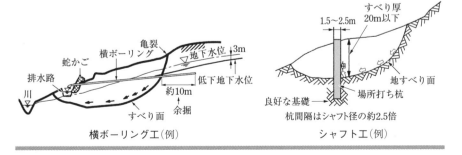

横ボーリング工(例)　　　　　　　　**シャフト工**(例)

2-2　専門土木　河川・砂防　急傾斜地崩壊防止工　★★

フォーカス　急傾斜地崩壊防止工は，隔年程度の頻度で出題されている。家屋等に隣接した斜面の崩壊を防止するもので，地すべり防止との違いなどにも注意して，各工法の概要や施工の特徴などを整理しておく。

21　急傾斜地崩壊防止工の施工に関する次の記述のうち，**適当でないもの**はどれか。

(1)　急傾斜地崩壊防止を目的とした切土工を施工する場合は，切土の斜面表層の侵食防止・風化防止のため，法面保護工を施工する。

(2)　重力式コンクリート擁壁を施工する際には，擁壁背面の水を排除するために水抜き孔を水平に設置する。

(3)　張り工は，土圧に対抗するものではないので，土圧を考慮していないが，湧水の多い箇所では背面に水圧が生じないように排水対策を十分に実施する。

(4)　排水工のうち縦排水路を施工する際には，水路から溢れた流水などによる水路両側の洗掘を防止するために，側面に勾配をつけ，コンクリート張りや石張りを設置する。

解答　重力式コンクリート擁壁を施工する際には，擁壁背面の水を排除するために水抜き孔を下向きに設置する。
したがって，(2)は**適当でない**。　　　　　　　　　　　　　　**答**　(2)

22　急傾斜地崩壊防止工に関する次の記述のうち，**適当でないもの**はどれか。

(1)　切土工は，斜面を構成している不安定な土層や土塊をあらかじめ切り取る，あるいは斜面を安定な勾配まで削り取る工法である。

(2)　グラウンドアンカー工は，表面の岩盤が崩落又ははく落するおそれがある場合や不安定な土層を直接安定した岩盤に緊結する場合などに用いられる。

(3)　コンクリート張工は，斜面の風化や侵食，岩盤の軽微なはく離や崩落を防ぐために設置され，天端及び小口部は岩盤内に水が浸入しないように地山に十分巻き込むことが重要である。

(4)　もたれ式コンクリート擁壁工は，斜面崩壊を直接抑止することが困難な場合に斜面脚部から離して設置される擁壁である。

専門土木

解答 (4)は，もたれ式コンクリート擁壁工の説明ではなく，**待受式コンクリート擁壁工**の説明である。

したがって，(4)は**適当でない**。　　　　　　　　　　　　**答**　(4)

---

23 急傾斜地崩壊防止工事に関する次の記述のうち，**適当でないもの**はどれか。

(1) 縦排水路工は，地形的にできるだけ凹部に設けた掘込み水路とし，周囲からの水の流入を容易にすることが望ましいが，水路勾配が1:1より急なところなどでは水が跳ね出さないように蓋付き水路とする。

(2) もたれ式コンクリート擁壁工は，擁壁背面が比較的良好な地山で用いられるので，施工性を考慮し，コンクリートの打継ぎ面は水平にする。

(3) がけ崩れ防止のための切土工は，斜面を構成している不安定な土層や土塊をあらかじめ切り取るかあるいは斜面を安定な勾配まで切り取るように施工する。

(4) 現場打ちコンクリート枠工は，桁には一般に鉄筋コンクリートが用いられ，桁の間隔は1～4mが標準であり，桁の交点にはすべり止め杭又は鉄筋を法面に直角に入れて補強する。

解答 もたれ式コンクリート擁壁工は，擁壁背面が比較的良好な地山で用いられるので，コンクリートの打継ぎ面は**のり面に直角**にする。

したがって，(2)は**適当でない**。　　　　　　　　　　　　**答**　(2)

==================== 試験によく出る重要事項 ====================

a．**急傾斜地崩壊防止施設**：家屋に隣接した斜面の崩壊を防止するもので，**抑制工**と，構造物が持つ抑止力を利用する**抑止工**とがある。

b．**擁壁工**：斜面下部の安定，小規模崩壊の抑止，法面保護工の基礎，崩壊土砂を遮断して人家に及ぶことを防止，押さえ盛土の補強などを目的とする。

c．**アンカー工**：硬岩または軟岩の斜面において，岩壁に節理・亀裂・層理があり，表面の岩壁が崩れそうなとき，その安定性を高める目的で用いる。**グラウンドアンカー工**と**ロックボルト工**とに大別される。

| 2-2 | 専門土木 | 河川・砂防 | 渓流保全工 | ★★★ |

フォーカス 渓流保全工の問題は，ほぼ，毎年出題されている。流路工・床固工・護岸工・帯工などの設置位置や設置目的など，保全施設の概要を覚えておく。

24 渓流保全工に関する次の記述のうち，**適当なもの**はどれか。

(1) 渓流保全工は，洪水流の乱流や渓床高の変動を抑制するための縦工，及び側岸侵食を防止するための横工を組み合わせて設置される。

(2) 護岸工は，渓岸の侵食や崩壊を防止すること，及び床固め工の袖部の保護などを目的として設置される。

(3) 床固め工は，同一の勾配が長い距離で続く場合，その区間の中間部において過度の渓床変動を抑制するために設置される。

(4) 帯工は，渓床の勾配変化点で落差を設けることにより，上流の勾配による物理的な影響をできる限り下流に及ぼさないように設置される。

解答 (1) 渓流保全工は，洪水流の乱流や渓床高の変動を抑制するための横工，及び側岸侵食を防止するための縦工を組み合わせて設置される。

(3) 帯工は，同一の勾配が長い距離で続く場合，その区間の中間部において過度の渓床変動を抑制するために設置される。

(4) 床固め工は，渓床の勾配変化点で落差を設けることにより，上流の勾配による物理的な影響をできる限り下流に及ぼさないように設置される。

(2)は，記述のとおり**適当である**。　　　　　**答** (2)

25 渓流保全工に関する次の記述のうち，**適当でないもの**はどれか。

(1) 床固め工は，縦侵食を防止し河床の安定をはかり，河床堆積物の流出を抑制するとともに，護岸などの工作物の基礎を保護するために設けられる。

(2) 水制工は，流水や流送土砂をはねて渓岸構造物の保護や渓岸侵食の防止をはかるものと，流水や流送土砂の流速を減少させて横侵食の防止をはかるものがある。

(3) 護岸工は，山脚の固定，渓岸崩壊防止，横侵食の防止などを目的に設置される場合が多く，法勾配は河床勾配，地形，地質，対象流量を考慮して定める。

(4) 帯工は，床固め工間隔が大きい場合，局所的洗掘により河岸に悪影響が及ぶことから計画河床を維持するための構造物として設けられる。

解　答　水制工は，流水や流送土砂をはねて渓岸構造物の保護や渓岸侵食を防止することと，流水や流送土砂の流速を減少させて縦侵食の防止をはかるものである。

したがって，(2)は**適当**でない。　　　　　　　　　　　　　　　**答**　(2)

専門
土木

━━━━━━━━━ 試験によく出る重要事項 ━━━━━━━━━

渓流保全工

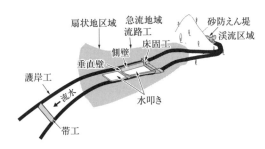

流路工の配置図

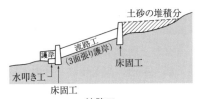

流路工

a．**流路工**：渓流区域の縦横侵食を防止する。上流に床固工，下流両岸に護岸工(側壁)を設ける。

b．**床固工**：縦浸食を防止し，堆積物の把握や山足の固定・護岸など，基礎の保護をする。高さは5m以下。5m以上の場合は，計画河床勾配で階段状に設置する。方向は，流心線に直角とする。施工は，上流から下流に向かって行うことを原則とする。枠工・蛇かごを設置することもある。

c．**帯工**：床固工の間隔が大きい場合の局所的洗掘や，上流床固工の基礎の洗掘に対応する。

第3章　道路・舗装

●出題傾向分析(出題数6問)

出題事項	設問内容	出題頻度
路床	安定処理工法の種類・概要，施工の留意事項	毎年
上層路盤・下層路盤	材料，安定処理工法の名称，施工の留意事項	単独または組合せて5年に4回程度
表層・基層	混合物の温度，敷均し・締固めの留意事項	毎年
アスファルト乳剤	タックコート・プライムコートの目的，撒布量	他との組合せで5年に3回程度
各種の舗装	種類と特徴，橋面舗装，寒冷期施工	毎年
アスファルト舗装の補修	補修工法の名称と適用箇所，施工の概要	毎年
コンクリート舗装	コンクリート舗装の種類と特徴，施工方法・補修工法	毎年1問

◎学習の指針

1．路床の安定処理工法や締固めの施工などが，高い頻度で出題されている。安定処理工法の種類と概要，締固めの留意事項などは覚えておく。
2．路盤については，上層と下層が単独または組み合わせて，高い頻度で出題されている。安定処理工法・築造工法の種類と特徴，敷均し・締固め等の，施工の留意事項などは覚えておくとよい。
3．表層・基層のアスファルト混合物の温度，敷均し・締固めなど，施工の留意事項が毎年出題されている。アスファルト乳剤はプライムコートとタックコートの用途の違い，施工方法などを整理しておくとよい。
4．排水性舗装など，各種の舗装について種類と用途，施工の概要を覚えておく。
5．アスファルト舗装の補修・修繕について，毎年出題されている。過去に出題された各工法を中心に，適用範囲・施工概要などを学習しておく。
6．コンクリート舗装は，毎年1問が出題されている。セットフォーム工法など，工法の種類と特徴，施工の留意事項およびコンクリート舗装の補修・補修工法を学習しておく。

| 2-3 | 専門土木 | 道路・舗装 | 路体の施工 | ★★★ |

フォーカス　路体だけの出題は少なく，路床盛土と組み合わせて出題される。
施工における留意事項は，路床と同じなので，一緒に学習しておく。

1　道路の路体盛土の施工に関する次の記述のうち**適当でない**ものはどれか。

(1)　施工中の締固め後の盛土表面は，自然排水勾配を確保するために4%程度の横断勾配をつけ，雨水の滞水や浸透などが生じないよう表面を平滑にする。

(2)　盛土の敷均し厚さは，盛土材料の粒度，土質，締固め機械と施工法などの条件に左右される。一般的には路体では一層の締固め後の仕上り厚さを30cm以下とする。

(3)　破砕岩や岩塊・玉石などの多く混じった土砂は，敷均し・締固め作業が困難で，盛土としてできあがった場合には安定性が低い。

(4)　良好な締固め施工を行った場合，道路の供用後に生じる圧縮量は盛土高に対して少量であり，比較的早期に沈下が終わるのが普通である。

解答　破砕岩や岩塊・玉石などの多く混じった土砂は，敷均し・締固め作業は困難であるが，盛土としてできあがった場合には安定性が高い。
したがって，(3)は**適当でない**。　　　　　　　　　　　　　　**答**　(3)

═══ **試験によく出る重要事項** ═══

路 体

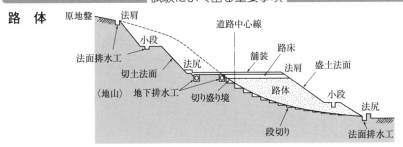

盛土・切土の断面と代表的な部位の名称

a．路体：路床より下部をいう。

b．路体盛土1層の仕上がり厚：30cm以下とする。

c．排水勾配：盛土施工中の雨水の滞水や浸透などが生じないよう，ローラで盛土表面を平滑にし，4～5%の横断勾配をつける。

| 2-3 | 専門土木 | 道路・舗装 | 路床の施工 | ★★★ |

フォーカス　路床については，単独または路盤との組合せで，土の締固め，安定処理，施工方法，検査などについて，毎年出題されている。それぞれの事項について要点を整理し，覚えておく。

2　道路のアスファルト舗装における路床に関する次の記述のうち，**適当でない**ものはどれか。

(1)　凍上抑制層は，凍結深さから求めた必要な置換え深さと舗装の厚さを比較し，置換え深さが大きい場合に，路盤の下にその厚さの差だけ凍上の生じにくい材料で置き換えたものである。

(2)　切土路床は，表面から 30 cm 程度以内に木根，転石などの路床の均一性を損なうものがある場合はこれらを取り除いて仕上げる。

(3)　安定処理材料は，路床土とセメントや石灰などの安定材を混合し路床の支持力を改善する場合に用いられ，一般に粘性土に対してはセメントが適している。

(4)　安定処理工法は，現状路床土と安定材を混合し構築路床を築造する工法で，現状路床土の有効利用を目的とする場合は CBR が 3 未満の軟弱土に適用される。

解答　安定処理材料は，路床土とセメントや石灰などの安定材を混合し路床の支持力を改善する場合に用いられ，一般に粘性土に対しては石灰が適している。したがって，(3)は**適当でない**。　　　　　　　　　　　　　　**答**　(3)

3　道路のアスファルト舗装における路床の安定処理の施工に関する次の記述のうち，**適当でない**ものはどれか。

(1)　安定材を散布する場合は，散布に先立って現状路床の不陸整正や，必要に応じて仮排水溝の設置などを行う。

(2)　安定材の混合は，散布終了後に適切な混合機械を用いて所定の深さまで混合し，混合中は深さの確認を行い，混合むらが生じた場合は再混合する。

(3)　安定材に粒状の生石灰を使用する場合は，一回目の混合が終了したのち仮転圧し，生石灰の消化(水和反応)が終了する前に再度混合し転圧する。

(4)　安定材の散布及び混合に際して粉塵対策を施す必要がある場合は，防塵型の安定材を用いたり，混合機の周りにシートの設置などの対策をとる。

解答 安定材に粒状の生石灰を使用する場合は，一回目の混合が終了したのち
仮転圧し，生石灰の消化（水和反応）が終了した後に再度混合し転圧する。

したがって，(3)は**適当でない**。　　　　　　　　　　　　　　**答** (3)

━━━━━━ **試験によく出る重要事項** ━━━━━━

路床の施工

a．路床：路盤下 1 m
の範囲をいう。

b．安定処理：設計
CBR が 3 未満では
現状路床土を入れ替
える置換え工法，良
質土で原地盤に盛り
上げる盛土工法，セ
メントや石灰で処理
する安定処理工法により改良する。

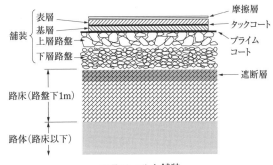

アスファルト舗装

（図中ラベル：摩擦層，タックコート，プライムコート，遮断層，表層，基層，上層路盤，下層路盤，舗装，路床（路盤下1m），路体（路床以下））

設計 CBR が 3 以上でも，舗装仕上高さの制限がある場合，経済的にな
る場合，凍結融解対策などの場合は，路床を改良する。

c．盛土 1 層の敷均し厚さ：仕上がり厚で 20 cm 以下を目安とする。

d．降雨対策：盛土路床施工後，縁部に，仮排水路を設置する。

e．検査：路床の締固め不良部分は，プルーフローリングで確認する。

f．安定処理方式：一般に路上混合方式で行う。

g．安定処理材料：砂質土にはセメント，粘性土には石灰が使用される。

h．路上混合方式の作業の流れ：整形（モータグレーダ・ブルドーザ）→固化
材散布（人力・散布機）→路上混合（スタビライザ）→敷均し（モータグレー
ダ）→転圧（タイヤローラ）→養生

| 2-3 | 専門土木 | 道路・舗装 | 路盤の施工 | ★★★ |

フォーカス　路盤の問題は，上層路盤と下層路盤とを組み合わせて出題される
ことも多い。上層路盤と下層路盤との相違点を整理し，理解しておく。

4　道路のアスファルト舗装における路盤の施工に関する次の記述のうち，**適当でないもの**はどれか。

(1)　上層路盤の安定処理に用いる骨材の最大粒径は，60 mm 以下でかつ1層の仕上り厚の 1/2 以下がよい。

(2)　下層路盤の粒状路盤工法では，締固め前に降雨などにより路盤材料が著しく水を含み締固めが困難な場合には，晴天を待って曝気乾燥を行う。

(3)　下層路盤の粒状路盤の施工にあたっては，1層の仕上り厚さは 20 cm 以下を標準とし，敷均しは一般にモータグレーダで行う。

(4)　上層路盤にセメントや石灰による安定処理を施工する場合には，施工終了後，アスファルト乳剤などでプライムコートを施すとよい。

解答　上層路盤の安定処理に用いる骨材の最大粒径は，40 mm 以下でかつ1層の仕上り厚の 1/2 以下がよい。

したがって，(1)は**適当でない**。　　　　　　　　　　　　　**答**　(1)

5　道路のアスファルト舗装における上層・下層路盤の施工に関する次の記述のうち，**適当でないもの**はどれか。

(1)　下層路盤の粒状路盤工法では，締固め前に降雨などにより路盤材料が著しく水を含み締固めが困難な場合には，晴天を待ってばっ気乾燥を行う。

(2)　下層路盤の路上混合方式による石灰安定処理工法では，施工に先立ち在来砂利層などをモーターグレーダのスカリファイアなどで所定の深さまでかき起こし，必要に応じて散水を行い，含水比を調整したのち整正する。

(3)　上層路盤のセメント安定処理工法では，セメント量が多くなると安定処理層の収縮ひび割れにより，上層のアスファルト混合物層にくぼみ，段差が発生するので注意する。

(4)　上層路盤の瀝青安定処理工法では，基層及び表層用混合物に比べてアスファルト量が少ないため，あまり混合時間を長くするとアスファルトの劣化が進むので注意する。

解答　上層路盤のセメント安定処理工法では，セメント量が多くなると安定処理層の収縮ひび割れにより，上層のアスファルト混合物層にリフレクションクラックが発生するので注意する。

　　　したがって，(3)は**適当でない**。　　　　　　　　　　　　　　**答**　(3)

専門土木

═══════════════ 試験によく出る重要事項 ═══════════════

安定処理工法，路盤の品質規格値

1．安定処理工法の適用箇所

工　法	上層路盤	下層路盤
粒状路盤	×	○
粒度調製	○	×
セメント安定処理	○	○
石灰安定処理	○	○
瀝青安定処理	○	×
セメント・瀝青安定処理	○	×

　注．○は採用　×は使用不可

2．路盤の品質規格値

工　法	上層路盤	下層路盤
粒度調整	修正 CBR80％以上，PI[*1] 4 以下	修正 CBR20％以上，PI 6 以下
セメント安定処理	修正 CBR20％以上，PI 9 以下 一軸圧縮強さ 2.9 MPa 以上	修正 CBR10％以上，PI 9 以下
石灰安定処理	修正 CBR20％以上，PI 8 ～ 16 一軸圧縮強さ 0.98 MPa 以上	修正 CBR10％以上，PI 6 ～ 18
瀝青安定処理	PI 9 以下，安定度 3.34 kN 以上	――
セメント・瀝青安定処理	PI 9 以下，一軸圧縮強さ 1.5 ～ 2.9 MPa	――

　＊1　PI：塑性指数。

専門土木

| 2-3 | 専門土木 | 道路・舗装 | 下層路盤の施工 | ★★★ |

フォーカス　下層路盤については，築造工法・材料規格，施工の概要などについて，基本事項を覚えておく。

6　アスファルト舗装道路の下層路盤の施工に関する次の記述のうち，**適当でないもの**はどれか。

(1)　粒状路盤工法において，粒状路盤材料として砂などの締固めを適切に行うためには，その上にクラッシャランなどをおいて同時に締固めてもよい。

(2)　路上混合方式によるセメント安定処理工法の転圧は，タイヤローラやロードローラなど2種類以上の舗装用ローラを併用すると効果的である。

(3)　路上混合方式による石灰安定処理工法の横方向の施工継目は，前日の施工端部を垂直に切り新しい材料を打ち継ぐ。

(4)　セメントや石灰による安定処理路盤材料の場合には，締固め時の含水比が最適含水比付近となるよう注意して締固めを行う。

解答　路上混合方式による石灰安定処理工法の横方向の施工継目は，前日の施工端部をかきほぐして新しい材料を打ち継ぐ。

したがって，(3)は**適当でない**。　　　　　　　　　　**答**　(3)

7　アスファルト舗装道路の下層路盤の施工に関する次の記述のうち，**適当でないもの**はどれか。

(1)　粒状路盤材料やセメント，石灰による安定処理路盤材料を使用する場合には，締固め時の含水比が最適含水比付近となるように注意して締固めを行う。

(2)　セメント又は石灰安定処理路盤材料の敷均し機械には，一般にスクレープドーザが用いられ，所定の仕上り厚さとなるよう余盛を考慮して均一な厚さとなるよう施工する。

(3)　セメント安定処理路盤の場合には，締固め後の補修が困難であるので，締固め不足や仕上り面の不陸が生じないよう入念に行う。

(4)　石灰やセメントによる安定処理路盤の場合は，水分が蒸発してひび割れが生じたり強度増進が阻害されないように，その上の層を施工するまで路盤面はアスファルト乳剤などでプライムコートを行う。

解 答　セメント又は石灰安定処理路盤材料の敷均し機械には，一般にモーター
グレーダが用いられる。スクレープドーザは使用しない。

したがって，(2)は**適当**でない。　　　　　　　　　　　　　　**答**　(2)

━━━━━━━━━━ 試験によく出る重要事項 ━━━━━━━━━━

下層路盤

a．**材料**：一般に，現場近くで入手できるものを使用する。

b．**最大粒径**：50 mm 以下とするが，やむを得ないときは，1層の仕上がり
厚さの$\frac{1}{2}$以下で 100 mm まで許容する。

c．**骨材の品質**：粒状路盤材料は，修正 CBR20％以上（クラッシャラン鉄鋼
スラグは修正粒状路盤 CBR30％以上）。セメント安定処理は修正 CBR10％
以上，石灰安定処理は修正 CBR10％以上とする。

d．**粒状路盤工法**：クラッシャラン・クラッシャラン鉄鋼スラグ・砂利，あ
るいは，砂などの粒状路盤材料を使用する。1層の仕上がり厚さは20 cm
以下を標準とする。

e．**セメント安定処理工法**：セメントは，ボルトランドセメント・高炉セメ
ントなどを用いる。セメントの添加は，土の強度を高め，路盤の不透水性
を増し，乾燥・湿潤および凍結などに対して耐久性を向上させる。

f．**石灰安定処理工法**：長期的には，耐久性や安定性が期待できる。
セメントおよび石灰安定処理は，路上混合方式が一般的である。

g．**路上混合方式による安定処理工法の施工方法**

① 在来砂利層などをモーターグレーダのスカリファイアなどでかき起こ
し，散水などで含水比を調整して整正する。

② 地域産材料や補足材を用いる場合は，それらを整正した層の上に均一
に敷き拡げる。

③ 混合が終わったら，モーターグレーダなどで粗均しを行い，タイヤロ
ーラで軽く締め固める。次に，再びモーターグレーダなどで所定の形状
に整形し，ローラで所定の締固め度が得られるまで転圧する。

| 2-3 | 専門土木 | 道路・舗装 | 上層路盤の施工 | ★★★ |

フォーカス 上層路盤の問題では，築造工法，路盤材料の規格，施工の概要などについて，基本事項を覚えておく。下層路盤との相違点を整理すると，理解しやすい。

8 道路のアスファルト舗装における上層路盤の施工に関する次の記述のうち，**適当でないもの**はどれか。
(1) 石灰安定処理工法は，骨材中の粘土鉱物と石灰との化学反応により安定させる工法であり，セメント安定処理工法に比べて強度の発現が早い。
(2) セメント安定処理工法は，骨材にセメントを添加して処理する工法であり，強度が増加し，含水比の変化による強度の低下を抑制できるため耐久性が向上する。
(3) 粒度調整工法は，良好な粒度になるように調整した骨材を用いる工法であり，敷均しや締固めが容易である。
(4) 瀝青安定処理工法は，骨材に瀝青材料を添加して処理する工法であり，平坦性がよく，たわみ性や耐久性に富む。

解答 石灰安定処理工法は，骨材中の粘土鉱物と石灰との化学反応により安定させる工法であり，セメント安定処理工法に比べて強度の発現が遅い。
したがって，(1)は**適当でない**。 **答** (1)

9 道路のアスファルト舗装における上層路盤の施工に関する次の記述のうち，**適当なもの**はどれか。
(1) 石灰安定処理路盤では，その締固めは最適含水比より乾燥状態で行う。
(2) 粒度調整路盤では，路盤材料が著しく水を含み締固めが困難な場合には晴天を待って曝気乾燥を行う。
(3) セメント安定処理路盤では，セメント量が少ない場合には収縮ひび割れが生じることがある。
(4) 加熱アスファルト安定処理路盤では，下層の路盤面にタックコートを施す必要がある。

解答 (1) 石灰安定処理路盤では，その締固めは最適含水比より湿潤状態で行う。
(3) セメント安定処理路盤では，セメント量が多い場合には収縮ひび割れが生じることがある。

（4）　加熱アスファルト安定処理路盤では，下層の路盤面にプライムコートを
　　施す必要がある。

　　(2)は，記述のとおり**適当である**。　　　　　　　　　　　　**答**　(2)

━━━━━━━━━━━━━━━ 試験によく出る重要事項 ━━━━━━━━━━━━━━━

上層路盤

　a．**製造方式**：中央混合方式（プラント）で製造する。

　b．**材料**：骨材の最大粒径は 40 mm 以下で，1 層の仕上がり厚の $\frac{1}{2}$ 以下とす
　　る。

　c．**粒度調整工法**：良好な粒度に調整された粒度調整砕石・粒度調整スラグ
　　などを骨材として用いる。 1 層の仕上がり厚は 15 cm 以下，振動ローラを
　　使用するときは 20 cm 以下とする。

　d．**セメント安定処理工法**：普通ポルトランドセメントまたは高炉セメント
　　とクラッシャランを用いる。1 層の仕上がり厚は 10 ～ 20 cm，振動ローラ
　　の場合は 25 cm を上限とする。

　e．**石灰安定処理工法**：最適含水比よりやや湿潤側で締め固める。石灰安定
　　処理は，地盤沈下する恐れのある場所には適さない。

　f．**瀝青処理工法**：地盤沈下が予想されるときに用いる。1 層の仕上がり厚
　　さは 10 cm 以下。敷均しは，アスファルトフィニッシャを用いる。

　g．**シックリフト工法**：1 層の仕上がり厚を 10 cm 以上。敷均し温度は 110
　　℃以上とする。

　h．**セメント・瀝青安定処理工法**：既設のアスファルト舗装を現地で破砕し，
　　セメントまたはアスファルト乳剤を路上混合して，新たな上層路盤を作る
　　工法で，**路上再生路盤工法**ともいわれる。

専門土木

| 2-3 | 専門土木 | 道路・舗装 | アスファルト混合物の施工 | ★★★ |

フォーカス　アスファルト混合物については，施工の留意事項，各種舗装の名称と特徴，補修工法などの分野から，毎年，出題されている。敷均し，締固めは基本作業なので，留意事項を確実に覚えておく。

10　道路のアスファルト舗装における加熱アスファルト混合物の施工に関する次の記述のうち，**適当でないもの**はどれか。

(1) 初転圧の転圧温度は，一般に110〜140℃で，ヘアクラックの生じない限りできるだけ高い温度とする。

(2) ホットジョイントの場合は，縦継目側の5〜10 cm幅を転圧しないでおいて，この部分を後続の混合物と同時に締め固める。

(3) 敷均し作業中に雨が降りはじめた場合には，敷均し作業を中止するとともに，敷き均した混合物を速やかに締め固めて仕上げる。

(4) 各層の継目位置は，既設舗装の補修・拡幅などの場合を除いて，下層の継目の上に上層の継目を重ねるようにする。

解答　各層の継目位置は，既設舗装の補修・拡幅などの場合を除いて，下層の継目の上に上層の継目を重ねないようにする。

したがって，(4)は**適当でない**。　　　　　**答**　(4)

11　道路のアスファルト舗装における加熱アスファルト混合物の施工に関する次の記述のうち，**適当でないもの**はどれか。

(1) 敷均し作業中に雨が降り始めた場合には，作業を中止するとともに，敷き均した混合物は速やかに締め固めて仕上げる。

(2) 縦継目の施工法であるホットジョイントは，複数のアスファルトフィニッシャを併走させて，混合物を敷き均し締め固めることで，ほぼ等しい密度が得られ一体性の高いものである。

(3) 仕上げ転圧は，不陸の修正，ローラマークの消去のために行うものであり，高い平坦性が必要な場合はタンデムローラが効果的である。

(4) 初転圧は，タイヤローラを用いてヘアクラックが生じない限り，できるだけ高い温度で行う。

解答　初転圧は，ロードローラを用いてヘアクラックが生じない限り，できる
だけ高い温度で行う。

　　したがって，(4)は**適当でない**。　　　　　　　　　　　　　　　　**答**　(4)

━━━━━━━━━━━━ 試験によく出る重要事項 ━━━━━━━━━━━━

アスファルト混合物の施工

a．敷均し：アスファルトフィニッシャで敷き均す。敷均し時の温度は，一
般に110℃を下回らないようにする。

b．敷均し中の降雨：敷均し作業を中止し，敷き均した混合物を速やかに締
め固めて仕上げる。

c．締固め作業順序：継目転圧→初転圧→二次転圧→仕上げ転圧の順序で行う。

d．作業速度：ロードローラは 2 ～ 6 km/h，振動ローラは 3 ～ 8 km/h，タ
イヤローラは 6 ～ 15 km/h である。振動ローラは，転圧速度が速すぎると
不陸や小波が発生し，遅すぎると過転圧となる。

e．ローラ作業：アスファルトフィニッシャ側に駆動輪を向け，横断勾配の
低いほうから高いほうへ，順次，幅寄せしながら，低速かつ等速で転圧す
る。

f．中温化技術：加熱アスファルト混合物に，特殊添加剤やフォームドアス
ファルトなどの使用により，従来よりも低い温度でアスファルト混合物の
製造・施工を行うこと。

g．初転圧：ヘアクラックの生じない範囲で，できるだけ高い温度(110 ～
140℃)で行う。

h．二次転圧：8 ～ 20 t のタイヤローラで行う。6 ～ 10 t の振動ローラを用
いることもある。二次転圧の終了の温度は，一般に 70 ～ 90℃である。

i．仕上げ転圧：不陸の修正，ローラマークの消去のために，タイヤローラ
あるいはロードローラで 2 回(1 往復)程度行う。

j．継目位置：下層の位置と上層の位置は重ねない。

| 2-3 | 専門土木 | 道路・舗装 | プライムコート・タックコート | ★★★ |

専門土木

フォーカス　アスファルト乳剤は，単独での出題は少ないが，問題の選択肢の一つとして出題されている。プライムコート・タックコートの基本的役割を覚えておく。

12　道路のアスファルト舗装におけるプライムコート及びタックコートの施工に関する次の記述のうち**適当なもの**はどれか。

(1)　プライムコートは，舗設する混合物層とその下層の瀝青安定処理層，中間層，基層との付着及び継目部の付着をよくするために施工する。

(2)　プライムコートには，通常，アスファルト乳剤(PK-4)を用いる。散布量は一般に $0.4\ l/m^2$ を標準とし，路盤面が緻密な場合は少なめに，粗な場合は多めに用いられることがある。

(3)　タックコートの寒冷期の施工や急速施工の場合は，瀝青材料散布後の養生時間を短縮するためにアスファルト乳剤を加温して散布する方法を採ることがある。

(4)　タックコートには，通常，アスファルト乳剤(PK-3)を用いる。散布量は一般に $1.2\ l/m^2$ が標準であり，散布量が少ない場合は均一性を確保するため，アスファルト乳剤を水によって2倍程度に希釈して散布するとよい。

解答　(1)　プライムコートは，舗設する混合物層とその下層とを馴染ませる，また，水分の浸透や蒸発の防止などのために施工する。

(2)　プライムコートには，通常，アスファルト乳剤(PK-3)を用いる。散布量は一般に $1.2\ l/m^2$ を標準とし，路盤面が緻密な場合は少なめに，粗な場合は多めに用いられることがある。

(4)　タックコートには，通常，アスファルト乳剤(PK-4)を用いる。散布量は一般に $0.4\ l/m^2$ が標準であり，散布量が少ない場合は均一性を確保するため，アスファルト乳剤を水によって2倍程度に希釈して散布するとよい。

(3)は，記述のとおり**適当である**。　　　　　　　　　　　　　　**答**　(3)

13　道路のアスファルト舗装におけるプライムコートの施工に関する次の記述のうち**適当でないもの**はどれか。

(1)　プライムコートは，散布時に路盤の表面が適度に湿っているほうが路盤への浸透がよい。

(2)　瀝青材料が路盤に浸透せず厚い被膜を作った場合には，上層の施工時にブリージング等を起こすので石灰を散布し吸収させる。

(3)　上層を施工する前にやむを得ず交通開放する場合には，瀝青材料の車輪への付着を防止するため砂を散布するとよい。

(4)　プライムコートに用いるアスファルト乳剤(PK-3)は，標準散布量の範囲で，路盤面が緻密な場合は少なめに，粗な場合は多めに用いられることがある。

解答　瀝青材料が路盤に浸透せず厚い被膜を作った場合には，上層の施工時にブリージング等を起こすので砂を散布し吸収させる。

したがって，(2)は**適当でない**。　　　　　　　　　　　　　　　**答**　(2)

======= 試験によく出る重要事項 =======

プライムコート・タックコート

1.　**プライムコート**(アスファルト乳剤(PK-3))：標準散布量 $1.2\ l/m^2$

①　路盤とアスファルト混合物との馴染みをよくする。

②　路盤表面部に浸透し，その部分を安定させる。

③　降雨による路盤の洗掘，または，表面水の浸透などを防止する。

④　路盤からの水分の蒸発を遮断する。

⑤　瀝青材料が路盤に浸透しないで厚い皮膜をつくったり，養生が不十分な場合には，上層の施工時にブリーディングが起き，層と層との間がずれて，上層にひび割れを生じることがある。

2.　**タックコート**(アスファルト乳剤(PK-4))：標準散布量 $0.4\ l/m^2$

①　新たに舗設する混合物層と，その下層の瀝青安定処理層・中間層・基層との接着，および，継目部や構造物との付着をよくする。

②　ポーラスアスファルト混合物，開粒度アスファルト混合物や改質アスファルト混合物，橋面舗装など，層間接着力を特に高める必要がある場合には，ゴム入りアスファルト乳剤(PKR-T)を用いる。

③　寒冷期の施工や急速施工の場合には，瀝青材料散布後の養生時間を短縮するために，アスファルト乳剤を加温する，ロードヒータにより加熱する，所定の散布量を2回に分けて散布する，方法がある。

| 2-3 | 専門土木 | 道路・舗装 | 表層・基層の施工 | ★★★ |

フォーカス　表層・基層は，主に，アスファルト混合物の施工の問題として出題されている。施工機械，温度管理，締固めの留意事項などの設問が多い。アスファルト混合物の温度などの数字は覚えておく。

14　道路のアスファルト舗装における表層及び基層の施工に関する次の記述のうち，**適当でないもの**はどれか。

(1)　アスファルト混合物の敷均しは，使用アスファルトの温度粘度曲線に示された最適締固め温度を下回らないよう温度管理に注意する。

(2)　アスファルト混合物の二次転圧は，適切な振動ローラを使用すると，タイヤローラを用いた場合よりも少ない転圧回数で所定の締固め度が得られる。

(3)　締固めに用いるローラは，横断勾配の高い方から低い方へ向かい，順次幅寄せしながら低速かつ一定の速度で転圧する。

(4)　施工の継目は，舗装の弱点となりやすいので，上下層の継目が同じ位置で重ならないようにする。

解答　締固めに用いるローラは，横断勾配の低い方から高い方へ向かい，順次幅寄せしながら低速かつ一定の速度で転圧する。

　　　したがって，(3)は**適当でない**。　　　　　　　　　　　　　　　**答**　(3)

15　道路のアスファルト舗装における表層及び基層の施工に関する次の記述のうち，**適当でないもの**はどれか。

(1)　タックコートは，通常アスファルト乳剤を用いるが，ポーラスアスファルト混合物を舗設する場合は，ゴム入りアスファルト乳剤を用いる。

(2)　各層の継目の位置は，既設舗装の補修・拡幅の場合を除いて，下層の継目の上に上層の継目を重ねるようにする。

(3)　仕上げ転圧は，不陸の修正，ローラマークの消去のため行うものであり，仕上げた直後の舗装の上には，ローラを長時間停止させないようにする。

(4)　アスファルト混合物は，敷均し終了後，所定の密度が得られるように，継目転圧，初転圧，二次転圧及び仕上げ転圧の順に締固め作業を行う。

解答　各層の継目の位置は，既設舗装の補修・拡幅の場合を除いて，下層の継

目の上に上層の継目を重ねないようにする。

　　したがって，(2)は**適当でない**。　　　　　　　　　　　　　　　　**答**　(2)

════════════════ 試験によく出る重要事項 ════════════════

表層・基層

　1．使用目的別舗装用機械を表に示す。

使用目的	機　　　械
路上混合	スタビライザ・バックホウ
掘削・積込み	バックホウ・トラクタショベル・ホイールローダ
整　形	モータグレーダ・ブルドーザ
散　布	安定材散布機・エンジンスプレーヤ・アスファルトディストリビュータ
敷均し	モータグレーダ・ブルドーザ・ベースペーパー・アスファルトフィニッシャ
締固め	ロードローラ・タイヤローラ・振動ローラ・散水車

①　ロードローラ：前後輪とも鉄輪。

②　タンデム型振動ローラ：前後輪とも鉄輪。

③　コンバインド型振動ローラ：前輪がタイヤ，後輪が鉄輪。

④　タンデム型振動ローラ：前後輪とも鉄輪。無振動で使用すれば，ロード
　　ローラの代替にできる。

　2．締固め時の混合物の状態：ローラの線圧が過大であったり，転圧温度が
　　高過ぎたり，過転圧などの場合は，ヘアクラックが発生する。

　3．転圧終了後の交通開放：舗装表面の温度が，ほぼ，50℃以下となってか
　　ら行う。

| 2-3 | 専門土木 | 道路・舗装 | 各種状況下の舗装 | ★★ |

フォーカス　アスファルト道路の舗装は，橋面，トンネル内などの箇所，排水性舗装などの機能，グースアスファルトなどの材料，コンポジット舗装の構造などの区分で種類を分類できる。近年，これらの区分のなかから出題されることが多くなってきている。問題演習を通じて，それぞれの概要を把握しておく。

16　アスファルト舗装道路の橋面舗装の施工に関する次の記述のうち，**適当でないもの**はどれか。

(1)　グースアスファルト混合物は，一般に床版防水機能を有する舗装としてコンクリート床版の基層に用いられ，この場合，防水層は省略することができる。

(2)　砕石マスチック混合物は，鋼床版においてはたわみ追随性や水密性，コンクリート床版では水密性から基層として用いられ，この場合は別途防水層を設ける必要がある。

(3)　表層用の混合物に用いられる瀝青材料は，一般に耐流動性や耐はく離性などを考慮したポリマー改質アスファルトを用いることが多い。

(4)　接着層は，床版と防水層又は基層とを付着させ一体化させるために設けるものであり，鋼床版では溶剤型のゴムアスファルト系接着剤を用いることが多い。

解答　グースアスファルト混合物は，一般に床版防水機能を有する舗装として鋼床版舗装などの橋面舗装に用いられ，この場合，防水層は省略することができる。

したがって，(1)は**適当でない**。　　　　　　　　　　　　**答**　(1)

17　アスファルト舗装道路の寒冷期の施工に関する次の記述のうち，**適当でないもの**はどれか。

(1)　瀝青材料を散布する場合には，瀝青材料の性質に応じて加温するが，その目的は締固め機械への付着防止である。

(2)　混合物の温度は，舗設現場の状況に応じて製造時の温度を普通の場合より若干高めとするが，アスファルトの劣化をさけるため，必要以上に上げないように注意する。

(3)　敷均しに際しては，連続作業に心掛け，アスファルトフィニッシャのスクリードを断続的に加熱するとよい。

(4)　コールドジョイント部は，温度が低下しやすく締固め不足になりやすいため，直前に過加熱に注意して既設舗装部分をガスバーナなどで加熱しておくとよい。

解答　瀝青材料を散布する場合には，瀝青材料の性質に応じて加温するが，その目的は散布しやすくするためである。

したがって，(1)は適当でない。　　　　　　　　　　　　　　　　　**答**　(1)

━━━━━━━━ 試験によく出る重要事項 ━━━━━━━━

舗装の種類

a．半たわみ性舗装：浸透用セメントミルクを開粒度アスファルト混合物の表面の間隙中に浸透させたもので，剛性とたわみ性を併せ持った舗装。耐波動性・耐油性・耐熱性・明色性に優れ，トンネル・交差点・バスターミナル・料金所・工場などに用いられる。

b．グースアスファルト舗装：高温時の混合物の流動性を利用して流し込み，フィニッシャやこてで敷均しを行う。防水性・たわみ性に優れ，鋼床版の舗装に用いられる。

c．ロールドアスファルト舗装：アスファルト・石粉・砂からなるサンドアスファルトモルタル中に，比較的，単粒度の砕石を一定量混入した舗装。すべり抵抗，水密性・耐摩耗性・耐久性に優れ，積雪寒冷地域や山岳部の道路に用いられる。

d．砕石マスチック舗装：粗骨材やフィラーの量が多いアスファルト混合物を用いた舗装。耐流動性・耐摩耗性・水密性・すべり抵抗性などがある。重交通道路，橋面舗装，リフレクションクラックの抑制層として用いられる。

専門土木

2-3 専門土木 道路・舗装 アスファルト舗装の補修・修繕 ★★★

フォーカス　補修・修繕の問題は，隔年以上の頻度で出題されている。打換え工法・オーバーレイ工法・パッチングなどの主要な工法について，概要や採用条件など，基本的な事項を覚えておく。

18　道路のアスファルト舗装における補修工法に関する次の記述のうち，**適当なもの**はどれか。
(1) 表面処理工法は，一般に流動によるわだち掘れや線状に発生したひび割れが著しい箇所の補修に用いられる工法である。
(2) 路上表層再生工法は，既設アスファルト混合物層を路上破砕混合機などで破砕すると同時に，セメントなどの添加材料を加え，路盤を構築する工法である。
(3) 薄層オーバーレイ工法は，予防的維持工法として用いられることもあり，既設舗装の上に薄層で加熱アスファルト混合物を舗設する工法である。
(4) 線状打換え工法は，主として摩耗などによってすり減った部分を補うことを目的として，既設舗装のわだち掘れ部のみを加熱アスファルト混合物で舗設する工法である。

解答　(1)は，線状打換え工法である。
(2) 路上表層再生工法は，既設アスファルト混合物層を路上破砕混合機などで破砕すると同時に，アスファルトなどの添加材料を加え，表層を構築する工法である。
(4)は，表面処理工法である。
(3)は，記述のとおり**適当である**。　　　　　　　　　　**答**（3）

19　道路のアスファルト舗装における打換え工法の施工に関する次の記述のうち，**適当でないもの**はどれか。
(1) 交通規制時間の短縮や初期わだちの抑制をはかる場合は，舗設時の加熱アスファルト混合物の温度を通常よりも高めにする。
(2) 既設舗装の撤去によって周囲部への影響を及ぼすおそれのある場合は，施工箇所の周囲をコンクリートカッタで切断し縁切りしておく。
(3) 縁端部の締固めは，供用開始後の沈下や雨水の浸透を防ぐため，特に入念に行う。
(4) 表層の施工は，平坦性を確保するために，ある程度の面積にまとめてから行うことが望ましい。

解答　交通規制時間の短縮や初期わだちの抑制をはかる場合は，舗設時の加熱アスファルト混合物の温度を通常よりも低めにする。

したがって，(1)は**適当でない。**　　　　　　　　**答**　(1)

━━━━━━━━ 試験によく出る重要事項 ━━━━━━━━

アスファルト舗装の補修工法

工　法	概　　要
打換え工法	既設舗装部の打換えで，路床を含む場合もある。
局部打換え工法	局部的に破損が著しく，他の工法では補修できない部分に適用。
線状打換え工法	線状に破損した部分に適用し，瀝青安定処理層を含めた加熱アスファルト混合層を打ち換える
路上再生路盤工法	既設のアスファルト混合層を現位置で破砕し，同時に，これをセメントアスファルト乳剤などの添加材と混合し，締め固めて安定処理した路盤を新たにつくるもの。 施工手順は，添加材散布→破砕混合(乳剤または水散布)→整形→締固め→養生　の順で行われる。 この工法は，路上破砕混合機→モータグレーダ(整形)→タイヤローラ・ロードローラ(締固め)で施工する。
表層・基層打換え工法	既設舗装の表層，または，基層までを打ち換えるもので，特に，切削して既設層を撤去する場合を，**切削オーバレイ工法**という。
オーバレイ工法	既設の舗装上に，厚さ3cm以上の加熱アスファルト混合層を施工する。
路上表層再生工法	現位置で，既設の表層を加熱・かきほぐしを行い，これに，必要に応じてアスファルト混合物や添加材を加えて敷均し，締固めて表層を再生する工法。
薄層オーバーレイ工法	既設の舗装上に，厚さ3cm未満で加熱アスファルト混合層を施工する。
わだち部オーバーレイ工法	既設舗装の，おもに摩耗によって生じたわだちを，加熱アスファルト混合物で補修する工法。流動によって生じたわだちには適さない。オーバーレイのレベリング工として行われることも多い(レベリングはT_Aには換算しない)。
切削工法	路面の不陸修正のために，凸部等を切除・除去する工法。
シール材注入工法	比較的，幅の広い目地へ注入目地材を充填する工法。
表面処理工法	既設の舗装上に，加熱アスファルト混合物以外の材料で，厚さ3cm未満の封かん層を設ける工法。シールコートやスラリーシール，樹脂系表面処理などの工法がある。
パッチングおよび段差すり付け工法	道路の局部的な小穴(ポットホール)・くぼみ・段差などを応急的に充填する工法。運搬や舗装に便利な，常温アスファルト混合物が使用される。

専門土木

2-3 専門土木 道路・舗装 **各種アスファルト舗装の工法** ★★★

フォーカス　近年の交通形態の変化や環境保全などに対応するため，アスファルト道路の舗装には，各種の方法が開発されてきている。問題演習などを通じて，それぞれの概要を把握しておく。

20　道路の排水性舗装に使用するポーラスアスファルト混合物の施工に関する次の記述のうち，**適当でないもの**はどれか。

(1) 橋面上に適用する場合は，目地部や構造物との接合部から雨水が浸透すると，舗装及び床版の強度低下が懸念されるため，排水処理に関しては特に配慮が必要である。

(2) ポーラスアスファルト混合物は，粗骨材が多いのですりつけが難しく，骨材も飛散しやすいので，すりつけ最小厚さは粗骨材の最大粒径以上とする。

(3) 締固めは，ロードローラ，タイヤローラなどを用いるが，振動ローラを無振で使用してロードローラの代替機械とすることもある。

(4) タックコートは，下層の防水処理としての役割も期待されており，原則としてアスファルト乳剤(PK-3)を使用する。

解答　タックコートは，下層の防水処理としての役割も期待されており，原則としてゴム入りアスファルト乳剤を使用する。
　　したがって，(4)は**適当でない**。　　　　　　　　　　　　　　　　**答**　(4)

21　道路における各種舗装に関する次の記述のうち，**適当でないもの**はどれか。

(1) グースアスファルト舗装は，グースアスファルト混合物を用いた不透水性，たわみ性の性能を有する舗装で，コンクリート床版上の橋面舗装に用いられる。

(2) 半たわみ性舗装は，空隙率の大きなアスファルト混合物に浸透用セメントミルクを浸透させたもので，耐流動性，明色性などの性能を有する舗装で，一般に重交通道路の交差点部などに用いられる。

(3) 排水機能を有する舗装は，雨水などを路面に滞らせることなく，排水する機能を有する舗装で，雨天時におけるすべり抵抗性，視認性の向上など車両走行の安全性を高める効果がある。

(4) 保水性舗装は，保水機能を有する表層及び基層に保水された水分が蒸発する際の気化熱により路面温度の上昇と蓄熱を抑制する効果がある。

解　答　グースアスファルト舗装は，グースアスファルト混合物を用いた不透水性・たわみ性の性能を有する舗装で，鋼床版上の橋面舗装に用いられる。したがって，(1)は**適当でない**。　　　　　　　　　　　　　　　**答**　(1)

━━━━━━━━━━━ 試験によく出る重要事項 ━━━━━━━━━━━

機能・構造別分類による各種舗装

a．**排水性舗装**：路面の水を路盤上まで浸透させ，路側へ排水する舗装。水はね防止，ハイドロプレーニング防止，雨天時の視認性向上の効果がある。プライムコートは使用しない。

b．**明色舗装**：表層に光線反射率の大きい明色骨材を使用して，路面の明るさなどを向上させた舗装。トンネル内・交差点・路肩などに用いる。

c．**着色舗装**：加熱アスファルト混合物に顔料や着色骨材を混入した舗装。景観を重視した箇所や通学路・交差点・バスレーンなどに用いる。

d．**すべり止め舗装**：すべり抵抗を高めた舗装で，硬質骨材を路面に接着する工法や，路面に溝をつけたグルービング工法がある。急坂部・曲線部・踏切などに用いる。

e．**フルデプスアスファルト舗装**：路床から上の全層に，加熱アスファルト混合物および瀝青安定処理路盤材を用いた舗装。舗装厚さを薄くできるので，厚さ制限がある所，地下埋設物が浅い所，地下水位が高い所などに使用する。

f．**サンドイッチ舗装**：軟弱な路床に，遮断層・粒状路盤層，貧配合コンクリート層またはセメント安定処理層を設け，その上に舗装する。路床のCBRが3未満の地盤に用いる。

g．**コンポジット舗装**：セメント系の版の上に，アスファルト混合物による表層と基層，または表層を設けた舗装。耐久性と走行性に優れ，維持・修繕が容易である。

h．**セミブローンアスファルト**：加熱ストレートアスファルトに空気を吹き込み，耐流動性を高めた改質アスファルト。

2-3 専門土木 道路・舗装 コンクリート舗装 ★★★

フォーカス コンクリート舗装の施工は，毎年，1問出題されている。施工法，舗装の種類，補修など，範囲が広いので，基本事項を中心に学習しておく。

22 道路のコンクリート舗装のセットフォーム工法による施工に関する次の記述のうち，**適当でないもの**はどれか。

(1) コンクリート版の表面は，水光りが消えるのを待って，ほうきやはけを用いて，すべり止めの細かい粗面に仕上げる。

(2) 隅角部，目地部，型枠付近の締固めは，棒状バイブレータなど適切な振動機器を使用して入念に行う。

(3) 横収縮目地に設ける目地溝は，コンクリート版に有害な角欠けが生じない範囲内で早期にカッタにより形成する。

(4) コンクリートの敷均しは，材料が分離しないように，また一様な密度となるように，レベリングフィニッシャを用いて行う。

解答 コンクリートの敷均しは，材料が分離しないように，また一様な密度となるように，敷ならし機械(スプレッダ)を用いて行う。

したがって，(4)は**適当でない**。 **答** (4)

23 道路の普通コンクリート舗装におけるセットフォーム工法の施工に関する次の記述のうち，**適当でないもの**はどれか。

(1) コンクリートの表面仕上げは，平坦仕上げだけでは表面が平滑すぎるので，粗面仕上げ機又は人力によりシュロなどで作ったほうきやはけを用いて，表面を粗面に仕上げる。

(2) コンクリートの敷均しでは，締固め，荒仕上げを終了したとき，所定の厚さになるように，適切な余盛りを行う。

(3) コンクリートをフィニッシャなどで締固めを行うときは，型枠及び目地の付近は締固めが不十分になりがちなので，適切な振動機器を使用して細部やバー周辺も十分締め固める。

(4) コンクリートを直接路盤上に荷卸しする場合は，大量に荷卸しして大きい山を作ることで，材料分離を防いで，敷均し作業を容易にする。

解答　コンクリートを直接路盤上に荷卸しする場合は，必要量を荷卸しして小さい山を作ることで，材料分離を防いで，敷均し作業を容易にする。
　　　したがって，(4)は**適当でない**。　　　　　　　　　　　　　　　**答**　(4)

━━━━━━━━━━ 試験によく出る重要事項 ━━━━━━━━━━

コンクリート舗装

ａ．コンクリート舗装：表層にコンクリート版を用いた舗装。

ｂ．コンクリート版の種類：普通コンクリート版・連続鉄筋コンクリート版・転圧コンクリート版など。

ｃ．鉄網：鉄網は，版の上面から $\frac{1}{3}$ の探さの位置に設置。

ｄ．鉄網の継手：重ね継手は，焼なまし鉄線で結束。縁部補強鉄筋は，鉄筋径の 30 倍以上の重ね継手とし，2 箇所以上結束。

ｅ．締固め：一般に，コンクリートフィニッシャで行う。敷均しはスプレッダを用いる。

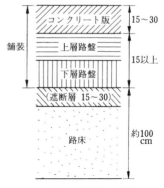

コンクリート舗装の構成

ｆ．工程：荷卸し→敷均し→鉄網及び縁部補強鉄筋→締固め→荒仕上げ→平坦仕上げ→粗面仕上げ→養生　の順に行う。

ｇ．初期養生：表面仕上げ終了直後から，コンクリート表面を荒さないで養生作業ができるまでの間の養生。初期養生は，三角屋根養生と膜養生とが一般的。

ｈ．打換え：目地で区切られた区画を単位として打換えなどを行う。

ｉ．目地：連続コンクリート版は，横目地を設けない。転圧コンクリート版は，縦・横に目地溝をつくり，目地材を充填する。

| 2-3 | 専門土木 | 道路・舗装 | コンクリート舗装の種類 | ★★★ |

フォーカス　コンクリート舗装の種類は，プレキャストコンクリート版舗装・薄層コンクリート舗装などの概要と特徴を覚えておく。

24　道路のコンクリート舗装に関する次の記述のうち，**適当でないもの**はどれか。

(1) プレキャストコンクリート版舗装は，工場で製作したコンクリート版を路盤上に敷設し，築造する舗装であり，施工後早期に交通開放ができるため修繕工事に適している。

(2) 薄層コンクリート舗装は，コンクリートでオーバーレイする舗装であり，既設コンクリート版にひび割れが多発している箇所など，構造的に破損していると判断される場合に適用する。

(3) ポーラスコンクリート舗装は，高い空げき率を有したポーラスコンクリート版を使用し，これにより排水機能や透水機能などを持たせた舗装である。

(4) コンポジット舗装は，表層又は表層・基層にアスファルト混合物を用い，直下の層にセメント系の版を用いた舗装であり，通常のアスファルト舗装より長い寿命が期待できる。

解答　薄層コンクリート舗装は，コンクリートでオーバーレイする舗装であり，既設コンクリート版にひび割れが多発している箇所など，構造的に破損していると判断される場合には適用しない。

したがって，(2)は**適当でない**。　　　　　　　　　　　　　　　**答**　(2)

25　コンクリート舗装などの分類と，その特徴に関する次の記述のうち，**適当でないもの**はどれか。

(1) ポーラスコンクリート舗装は，高い空隙率を確保したポーラスコンクリート版を使用することにより排水性や透水性などの機能を持たせた舗装である。

(2) 薄層コンクリート舗装は，既設コンクリート版を必要に応じて切削しコンクリートでオーバーレイする舗装であり，一般に既設コンクリート版の底面に達するひび割れが数多く発生している箇所などの補強工法として用いられる。

(3) コンポジット舗装は，表層又は表層及び基層にアスファルト混合物を用い，直下の層にセメント系の版を用いた舗装であり，良好な走行性を備え，通常のアスファルト舗装より長い寿命が期待できる。

(4) プレキャストコンクリート舗装は，あらかじめ工場で製作しておいたコンクリート版を路盤上に敷設し，必要に応じて相互の版をバーなどで結合して築造する舗装であり，施工後早期に交通開放ができるため修繕工事に適している。

解答 薄層コンクリート舗装は，既設コンクリート版を切削オーバーレイする舗装であり，一般に既設コンクリート版の底面に達するひび割れが数多く発生している構造的な破損箇所などには用いられない。

したがって，(2)は適当でない。　　　　　　　　　　　　　　**答** (2)

━━━━━ 試験によく出る重要事項 ━━━━━

コンクリート舗装の種類
a．**普通コンクリート版**：まだ，固まらないコンクリートを，振動締固めによって締め固めてコンクリート版とする。
b．**連続鉄筋コンクリート版**：打設箇所において，予め，横方向鉄筋上に縦方向鉄筋を連続的に布設しておき，まだ，固まらないコンクリートを振動締固めによって締め固めて，コンクリート版とする。
c．**転圧コンクリート版**：単位水量の少ない硬練りコンクリートを，アスファルト舗装用の舗設機械を用い，転圧締固めによってコンクリート版とする。
d．**小粒径骨材露出舗装**：小粒径の単粒砕石を粗骨材としたコンクリートを敷き均し，締め固めた後，表面のモルタルを削り出し，骨材露出面を形成する舗装。
e．**ポーラスコンクリート舗装**：高い空隙率を有したポーラスコンクリート版を使用し，排水機能や透水機能，車両騒音低減機能などを持たせた舗装。

| 2-3 | 専門土木 | 道路・舗装 | コンクリート舗装の補修 | ★★★ |

フォーカス コンクリート舗装の補修は，単独および施工方法と合わせて出題されている。各種の補修工法の概要と特徴を整理し，覚えておく。

26 道路のコンクリート舗装の補修工法に関する次の記述のうち，**適当でない**ものはどれか。

(1) コンクリート舗装版上のコンクリートによる付着オーバーレイ工法では，その目地は既設コンクリート舗装の目地位置に合わせ，切断深さはオーバーレイ厚の1/3とする。

(2) コンクリート舗装版に生じた欠損や段差などを応急的に回復するパッチング工法では，既設コンクリートとパッチング材料との付着を確実にすることが重要である。

(3) コンクリート舗装版の隅角部の局部打換え工法では，ブレーカなどを用いてひび割れを含む方形部分のコンクリートを取除き，旧コンクリートの打継面は鉛直になるようにはつる。

(4) コンクリート舗装版上のアスファルト混合物によるオーバーレイ工法では，オーバーレイ厚の最小厚は8cmとすることが望ましい。

解答 コンクリート舗装版上のコンクリートによる付着オーバーレイ工法では，その目地は既設コンクリート舗装の目地位置に合わせ，切断深さはオーバーレイ厚の**全厚**とする。

したがって，(1)は**適当でない**。　　　　　　　　　　　　　　　**答** (1)

27 道路のコンクリート舗装の補修工法に関する次の記述のうち，**適当でない**ものはどれか。

(1) シーリング工法は，コンクリート版のひび割れ部に直角に切り込んだカッター溝を設け，その中に鋼材を埋設して，高強度のセメントモルタルや樹脂モルタルを用いてその溝を埋め戻す工法である。

(2) 注入工法は，コンクリート版と路盤との間に出来た空隙や空洞をてん充したり，沈下を生じた版を押し上げて平常の位置に戻したりする工法である。

(3) 打換え工法は，広域にわたりコンクリート版そのものに破損が生じた場合に，打換え面積，路床・路盤の状態，交通量などを考慮して，コンクリート又はアスファルト混合物で打ち換える工法である。

専門土木

> (4) パッチング工法は，コンクリート版に生じた欠損箇所や段差などに材料を充てんして，路面の平たん性などを応急的に回復させる工法である。

解答　コンクリート版のひび割れ部に直角に切り込んだカッター溝を設け，その中に鋼材を埋設して，高強度のセメントモルタルや樹脂モルタルを用いてその溝を埋め戻す工法は，バーステッチ工法である。

したがって，(1)は**適当でない**。　　　　　　　　　　　　**答**　(1)

=== 試験によく出る重要事項 ===

コンクリート舗装の補修工法(構造的対策)

a．**打換え工法**：広範囲にわたり，コンクリート版そのものに破損が生じた場合に行う。隅角部，横断方向など，局部にひび割れが発生した場合には，版あるいは路盤を含めて局部的に打ち換える。

連続鉄筋コンクリート版の，鉄筋破断を伴う横断クラックによる構造的破壊の場合は，鉄筋の連続性を損なわないように注意する。

b．**オーバーレイ工法**：既設コンクリート版上に，アスファルト混合物を舗設するか，または，新しいコンクリートを打ち継ぎ，舗装の耐荷力を向上させる。アスファルト混合物の場合は，最小厚を 8 cm 以上とする。15 cm 以上となる場合は，別の方法を検討する。

c．**バーステッチ工法**：既設コンクリート版に発生したひび割れ部に，ひび割れと直角方向にカッタ溝切込みを設け，異形棒鋼あるいはフラットバー等の鋼材を埋設して，ひび割れをはさんだ両側の版を連結させる工法。

d．**注入工法**：コンクリート版と路盤との間にできた空隙や空洞を填充したり，沈下を生じた版を押上げて平常の位置に戻したりする工法。

e．**パッチング工法**：コンクリート版に生じた，欠損箇所や段差等に材料を充填して，路面の平たん性などを応急的に回復する工法。パッチング材料には，セメント系・アスファルト系・樹脂系がある。

f．**シーリング工法**：目地材の老化やコンクリート版にひび割れが発生した場合，そこへシール材を注入したり，充填したりする工法。

第4章 ダム・トンネル

●出題傾向分析(出題数4問)

出題事項	設問内容	出題頻度
コンクリートダム	工法名と施工方法，施工の留意事項，基礎の掘削方法	毎年
フィルダム	各ゾーン盛立ての留意事項，基礎掘削の留意事項	5年に2回程度
グラウチング	グラウチングの種類と目的，施工方法	5年に3回程度
山岳トンネル	掘削方式と施工の概要，適用土質等の条件	5年に2回程度
覆工・支保工	支保工・覆工の施工方法と留意事項，ロックボルトの施工方法，吹付コンクリートの留意事項	毎年
測量・計測	計測項目と結果の活用方法，計測時期	5年に2回程度
補助工法	補助工法の名称と施工の概要，施工目的	5年に2回程度

◎学習の指針

1. RCD工法・柱状ブロック工法などのコンクリートダム工法について，概要や特徴，施工の留意事項が毎年出題されている。基礎の掘削処理方法を含め，覚えておく。
2. フィルダムについて，遮水ゾーンの盛立て，基礎掘削など，施工方法と留意事項を覚えておく。
3. ダムグラウチングは，目的や対象範囲，基本的な用語の意味を知っていれば解ける問題が多い。
4. トンネルについては，トンネル掘削工法の種類と特徴，切羽・天端の安定対策，補助工法の概要と特徴を学習しておく。
5. 覆工・支保工では，支保工の施工方法や覆工コンクリートの施工方法などが，高い頻度で出題されている。測量・計測についても，過去問から基本的事項を学習しておくとよい。

2-4 専門土木　ダム・トンネル　コンクリートダムの工法　★★★

フォーカス　コンクリートダムの工法については，ELCM 工法や RCD 工法など，各工法の特徴，コンクリート打設の留意事項，骨材など，各種の問題が，毎年出題されている。各工法の概要と特徴を中心に，問題演習を通して覚えておく。

1　ダムのコンクリートの打込みに関する次の記述のうち，**適当でないもの**はどれか。

(1) RCD 用コンクリートの練混ぜから締固めまでの許容時間は，ダムコンクリートの材料や配合，気温や湿度などによって異なるが，夏季では 5 時間程度，冬季では 6 時間程度を標準とする。

(2) 柱状ブロック工法でコンクリート運搬用のバケットを用いてコンクリートを打込む場合は，バケットの下端が打込み面上 1 m 以下に達するまで下ろし，所定の打込み場所にできるだけ近づけてコンクリートを放出する。

(3) RCD 工法は，超硬練りコンクリートをブルドーザで敷き均し，0.75 m リフトの場合には 3 層に，1 m リフトの場合には 4 層に敷き均し，振動ローラで締め固めることが一般的である。

(4) 柱状ブロック工法におけるコンクリートのリフト高は，コンクリートの熱放散，打設工程，打継面の処理などを考慮して 0.75 ～ 2 m を標準としている。

解答　RCD 用コンクリートの練混ぜから締固めまでの許容時間は，ダムコンクリートの材料や配合，気温や湿度などによって異なるが，夏季では 3 時間程度，冬季では 4 時間程度を標準とする。

したがって，(1)は**適当でない**。　　　　　　　　　　　　　**答**　(1)

2　ダムの施工法に関する次の記述のうち，**適当でないもの**はどれか。

(1) RCD 工法は，ダンプトラックなどで堤体に運搬された RCD 用コンクリートをブルドーザにより敷き均し，振動目地切り機などで横継目を設置し，振動ローラで締固めを行う工法である。

(2) ELCM（拡張レヤー工法）は，従来のブロックレヤー工法をダム軸方向に拡張し，複数ブロックを一度に打ち込み堤体を面状に打ち上げる工法で，連続施工を可能とする合理化施工法である。

(3) 柱状ブロック工法は，縦継目と横継目で分割した区画ごとにコンクリートを打ち込む方法であり，そのうち横継目を設けず縦継目だけを設ける場合を特にレヤー工法と呼ぶ。

(4) フィルダムの施工は，ダムサイト周辺で得られる自然材料を用いた大規模盛土構造物と，洪水吐きや通廊などのコンクリート構造物となるため，両系統の施工設備が必要となる。

解答 柱状ブロック工法は，縦継目と横継目で分割した区画ごとにコンクリートを打ち込む方法であり，そのうち縦継目を設けず横継目だけを設ける場合を特にレヤー工法と呼ぶ。

したがって，(3)は**適当でない**。 **答** (3)

---

3 重力式コンクリートダムで各部位のダムコンクリートの配合区分ごとに要求される性能に関する次の記述のうち，**適当でないもの**はどれか。

(1) 着岩コンクリートは，岩盤との付着性，不陸のある岩盤に対しても容易に打ち込めて一体性を確保できることが要求される。

(2) 外部コンクリートは，水密性，すりへり作用に対する抵抗性，耐凍害性が要求される。

(3) 構造用コンクリートは，鉄筋や埋設構造物との付着性，鉄筋や型枠などの狭あい部での施工性に優れていることが要求される。

(4) 内部コンクリートは，水圧などの作用を自重で支える機能を持ち，単位容積質量，圧縮強度，化学的侵食に対する抵抗性が要求される。

解答 内部コンクリートは，水圧などの作用を自重で支える機能を持ち，単位容積質量，圧縮強度，発熱量が小さいことが要求される。

したがって，(4)は**適当でない**。 **答** (4)

---

4 コンクリートダムの施工に関する次の記述のうち，**適当でないもの**はどれか。

(1) RCD工法は，超硬練りコンクリートをダンプトラック，ブルドーザ，振動目地切り機，振動ローラなどの機械を使用して打設する工法である。

(2) PCD工法は，ダムコンクリートをポンプ圧送し，ディストリビュータによって打設する工法である。

(3) SP-TOM は，管内部に数枚の硬質ゴムの羽根をらせん状に取り付け，管を回転させながら，連続的にコンクリートを運搬する工法である。

(4) ELCM は，有スランプのダムコンクリートを，ダム軸方向の複数のブロックに一度に打設し，振動ローラを用いて締め固める工法である。

解答 ELCM（Extended Layer Construction Method）は，有スランプのダムコンクリートを，ダム軸方向の複数のブロックに一度に打設し，搭載型内部振動機で締め固める工法である。

したがって，(4)は**適当でない**。 **答** (4)

━━━━━━ 試験によく出る重要事項 ━━━━━━

コンクリートダム工法

a．**柱状工法**（ブロック工法）：縦継目と横継目を持つブロック単位で高低差をつけた柱状に打ち上げていく。1リフト高は1.5 m を標準に，中5日あけてブロックごとに打設する。

b．**RCD**（**R**oller **C**ompacted **D**am-Concrete）工法：セメント量の少ないゼロスランプの超硬練りのコンクリートをブルドーザで敷き均し，振動ローラなどで締め固める。1リフト高は0.75～1 m までで，数ブロックを一度に打設する。縦目地は設けず，横目地は振動目地切り機で行う。

c．**拡張レヤー工法**（ELCM：**E**xtended **L**ayer **C**onstruction **M**ethod）：単位セメント量の少ない有スランプのコンクリートで，1リフト高は0.75 m または1.5 m を標準に，ダンプトラック，クレーン吊りバケットなどでコンクリートを運搬し，ホイールローラなどで敷き均し，搭型内部振動機で締め固める。

d．**CSG**（**C**emented **S**and and **G**ravel）工法：岩石質材料を分級し，粒度調整や洗浄は行わず，水とセメントを添加して簡単な施設混合を行う。ブルドーザで敷均し，振動ローラで転圧する。現地材料を活用した工法である。

| 2-4 | 専門土木 | ダム・トンネル | 基礎掘削 | ★★ |

フォーカス　ダムの基礎掘削は，過去問で出題された掘削方式について，施工の概要や特徴などを覚えておく。

専門土木

5　ダムの基礎掘削に関する次の記述のうち，**適当でないもの**はどれか。

(1) 基礎掘削は，掘削計画面より早く所要の強度の地盤が現れた場合には掘削を終了し，逆に予期しない断層や弱層などが現れた場合には，掘削線の変更や基礎処理を施さなければならない。

(2) 掘削計画面から3m付近の粗掘削は，小ベンチ発破工法やプレスプリッティング工法などにより施工し，基礎地盤への損傷を少なくするよう配慮する。

(3) 仕上げ掘削は，一般に掘削計画面から50cm程度残した部分を，火薬を使用せずに小型ブレーカや人力により仕上げる掘削で，粗掘削と連続して速やかに施工する。

(4) 堤敷外の掘削面は，施工中や完成後の法面の安定性や経済性を考慮するとともに，景観や緑化にも配慮して定める必要がある。

解答　仕上げ掘削は，一般に掘削計画面から50cm程度残した部分を，火薬を使用せずに小型ブレーカや人力により仕上げる掘削で，粗掘削と**切り離して**施工する。

したがって，(3)は**適当でない**。　　　　　　　　　　　　**答**　(3)

6　ダム堤体の基礎掘削に関する次の記述のうち，**適当でないもの**はどれか。

(1) 仕上げ掘削は，一般に掘削計画面から50cm程度残した部分を，火薬を使用せずに小型ブレーカや人力で基礎岩盤に損傷を与えないよう丁寧に粗掘削と一連で速やかに施工する。

(2) ベンチカット工法の発破掘削には，一般にAN—FO爆薬(硝安油剤爆薬)が用いられるが，AN—FO爆薬は他の爆薬に比べて安価かつ安全であり，また低比重で長装薬に有利で流し込み装填ができる利点がある。

(3) 掘削計画面から3.0m付近の掘削は，小ベンチ発破工法やプレスプリッティング工法などにより基礎岩盤への損傷を少なくするよう配慮する。

(4) 堤体掘削は，掘削計画面より早く所要の地盤が現れた場合には掘削を終了

　し，逆に予期しない断層や弱層などが出現した場合には，掘削線の変更や基
礎処理で対応する。

専門土木

解　答　仕上げ掘削は，一般に掘削計画面から 50 cm 程度残した部分を，火薬を
使用せずに小型ブレーカや人力で基礎岩盤に損傷を与えないよう，粗掘削と
は分離して施工する。
　　したがって，(1)は**適当でない**。　　　　　　　　　　　　　　　　**答**　(1)

━━━━━━ 試験によく出る重要事項 ━━━━━━

基礎掘削

　ダムの基礎掘削には，表土掘削・粗掘削・仕上げ掘削がある。

a ．**表土掘削**：粗掘削の前に行う草木の伐採・抜根，腐植土・転石の処理。

b ．**粗掘削**：掘削計画面まで 0.5 m 程度を残した部分を発破や大型重機を用
　いて行う。

c ．**仕上げ掘削**：掘削面から 0.5 m 程度を，発破を使わず，人力やツインヘ
　ッダーなどにより丁寧に掘削する。通常，粗掘削とは分離して，堤体の盛
　立てまたは打設前に行う。

d ．**ベンチカット工法**：上部から下部に向かって，いくつかの平坦部(ベン
　チ)を設けながら，階段状に盤下げを行う基礎掘削の方法である。

e ．**ANFO(硝安油剤爆薬)**：ANFO は，硝安と軽油を主成分とする鈍感な爆
　薬。安全・安価で，流し込み装填ができる利点がある。

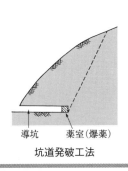

坑道発破工法

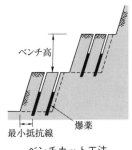

ベンチカット工法

| 2-4 | 専門土木 | ダム・トンネル | フィルダムの施工 | ★★★ |

フォーカス　フィルダムの出題頻度は，あまり高くない。基礎的な内容が多いので，問題演習で知識を確認する。

7　フィルダムの施工に関する次の記述のうち，**適当でないもの**はどれか。

(1)　遮水ゾーンの盛立面に遮水材料をダンプトラックで撒き出すときは，できるだけフィルタゾーンを走行させるとともに，遮水ゾーンは最小限の距離しか走行させないようにする。

(2)　フィルダムの基礎掘削は，遮水ゾーンと透水ゾーン及び半透水ゾーンとでは要求される条件が異なり，遮水ゾーンの基礎の掘削は所要のせん断強度が得られるまで掘削する。

(3)　フィルダムの遮水性材料の転圧用機械は，従来はタンピングローラを採用することが多かったが，近年は振動ローラを採用することが多い。

(4)　遮水ゾーンを盛り立てる際のブルドーザによる敷均しは，できるだけダム軸方向に行うとともに，均等な厚さに仕上げる。

解答　フィルダムの基礎掘削は，遮水ゾーンと透水ゾーン及び半透水ゾーンとでは要求される条件が異なり，遮水ゾーンの基礎の掘削は所要の遮水性が期待できる岩盤まで掘削する。

したがって，(2)は**適当でない**。　　　　　　　　　　　　**答**　(2)

8　ロックフィルダムの遮水ゾーンの盛立に関する次の記述のうち，**適当でないもの**はどれか。

(1)　基礎部においてヘアクラックなどを通して浸出してくる程度の湧水がある場合は，湧水箇所の周囲を先に盛り立てて排水を実施し，その後一挙にコンタクトクレイで盛り立てる。

(2)　ブルドーザによる敷均しは，できるだけダム軸に対して直角方向に行うとともに均等な厚さに仕上げる。

(3)　盛立面に遮水材料をダンプトラックで撒きだすときは，遮水ゾーンは最小限の距離しか走行させないものとし，できるだけフィルターゾーンを走行させる。

(4)　着岩部の施工では，一般的に遮水材料よりも粒径の小さい着岩材を人力あるいは小型締固め機械を用いて施工する。

解答　ブルドーザによる敷均しは，できるだけダム軸に対して平行方向に行う
とともに均等な厚さに仕上げる。

したがって，(2)は**適当でない**。　　　　　　　　　　　　　　　**答**　(2)

===== 試験によく出る重要事項 =====

フィルダム

1.　中央コア型ロックフィルダムの材料配置

粗粒材料(透水材料・
半透水材料)は外側に，
遮水材料は芯(コア)部
に用いる。

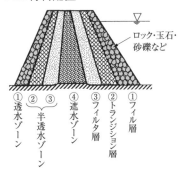

①〜④と，粒度の差が非常に大きいので，②，③は中間の粒度の土
石で埋めて，層間バランスをとる。

フィルダムの材料配置(例)

2.　遮水ゾーンの盛立て

所定厚(20 〜 30 cm)に，ブルドーザでダム軸方向に水平にまき出し，ロ
ーラで，ダム軸方向に転圧する。同一リフトでの転圧は，ローラ走行の列
と列間を 20 〜 30 cm 重複させる。

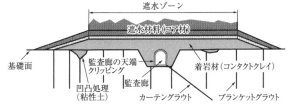

フィルダムは岩盤に留まらず，あらゆる基礎土質にも適用できる。

遮水ゾーンの盛立て

| 2-4 | 専門土木 | ダム・トンネル | グラウチング | ★★★ |

フォーカス グラウチングは，隔年程度の頻度で出題されている。グラウチングの種類・目的，施工方法などについて，基本的事項を覚えておく。

9 ダムの基礎処理に関する次の記述のうち，**適当でないもの**はどれか。

(1) ダム基礎グラウチングの施工法には，ステージ注入工法とパッカー注入工法のほかに，特殊な注入工法として二重管式グラウチングがある。

(2) カーテングラウチングの施工位置は，コンクリートダムの場合は上流フーチング又は堤内通廊から，リム部は地表又はリムグラウチングトンネルから行うのが一般的である。

(3) カーテングラウチングの目的は，ダムの基礎地盤及びリム部の地盤において，浸透路長が短い部分と貯水池外への水みちとなるおそれのある高透水部の遮水性を改良することである。

(4) コンソリデーショングラウチングは，ロックフィルダムの遮水性改良を目的とし，施工範囲は堤敷上流端から基礎排水孔までの間又は浸透路長の短い部分が対象である。

解答 コンソリデーショングラウチングで，コンクリートダムの遮水性改良を目的とする場合，施工範囲は堤敷上流端から基礎排水孔までの間又は浸透路長の短い部分が対象である。

したがって，(4)は**適当でない**。　　　　　　　　　　　　　　　**答**　(4)

10 ダムの基礎処理として行われるグラウチングに関する次の記述のうち，**適当でないもの**はどれか。

(1) 重力式コンクリートダムのコンソリデーショングラウチングは，着岩部付近において，遮水性の改良，基礎地盤弱部の補強を目的として行う。

(2) グラウチングのセメントミルクの配合は，水セメント比 W/C で表わされ，一般に濃い配合から順に注入していく。

(3) ブランケットグラウチングは，ロックフィルダムのコア着岩部付近を対象に，カーテングラウチングと相まって遮水性を改良することを目的として行う。

(4) ダム基礎地盤の透水性は，通常ボーリング孔を利用した水の圧入によるルジオンテストにより調査され，ルジオン値(Lu)で評価される。

解答　グラウチングのセメントミルクの配合は，水セメント比W/Cで表わされ，一般に薄い配合から順に注入していく。

したがって，(2)は**適当でない**。　　　　　　　　　　　　　　　　**答**　(2)

========= 試験によく出る重要事項 =========

グラウチング

a．コンソリデーショングラウチング：基礎岩盤の強度や変形性を改良する。地表からおおむね5〜10 mの比較的浅い範囲を対象に行われる。遮水性の改良にもなる。

b．ブランケットグラウチング：フィルダムの遮水ゾーンと基礎岩盤との連結部分で実施する。遮水性を高める。

c．カーテングラウチング：地山にカーテン状の難透水ゾーンを形成する。貯留水の浸透流出を抑え，基礎地盤のパイピングを防止する。

d．ルジオン値(Lu)：岩盤の透水性を評価する値。1 N/mm²の注入圧力で孔長1 m当たり1分間に注入される水のl数。

e．水押し試験：グラウチングによる遮水性の改良状況を把握するとともに，注入するセメントミルクの初期濃度などを決定するために実施する。

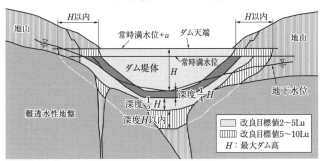

カーテングラウチングの施工範囲

| 2-4 | 専門土木 | ダム・トンネル | トンネル掘削方式 | ★★★ |

フォーカス トンネル掘削工法は，掘削工法単独か，補助工法などと組み合わせて隔年程度の頻度で出題されている。ベンチカット工法・導坑先進掘削工法・全断面工法などの掘削方式について，概要と特徴を覚えておく。

---

11 山岳トンネルの掘削の施工に関する次の記述のうち，**適当でないもの**はどれか。

(1) 全断面工法は，小断面のトンネルや地質が安定した地山で採用されるが，施工途中での地山条件の変化に対する順応性が低い。

(2) 側壁導坑先進工法は，側壁脚部の地盤支持力が不足する場合や，土被りが小さい土砂地山で地表面沈下を抑制する必要のある場合に適用される。

(3) 補助ベンチ付き全断面工法は，ベンチをつけて切羽の安定をはかるとともに，掘削効率の向上をはかるために，上部半断面と下部半断面の同時施工を行う。

(4) ベンチカット工法は，一般に上部半断面と下部半断面に分割して掘削する工法であり，地山が不良な場合にはベンチ長を長くする。

解答 ベンチカット工法は，一般に上部半断面と下部半断面に分割して掘削する工法であり，地山が不良な場合にはベンチ長を短くする。
したがって，(4)は**適当でない**。　　　　　　**答** (4)

---

12 山岳工法によるトンネルの掘削工法に関する次の記述のうち，**適当でないもの**はどれか。

(1) 補助ベンチ付き全断面工法は，全断面工法では施工が困難となる地山において，ベンチを付けることにより切羽の安定をはかるとともに，上半，下半の同時施工により掘削効率の向上をはかるものである。

(2) 側壁導坑先進工法は，ベンチカット工法で側壁脚部の地盤支持力が不足する場合，及び土被りが小さい土砂地山で地表面沈下を抑制する必要のある場合に適用される。

(3) 中壁分割工法は，左右どちらか片側半断面を先進掘削し，掘削途中で各々のトンネルが閉合された状態で掘削されることが多く，切羽の安定性の確保とトンネルの変形や地表面沈下の抑制に有効である。

> (4) ショートベンチカット工法は，全断面では切羽が自立しないが，地山が安定していて，断面閉合の時間的制約がなく，ベンチ長を自由にできる場合に適用する。

解 答 (4)の説問文は，ロングベンチカット工法のことである。
したがって，(4)は適当でない。 **答** (4)

═══════════ 試験によく出る重要事項 ═══════════

山岳トンネルの掘削方式

a. **発破掘削方式**：爆薬で硬岩・中硬岩地山を破砕・掘削する。

b. **機械掘削方式**：ブーム掘削機・バックホウ・大型ブレーカ・削岩機などによる**自由断面掘削方式**と，TBMによる**全断面掘削方式**とがある。軟岩から砂地山に適用し，地山を緩めず，振動・騒音が比較的小さい。

c. **全断面掘削工法（TBM）**：中小断面のトンネルや地質が安定した地山で採用される。地質が安定しない地山には適さない。設備が大がかりで，工法の変更は困難である。

d. **ベンチカット工法**：一般に，断面を上部半断面と下部半断面とに2分割して，ベンチ状に掘削する工法である。半断面で切羽が安定する比較的良好な地質に用いられる。

　ベンチの長さや形状によって，ロングベンチ・ショートベンチ・ミニベンチ，および，多段ベンチに分類され，地山条件が悪くなると，ベンチ長を短くする。さらに悪くなると，段数を増して対応する。

e. **導坑先進掘削工法**：地質や湧水状況の調査を行う場合や，地山が軟弱で，切羽の自立が困難な場合，および，土かぶりが小さく地表が沈下する恐れがある場合に用いられる。自立できるだけの小断面のトンネルを先行して掘削し，これを導坑（足がかり）に，断面を切り拡げるものである。

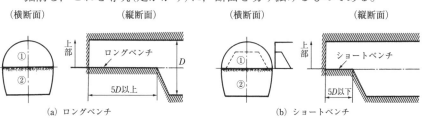

（横断面）　　（縦断面）　　　　（横断面）　　（縦断面）

（a）ロングベンチ　　　　　（b）ショートベンチ

ベンチカット工法

| 2-4 | 専門土木 | ダム・トンネル | トンネル覆工，支保工 | ★★★ |

フォーカス 覆工は，最近5年間で3回程度の出題である。覆工の施工概要・施工時期，コンクリート打設方法などについて，基本事項を覚えておく。

13 トンネルの山岳工法における覆工の施工に関する次の記述のうち，**適当でないもの**はどれか。

(1) 覆工コンクリートの型枠面は，コンクリート打込み前に，清掃を念入りに行うとともに，適切なはく離剤を適量塗布する必要がある。

(2) 覆工コンクリートの打込みは，原則として内空変位の収束前に行うことから，覆工の施工時期を判断するために変位計測の結果を利用する必要がある。

(3) 覆工コンクリートの締固めは，内部振動機を用いることを原則として，コンクリートの材料分離を引き起こさないように，振動時間の設定には注意が必要である。

(4) 覆工コンクリートの養生は，坑内換気やトンネル貫通後の外気の影響について注意し，一定期間において，コンクリートを適当な温度及び湿度に保つ必要がある。

解答 覆工コンクリートの打込みは，原則として内空変位の収束後に行うことから，覆工の施工時期を判断するために変位計測の結果を利用する必要がある。したがって，(2)は**適当でない**。　　　**答** (2)

14 山岳トンネルの覆工コンクリートの施工に関する次の記述のうち，**適当でないもの**はどれか。

(1) 覆工コンクリートの打込み時期は，掘削後，支保工により地山の内空変位が収束した後に施工することを原則とする。

(2) 覆工コンクリートの打込みは，型枠に偏圧が作用しないように，左右に分割し，片側の打込みがすべて完了した後に，反対側を打ち込む必要がある。

(3) 覆工コンクリートの背面は，掘削面や吹付け面の拘束によるひび割れを防止するために，シート類を張り付けて縁切りを行う必要がある。

(4) 覆工コンクリートの型枠の取外しは，打ち込んだコンクリートが自重などに耐えられる強度に達した後に行う必要がある。

解答 覆工コンクリートの打込みは，型枠に偏圧が作用しないように，左右均等に打ち込む必要がある。したがって，(2)は**適当でない**。　　　**答** (2)

━━━━━━━━ 試験によく出る重要事項 ━━━━━━━━

トンネル覆工

a．覆工：アーチ部・側壁部・インバート部の三つで構成される。

b．覆工コンクリート：巻厚 30 cm で，支保工の施工後，型枠を組み立てた全断面打設が一般的である。無筋コンクリート構造であるが，坑口付近など，大きな圧力を受けるときは，鉄筋コンクリート構造とすることがある。

c．覆工の時期：内空変位が収束した後に行う。膨張性地山の場合は，できるだけ早急に覆工コンクリートの打設を行う。

d．型枠：移動式型枠と組立式型枠とがある。

e．コンクリート打設：処理した地山の下地に防水シートを張り，側壁部は偏圧とならないよう左右対称に打設する。

f．アーチの頂上は空隙が生じやすいので，充填しやすい吹上げ方式が多い。

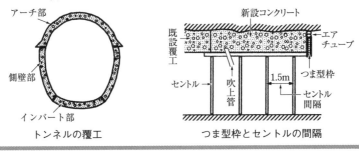

トンネルの覆工　　　　　　つま型枠とセントルの間隔

| 2-4 | 専門土木 | ダム・トンネル | トンネル支保工 | ★★★ |

フォーカス 支保工は，鋼製支保工と吹付コンクリートについて，基本事項を
覚えておく。

15 トンネルの山岳工法における支保工の施工に関する次の記述のうち，**適当
でないもの**はどれか。

(1) 吹付けコンクリートは，覆工コンクリートのひび割れを防止するために，
吹付け面にできるだけ凹凸を残すように仕上げなければならない。

(2) 支保工の施工は，周辺地山の有する支保機能が早期に発揮されるよう掘削
後速やかに行い，支保工と地山をできるだけ密着あるいは一体化させること
が必要である。

(3) 鋼製支保工は，覆工の所要の巻厚を確保するために，建込み時の誤差など
に対する余裕を考慮して大きく製作し，上げ越しや広げ越しをしておく必要
がある。

(4) ロックボルトは，ロックボルトの性能を十分に発揮させるために，定着後，
プレートが掘削面や吹付け面に密着するように，ナットなどで固定しなけれ
ばならない。

解答 吹付けコンクリートは，覆工コンクリートのひび割れを防止するために，
吹付け面にできるだけ凹凸を残さないように仕上げなければならない。
したがって，(1)は**適当でない**。　　　　　　　　　　　　　　**答** (1)

16 トンネルの山岳工法における支保工の施工に関する次の記述のうち，**適当
でないもの**はどれか。

(1) ロックボルトの施工は，自穿孔型では定着材を介さずロックボルトと周辺
地山との直接の摩擦力に定着力を期待するため，特に孔径の拡大や孔荒れに
注意する必要がある。

(2) 吹付けコンクリートの施工は，地山の凹凸を埋めるように行い，鋼製支保
工がある場合には，鋼製支保工の背面に空げきを残さないように注意して吹
き付ける必要がある。

(3) ロックボルトの施工は，所定の定着力が得られるように定着し，定着後，
プレートなど掘削面や吹付けコンクリート面に密着するようナットなどで固
定する必要がある。

(4)　吹付けコンクリートの施工は，掘削後できるだけ速やかに行わなければならないが，吹付けコンクリートの付着性や強度に悪影響を及ぼす掘削面の浮石などは，吹付け前に入念に取り除く必要がある。

解答　ロックボルトの施工は，**摩擦式**では定着材を介さずロックボルトと周辺地山との直接の摩擦力に定着力を期待するため，特に孔径の拡大や孔荒れに注意する必要がある。

したがって，(1)は**適当でない**。　　　　　　　　　　　　　　**答**　(1)

========= 試験によく出る重要事項 =========

トンネル支保工

①　支保工の施工は，掘削後，速やかに行い，支保工と地山とを密着あるいは一体化させる。

②　鋼製支保工の施工は，覆工の所要の巻厚を確保するために，上げ越しや広げ越しをしておく。

③　ロックボルトには，定着式と摩擦式とがある。

a．定着式は，モルタルなどの定着材を用いて地山に固定する。施工は，挿入孔から湧水がある場合，定着材のモルタルが流出することがあるため，事前に近くに水抜き孔を設けるなどの処置をしておく。

b．摩擦式は，定着材を使わず，ロックボルトと周辺地山との直接の摩擦力に定着力を期待する方法である。

④　吹付けコンクリートは，掘削後，ただちに施工する。品質としては，付着性，跳ね返りが少ない，初期強度が高いなどが重要である。

⑤　吹付けコンクリートの吹付ノズルは，吹付け面と直角し，ノズルと吹付け面の距離を適正に保つ。

| 2-4 | 専門土木 | ダム・トンネル | トンネル掘削の補助工法 | ★★★ |

フォーカス　安定対策のための補助工法については，施工実績の多いフォアポーリンクやパイプルーフ，水平ジェットグラウトなどについて，工法の概要・特徴などを整理し，覚えておく。

17　トンネルの山岳工法における補助工法に関する次の記述のうち，**適当でない**ものはどれか。

(1)　仮インバートは，切羽近傍及び後方で上半盤あるいはインバート部に吹付けコンクリートなどを行うもので，上半鋼アーチ支保工と吹付けコンクリートの脚部支持地盤の強度が不足し，変形が生じるような場合の脚部の安定対策として用いられる。

(2)　鏡ボルトは，鏡面に前方に向けてロックボルトを打設するもので，大きな断面で施工をはかるために切羽の安定性を確保する場合の鏡面の安定対策として用いられる。

(3)　フォアポーリングは，掘削前にボルト，鉄筋，単管パイプなどを切羽天端方向に挿入するもので，切羽天端の安定が悪く，支保工の施工までに崩落するような場合の地表面沈下対策として用いられる。

(4)　水抜きボーリングは，先進ボーリングにより集水孔を設けて排水するもので，湧水により切羽の自立性の不足や吹付けコンクリートなどの施工が困難な場合の湧水対策として用いられる。

解答　フォアポーリングは，掘削前にボルト，鉄筋，単管パイプなどを切羽天端方向に挿入するもので，切羽天端の安定が悪く，支保工の施工までに崩落するような場合の切羽天端部の安定対策として用いられる。
　したがって，(3)は**適当でない**。　　　　　　　　　　**答**　(3)

18　トンネルの山岳工法における切羽安定対策工の選定に関する次の記述のうち，**適当でない**ものはどれか。

(1)　鏡面安定対策工は，最初に鏡ボルトで対処可能か判断し，安定性が確保できない場合は鏡吹付けコンクリートの併用を検討する。

(2)　天端安定対策工は，最初にフォアポーリングで対処可能か判断し，ボルト間地山の抜け落ちなどが発生する場合は，一般に注入式フォアポーリングの採用により地山改良が必要となる。

> (3)　脚部安定対策工は，最初に脚部の皿板の見直しなどに加え脚部吹付け厚の増加で対処可能か判断し，効果が得られない場合はウイングリブ付き鋼アーチ支保工などを選定する。
>
> (4)　湧水対策工は，最初に水抜きボーリングで対処可能か判断し，水抜きボーリングで対処が難しいと判断される場合は，水抜き坑，ウェルポイント，ディープウェルを選定する。

解答　鏡面安定対策工は，最初に鏡吹付けコンクリートで対処可能か判断し，安定性が確保できない場合は鏡ボルトの併用を検討する。

　　したがって，(1)は**適当**でない。　　　　　　　　　　　　　　　　　**答**　(1)

════════════ 試験によく出る重要事項 ════════════

補助工法

　a．水平ジェットグラウト：地山が土砂などの軟質な場合，セメントミルクなどを高圧噴射して地山を切削し，同時にセメントミルクにより地山を置き換えて補強する方法である。標準的には，1回の改良体長を 10 ～ 15 m としている。

　b．パイプルーフ工法：トンネル掘削断面外に鋼管を挿入・布設して屋根をつくり，天端の安定を確保する工法である。鉄道などの構造物に対する変動防止対策などとして用いられる。

　c．長尺フォアパイリング：崖錐（がいすい），断層破砕帯などの地山のアーチ作用が期待できない不安定な地山を補強し，先行変位を抑制するとともに切羽の安定化を図る工法。先受け材としては鋼管が用いられ，その長さは 5 m 程度以上のものを使う。主に，天端部の安定対策として用いられる。

　d．フォアポーリング：掘削前にボルト鉄筋・単管パイプなどを切羽天端前方に向けて挿入し，地山を拘束するもの。打込み式と充填式とがある。補助工法のなかでも，最も使用頻度が高い。鋼アーチ支保工を支持の反力とすることが多い。1本当たりの長さは，一般的に 5 m 以下のものを用いる。打設角度は，できるだけ小さいほうが望ましい。

| 2-4 | 専門土木 | ダム・トンネル | トンネルの測量・計測 | ★★ |

フォーカス　トンネルの測量・計測の問題は，施工管理的な判断で解答できる内容なので，過去問から要点を学習しておく。

19　山岳トンネル施工時の観察・計測に関する次の記述のうち，**適当でないもの**はどれか。

(1)　観察・計測の目的は，施工中に切羽の状況や既施工区間の支保部材，周辺地山の安全性を確認し，現場の実情にあった設計に修正して，工事の安全性と経済性を確保することである。

(2)　観察・計測の項目には，内空変位測定，天端沈下測定，地中変位測定，地表面沈下測定などがあり，地山の変位挙動を測定し，トンネルの安定性と支保工の妥当性を評価する。

(3)　観察・計測の計画において，大きな変位が問題となるトンネルの場合は，支保部材の応力計測を主体とした計測計画が必要である。

(4)　観察・計測では，得られた結果を整理するだけではなく，その結果を設計，施工に反映することが必要であり，計測結果を定量的に評価する管理基準の設定が不可欠である。

解答　観察・計測の計画において，大きな変位が問題となるトンネルの場合は，変位測定を中心とした計測計画が必要である。

したがって，(3)は**適当でない**。　　　　　　　　　　　**答**　(3)

20　都市部山岳工法のトンネルの観察・計測に関する次の記述のうち，**適当でないもの**はどれか。

(1)　近接構造物に関しては，工事着工前に対象構造物の損傷状態を把握しておくとともに，工事中には，ひび割れの伸展などの損傷の進行性を確認することが重要である。

(2)　地表面沈下や近接構造物の挙動把握のための変位計測では，切羽通過後の変位を把握することが，最終変位の予測や適用した支保工及び補助工法の対策効果を確認するうえで重要である。

(3)　観察・計測結果は，迅速に設計と施工に反映できるように整理し，とくに切羽付近では，必要な対策のタイミングを逸することのないよう得られたデータを早期に判断する必要がある。

(4) 周辺の地下水に関しては，トンネルの工事中以外にも，工事前から工事後の長期にわたって計測を行う必要があるため，効率的な観察・計測計画を事前に立案しておく必要がある。

解答 地表面沈下や近接構造物の挙動把握のための変位計測では，切羽通過前の変位を把握することが，最終変位の予測や適用した支保工及び補助工法の対策効果を確認するうえで重要である。
したがって，(2)は**適当でない**。 **答** (2)

21 トンネルの山岳工法における変位計測のデータ活用方法に関する次の記述のうち，**適当でないもの**はどれか。
(1) 変位計測の結果は，地山と支保が一体となった構造の変形挙動であり，変位の収束により周辺地山の安定を確認することができる。
(2) 覆工コンクリートは，地山との一体化をはかるため原則として地山の変位の収束前にコンクリートを打ち込むため，覆工の施工時期を判断する際に変位計測の結果が利用される。
(3) 支保部材の過不足などの妥当性については，変位の大小，収束状況により評価することができ，これから施工する区間の支保選定に反映することが設計の合理化のために重要である。
(4) インバート閉合時期の判断は，変位の収束状況，変位の大小，脚部沈下量などの計測情報を最大限活用しながら行うことが重要である。

解答 覆工コンクリートは，地山との一体化をはかるため原則として地山の変位の収束後にコンクリートを打ち込むため，覆工の施工時期を判断する際に変位計測の結果が利用される。
したがって，(2)は**適当でない**。 **答** (2)

=== 試験によく出る重要事項 ===

計 測

a．地中変位測定：坑内における周辺地山の半径方向の変位を計測し，緩み領域の把握やロックボルト長，覆工施工の検討に利用する。測定間隔は，坑口付近や土被りの小さい区間では短くする。
b．山はね：岩盤が均質で，節理などが少なく，トンネルの土被りが比較的大きく，地山応力が高い場合，山はねが起こりやすい。

第5章　海岸・港湾

●出題傾向分析（出題数4問）

出題事項	設問内容	出題頻度
海岸堤防	堤防の構造別施工の概要・留意事項，各部の施工の留意事項	毎年
潜堤・人工リーフ	養浜・離岸堤・潜堤・人工リーフの機能と特徴	5年に4回程度
防波堤	防波堤の構造別施工の概要・留意事項，根固工・消波工	5年に3回程度
係船岸	鋼矢板式係船岸の施工の概要・留意事項	5年に1回程度
浚渫工事	浚渫工事の測量・調査，浚渫船の種類と適用範囲	5年に4回程度
ケーソン	ケーソン製作，進水・曳航，据付け工事の概要	5年に1回程度
水中コンクリート	水中コンクリートの施工の留意事項	5年に1回程度

◎学習の指針

1．海岸堤防について，形式・構造別施工の概要，各部の機能と留意事項が，毎年出題されている。基礎的問題も多いので，過去問で基本事項は覚えておく。
2．離岸堤・潜堤・人工リーフ・養浜について，機能・特徴，施工の留意事項などが，毎年出題されている。基礎的な問題と，知っていなければ解答できない難しい問題とがある。
3．港湾では，堤防・防波堤について根固工・消波工，ケーソンの施工などが出題されている。過去問の演習で要点を覚えておく。
4．浚渫工事の測量，事前調査，浚渫船の種類と特徴，適用範囲，施工の留意事項が，高い頻度で出題されている。
5．水中コンクリートは，コンクリート工と合わせて配合・打設の留意事項を覚えておく。

| 2-5 | 専門土木 | 海岸・港湾 | 養浜・離岸堤・潜堤・人工リーフ | ★★★ |

フォーカス　養浜・離岸堤・潜堤・人工リーフについては，役割や使用材料・施工順序などについて，過去問の演習で基本事項を覚えておく。

1　海岸の潜堤・人工リーフの機能や特徴に関する次の記述のうち，**適当でない**ものはどれか。

(1) 離岸堤に比較して波の反射が小さく，堤体背後の堆砂機能は少ない。

(2) 天端が海面下であり，構造物が見えないことから景観を損なわない。

(3) 天端水深や天端幅にかかわらず，堤体背後への透過波は変化しない。

(4) 捨石などの材料を用いた没水構造物で，波浪の静穏化，沿岸漂砂の制御機能を有する。

解答　天端水深や天端幅により，堤体背後への透過波は変化する。
したがって，(3)は**適当でない**。　　　　　　　　　　　　**答**　(3)

2　離岸堤に関する次の記述のうち，**適当でない**ものはどれか。

(1) 砕波帯付近に離岸堤を設置する場合は，沈下対策を講じる必要があり，従来の施工例からみればマット，シート類よりも捨石工が優れている。

(2) 開口部や堤端部は，施工後の波浪によってかなり洗掘されることがあり，計画の1基分はなるべくまとめて施工することが望ましい。

(3) 離岸堤は，侵食区域の下手側(漂砂供給源に遠い側)から設置すると上手側の侵食傾向を増長させることになるので，原則として上手側から着手し，順次下手に施工する。

(4) 汀線が後退しつつある区域に護岸と離岸堤を新設する場合は，なるべく護岸を施工する前に離岸堤を設置し，その後に護岸を設置するのが望ましい。

解答　離岸堤は，侵食区域の上手側(漂砂供給源に近い側)から設置すると下手側の侵食傾向を増長させることになるので，原則として下手側から着手し，順次上手に施工する。
したがって，(3)は**適当でない**。　　　　　　　　　　　　**答**　(3)

3 養浜の施工に関する次の記述のうち，**適当でないもの**はどれか。

(1) 養浜の施工方法は，養浜材の採取場所，運搬距離，社会的要因などを考慮して，最も効率的で周辺環境に影響を及ぼさない工法を選定する。

(2) 養浜材として，養浜場所にある砂より粗い材料を用いた場合には，その平衡勾配が小さいために沖向きの急速な移動が起こり，汀線付近での保全効果は期待できない。

(3) 養浜材として，浚渫土砂などの混合粒径土砂を効果的に用いる場合や，シルト分による海域への濁りの発生を抑えるためには，あらかじめ投入土砂の粒度組成を調整することが望ましい。

(4) 養浜の陸上施工においては，工事用車両の搬入路の確保や，投入する養浜砂の背後地への飛散など，周辺への影響について十分検討し，慎重に施工する。

解答 養浜材として，養浜場所にある砂より細かい材料を用いた場合には，その平衡勾配が小さいために沖向きの急速な移動が起こり，汀線付近での保全効果は期待できない。

したがって，(2)は**適当でない**。　　　　　　　　　　　　　　**答** (2)

4 海岸保全施設の養浜の施工に関する次の記述のうち，**適当でないもの**はどれか。

(1) 養浜の施工方法は，養浜材の採取場所，運搬距離，社会的要因などを考慮して，最も効率的で周辺環境に影響を及ぼさない工法を選定する。

(2) 養浜の投入土砂は，現況と同じ粒径の細砂を用いた場合，沖合部の海底面を保持する上で役立ち，汀線付近での保全効果も期待できる。

(3) 養浜の陸上施工においては，工事用車両の搬入路の確保や，投入する養浜砂の背後地への飛散など，周辺への影響について十分検討し，慎重に施工する。

(4) 前浜養浜，沖合養浜の施工時は，海水汚濁により海域環境や水生生物に大きな影響を与える可能性があるので，陸上において予め汚濁の発生源となるシルト，有機物，ゴミなどを養浜材から取り除いて施工する。

解答 養浜の投入土砂は，現況と同じ粒径の細砂を用いた場合，沖合部の海底面を保持する上では役立つが，汀線付近での保全効果は期待できない。

したがって，(2)は**適当でない**。　　　　　　　　　　　　　　**答** (2)

━━━━━━━━━━■ 試験によく出る重要事項 ■━━━━━━━━━━

離岸堤

① 護岸と離岸堤を新設する場合には，護岸工を施工する前に離岸堤を施工する。

② 離岸堤の施工手順：浸食区域の下手から着手し，順次，上手側へと行う。砂の供給源である河口では，最も離れた下手側から施工する。

③ 離岸堤の開口部や堤端部は，施工前よりも波浪が集中するので洗掘されやすい。そのため，計画の1基分はまとめて施工する。開口部は，低い捨石層で被覆する。開口部の間隔は，堤長に対して $\frac{1}{2}$ 程度とする。

人工リーフ（幅広潜堤）

　人工リーフとは，自然の瑚瑚礁の機能を模して，海岸から少し沖の海底に海岸線とほぼ平行に築いた人工的な幅広潜堤。マウンド状に積み上げた自然石または砕石と，表面の吸い出し防止材により構成される。

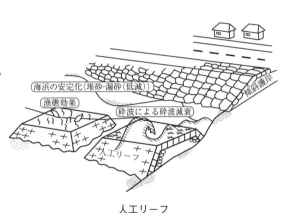

人工リーフ

養　浜

ａ．目的：消波効果や侵食された砂浜の回復による防災機能の向上，および，海水浴などの海洋性レクリエーションの場の確保など。

ｂ．材料：現地の砂と同等の粒径または若手大きめの砂を用いるのが基本。

① 海浜の安定性からは粒径の粗い砂，浄化機能からは細かい砂などを用いる。

② 周辺環境に影響を及ぼさないよう，汚濁を発生させず，ごみや有機物などの有害物を含まず，生物の生息，海浜の海水浄化機能，海浜利用に影響のないものを用いる。

③ 粒度組成が不均一な場合は，細かい砂は沖合へ流出し，粗い砂は打ち上げられてバームを形成する。

④ 施工に当たっては，投入の際の飛散，工事中の濁りなどに注意する。

2-5　専門土木　海岸・港湾　海岸堤防の施工　★★★

フォーカス　海岸堤防(護岸)の施工は，隔年程度の頻度で出題されている。基礎・根固・表法被覆・天端被覆・裏法被覆・波返し(パラペット)，消波工などの機能と役割，施工の留意事項を整理しておく。

5　海岸の緩傾斜堤防に関する次の記述のうち，**適当なもの**はどれか。

(1)　緩傾斜堤防の天端被覆工の表面は，排水のため海側に勾配を付けるのがよい。

(2)　緩傾斜堤防の天端及び裏法被覆工は，堤体土の収縮及び圧密による沈下に適応できる構造とする。

(3)　緩傾斜堤防の排水工は，裏法被覆工の法尻に設け，緩傾斜護岸の排水工は天端被覆工の海側端に設ける。

(4)　緩傾斜堤防の根固工は，表法被覆工の法先又は基礎工の前面に設けるもので，被覆工や基礎工と一体化させる。

解答　(1)　緩傾斜堤防の天端被覆工の表面は，排水のため陸側に勾配を付けるのがよい。

(3)　緩傾斜堤防の排水工は，裏法被覆工の法尻に設け，緩傾斜護岸の排水工は天端被覆工の陸側端に設ける。

(4)　緩傾斜堤防の根固工は，表法被覆工の法先又は基礎工の前面に設けるもので，被覆工や基礎工と縁切りさせる。

(2)は，記述のとおり**適当である**。　　　　　**答**　(2)

6　海岸の傾斜型護岸の施工に関する次の記述のうち，**適当でないもの**はどれか。

(1)　緩傾斜護岸は，堤脚位置が海中にある場合に汀線付近で吸出しが発生することがあるので，層厚を厚くするとともに上層から下層へ粒径を徐々に大きくして，噛合せをよくして施工する。

(2)　沿岸漂砂の均衡が失われたことによって侵食が生じている海岸では，海岸侵食に伴う堤脚部の地盤低下量を考慮して施工する。

(3)　表法に設置する裏込め工は，現地盤上に栗石・砕石層を50cm以上の厚さとして，十分安全となるように施工する。

(4)　緩傾斜護岸の法面勾配は 1：3 より緩くし，法尻については先端のブロック
　　が波を反射して洗掘を助長しないようブロックの先端を同一勾配で地盤に突
　　込んで施工する。

解答　緩傾斜護岸は，堤脚位置が海中にある場合に汀線付近で吸出しが発生す
ることがあるので，層厚を厚くするとともに上層から下層へ粒径を徐々に小
さくして，噛合せをよくして施工する。
　　したがって，(1)は**適当でない**。　　　　　　　　　　　　　　　　　　　**答　(1)**

═══════ 試験によく出る重要事項 ═══════

堤防形式

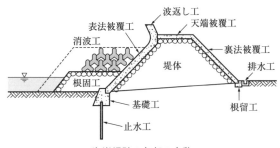

海岸堤防の各部の名称

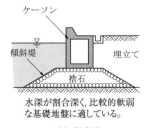

水深が割合深く，比較的軟弱
な基礎地盤に適している。

(a)　混成堤

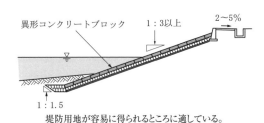

堤防用地が容易に得られるところに適している。

(b)　緩傾斜堤

海岸堤防の種類

傾斜堤の裏込め工：50 cm 以上の厚さとし，上層から下層へ粒径を小さくし
て，かみ合わせをよくする。吸出し防止材は，裏込め工の下層に設置する。
吸出し防止材を用いても，砕石などを省略することはできない。

| 2-5 | 専門土木 | 海岸・港湾 | 根固工・消波工 | ★★★ |

フォーカス　海岸・港湾では，根固工に関する問題が，隔年以上の高い頻度で出題されている。材料，基本構造，施工の留意事項について整理しておく。

専門土木

7　海岸堤防の根固工の施工に関する次の記述のうち，**適当でないもの**はどれか。

(1) 異形ブロック根固工は，適度のかみ合わせ効果を期待する意味から天端幅は最小限2個並び，層厚は2層以上とすることが多い。

(2) コンクリートブロック根固工は，材料の入手が容易で施工も簡単であり，しかも屈とう性に富む工法である。

(3) 捨石根固工は，一般に表層に所要の質量の捨石を個並び以上とし，中詰石を用いる場合は大小とり混ぜて海底をカバーし，土砂が吸い出されるのを防ぐ。

(4) 根固工の基礎工は，法先地盤が砂地盤などで波による洗掘や吸い出しを受けやすい箇所などでは設ける必要がない。

解答　根固工の基礎工は，法先地盤が砂地盤などで波による洗掘や吸い出しを受けやすい箇所などでは設ける必要がある。

したがって，(4)は**適当でない**。　　　　　　　　　**答**　(4)

8　消波工の施工に関する次の記述のうち，**適当でないもの**はどれか。

(1) 消波工の必要条件として，消波効果を高めるため表面粗度を大きくする。

(2) 消波工の施工は，ブロックの不安定な孤立の状態が生じないようにするため，ブロック層における自然空隙に間詰石を挿入する。

(3) 消波工は，波の規模に応じた適度の空隙をもつこと。

(4) 消波工の断面は，中詰石の上に数層の異型ブロックを並べることもあれば，全断面を異型ブロックで施工することもある。

解答　消波工の施工は，ブロックの不安定な孤立の状態が生じないようにするためであっても，ブロック層における自然空隙に間詰石を挿入してはならない。

したがって，(2)は**適当でない**。　　　　　　　　　**答**　(2)

═══════ 試験によく出る重要事項 ═══════

根固工

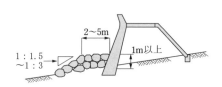

1 : 1.5
〜1 : 3

2〜5m

1m以上

(a) 同重量の捨石を用いる場合

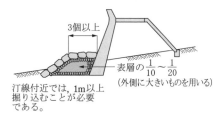

3個以上

表層の $\frac{1}{10}$〜$\frac{1}{20}$
（外側に大きいものを用いる）

汀線付近では，1m以上
掘り込むことが必要
である。

(b) 中詰めを用いる場合

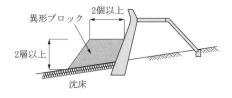

異形ブロック

2個以上

2層以上

沈床

(c) 異形ブロックを用いる場合

コンクリート方塊

(d) コンクリート方塊を用いる場合

根固工は，基礎工などと接触していても絶縁された構造とする。

根固工の種類と施工上の留意点

消波工

a. 消波工の天端：ブロック2個以上の幅をとる。
b. 消波工の空隙率：異形ブロックの種類・大きさ・積み方にかかわらず，50〜60％とする。

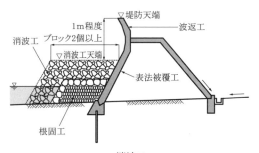

▽堤防天端
1m程度
ブロック2個以上
波返工
消波工
▽消波工天端
表法被覆工
根固工

消波工

専門土木

| 2-5 | 専門土木 | 海岸・港湾 | 浚渫工事 | ★★★ |

フォーカス　浚渫の問題は，ほぼ，毎年出題されている。浚渫船の種類と特徴
を覚えておく。

9　港湾の浚渫工事の調査に関する次の記述のうち，**適当でないもの**はどれか。

(1)　機雷など危険物が残存すると推定される海域においては，浚渫に先立って
工事区域の機雷などの探査を行い，浚渫工事の安全を確保する必要がある。

(2)　浚渫区域が漁場に近い場合には，作業中の濁りによる漁場などへの影響が
問題となる場合が多く，事前に漁場などの利用の実態，浚渫土質，潮流など
を調査し，工法を検討する必要がある。

(3)　水質調査の主な目的は，海水汚濁の原因が，バックグラウンド値か浚渫工
事による濁りかを確認するために実施するもので，事前又は，浚渫工事完成
後の調査のいずれかを行う必要がある。

(4)　浚渫工事の施工方法を検討する場合には，海底土砂の硬さや強さ，その締
まり具合や粒の粗さなど，土砂の性質が浚渫工事の工期，工費に大きく影響
するため，事前調査を行う必要がある。

解答　水質調査の主な目的は，海水汚濁の原因が，バックグラウンド値か浚渫
工事による濁りかを確認するために実施するもので，事前<u>及び</u>浚渫工事完成
後の調査の両方を行う必要がある。

したがって，(3)は**適当でない**。　　　　　　　　　　　　　　　**答**　(3)

10　浚渫船の特徴に関する次の記述のうち，**適当でないもの**はどれか。

(1)　バックホゥ浚渫船は，かき込み型（油圧ショベル型）掘削機を搭載した硬土
盤用浚渫船で，大規模浚渫工事に使用される。

(2)　ポンプ浚渫船は，掘削後の水底面の凹凸が比較的大きいため，構造物の築
造箇所ではなく，航路や泊地の浚渫に使用される。

(3)　グラブ浚渫船は，適用される地盤は軟泥から岩盤までの範囲できわめて広
く，浚渫深度の制限も少ないのが特徴である。

(4)　ドラグサクション浚渫船は，浚渫土を船体の泥倉に積載し自航できること
から機動性に優れ，主に船舶の往来が頻繁な航路などの維持浚渫に使用され
ることが多い。

解答　バックホウ浚渫船は，かき込み型(油圧ショベル型)掘削機を搭載した硬
土盤用浚渫船で，少規模浚渫工事に使用される。
　　したがって，(1)は**適当でない**。　　　　　　　　　　　　　　　**答**　(1)

11　浚渫船の特徴に関する次の記述のうち，**適当でないもの**はどれか。

(1)　ポンプ浚渫船は，掘削後の水底面の凹凸が比較的小さいため，構造物の築
造箇所の浚渫工事に使用されることが多い。

(2)　バックホウ浚渫船は，バックホウを台船上に搭載した浚渫船で，比較的規
模の小さい浚渫工事に使用されることが多い。

(3)　グラブ浚渫船は，適用される地盤の範囲はきわめて広く，軟泥から岩盤ま
で対応可能で，浚渫深度の制限も少ない箇所に使用されることが多い。

(4)　ドラグサクション浚渫船は，自航できることから機動性に優れ，主に船舶
の往来が頻繁な航路などの維持浚渫に使用されることが多い。

解答　ポンプ浚渫船は，掘削後の水底面の凹凸が比較的大きいため，構造物の
築造箇所の浚渫工事に使用されることは少ない。
　　したがって，(1)は**適当でない**。　　　　　　　　　　　　　　　**答**　(1)

===== **試験によく出る重要事項** =====

浚渫工事

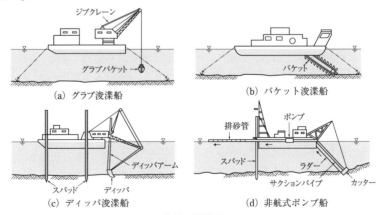

(a) グラブ浚渫船　　　　　　　(b) バケット浚渫船
(c) ディッパ浚渫船　　　　　　(d) 非航式ポンプ船

各種の浚渫船

| 2-5 | 専門土木 | 海岸・港湾 | 係船岸・防波堤 | ★★★ |

フォーカス　係船岸・防波堤では，ケーソンの製作から据付までの施工の留意点，根固工の条件などについて，基本的事項を整理しておく。

12　港湾の防波堤の施工に関する次の記述のうち，**適当でないもの**はどれか。

(1)　傾斜堤は，施工設備が簡単であるが，直立堤に比べて施工時の波の影響を受け易いので，工程管理に注意を要する。

(2)　ケーソン式の直立堤は，本体製作をドライワークで行うことができるため，施工が確実であるが，荒天日数の多い場所では海上施工日数に著しい制限を受ける。

(3)　ブロック式の直立堤は，施工が確実で容易であり，施工設備も簡単であるなどの長所を有するが，各ブロック間の結合が十分でなく，ケーソン式に比べ一体性に欠ける。

(4)　混成堤は，水深の大きい箇所や比較的軟弱な地盤にも適し，捨石部と直立部の高さの割合を調整して経済的な断面とすることができるが，施工法及び施工設備が多様となる。

解答　直立堤は，施工設備が簡単であるが，傾斜堤に比べて施工時の波の影響を受け易いので，工程管理に注意を要する。

したがって，(1)は**適当でない**。　　　　**答**　(1)

13　港湾工事における混成堤の基礎捨石部の施工に関する次の記述のうち，**適当でないもの**はどれか。

(1)　捨石は，基礎として上部構造物の荷重を分散させて地盤に伝えるため，材質は堅硬，緻密，耐久的なもので施工する。

(2)　捨石の荒均しは，均し面に対し凸部は取り除き，凹部は補足しながら均すもので，ほぼ面が揃うまで施工する。

(3)　捨石の本均しは，均し定規を使用し，石材料のうち大きい石材で基礎表面を形成し，小さい石材を間詰めに使用して緩みのないようにかみ合わせて施工する。

(4)　捨石の捨込みは，標識をもとに周辺部より順次中央部に捨込みを行い，極度の凹凸がないように施工する。

解答　捨石の捨込みは，標識をもとに中央部より順次周辺部に捨込みを行い，極度の凹凸がないように施工する。

したがって，(4)は**適当でない**。　　　　**答**　(4)

14 ケーソンの施工に関する次の記述のうち，**適当でないもの**はどれか。

(1) ケーソンの曳航作業は，ほとんどの場合が据付け，中詰，蓋コンクリートなどの連続した作業工程となるため，気象，海象状況を十分に検討して実施する。

(2) ケーソンに大廻しワイヤを回して回航する場合には，原則として二重回しとし，その取付け位置はケーソンの吃水線以下で浮心付近の高さに取り付ける。

(3) ケーソンの据付けは，函体が基礎マウンド上に達する直前でいったん注水を中止し，最終的なケーソン引寄せを行い，据付け位置を確認，修正を行ったうえで一気に注水着底させる。

(4) ケーソン据付け時の注水方法は，気象，海象の変わりやすい海上の作業を手際よく進めるために，できる限り短時間で，かつ，隔室ごとに順次満水にする。

解答 ケーソン据付け時の注水方法は，気象，海象の変わりやすい海上の作業を手際よく進めるために，できる限り短時間で，かつ，隔室ごとの水頭差1m以内を厳守し，バランスよく注水する。

したがって，(4)は**適当でない**。　　　　　　　　　　　　　　**答** (4)

══════════ 試験によく出る重要事項 ══════════

防波堤

1. **ケーソン式混成堤の施工順序**：基礎工→本体工→根固工→上部工。

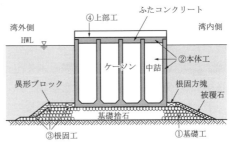

ケーソン式混成堤の施工手順

2. **直立堤**：堤体は，ブロック・ケーソンなどで作られる。

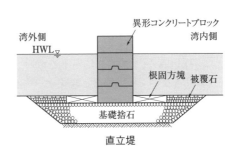

直立堤

| 2-5 | 専門土木 | 海岸・港湾 | 水中コンクリート | ★★ |

フォーカス 水中コンクリートの問題は，コンクリート工の分野での学習とあわせて，ここで覚えておく。

15 水中コンクリートに関する次の記述のうち，**適当でないもの**はどれか。

(1) 水中不分離性コンクリートの打込みは，コンクリートポンプあるいはトレミーを用いて行うが，コンクリートの粘性が高く，コンクリートの閉塞の可能性が高いため，筒先を打ち込まれたコンクリートに埋め込まない状態で打ち込むことが望ましい。

(2) 水中コンクリートの打込みは，打ち上がりの表面をなるべく水平に保ちながら所定の高さ又は水面上に達するまで，連続して打ち込む。

(3) 水中不分離性コンクリートは，多少の速度を有する流水中へ打ち込んだり，水中落下させて打ち込んでも信頼性の高いものが得られる性能を有している。

(4) コンクリートポンプを用いた水中コンクリートの打込みでは，管の先端部分が動揺する可能性がある場合には，コンクリートをかき乱すことのないように，先端部分は十分な質量をもたせるか，又は固定することが望ましい。

解 答 水中不分離性コンクリートの打込みは，（中略），筒先を打ち込まれたコンクリートに埋め込んだ状態で打ち込むことが望ましい。

したがって，(1)は適当でない。　　　　　　　　　　　**答** (1)

══════════════ 試験によく出る重要事項 ══════════════

水中コンクリート施工の留意事項

① 打込み時のスランプは，トレミーやコンクリートポンプの場合 13 ～ 18 cm，底開き箱や底開き袋の場合 10 ～ 15 cm を標準とする。

② 配合強度は，標準供体の 0.6 ～ 0.8 倍とみなして設定する。

③ 水セメント比は，50% 以下。単位セメント量は，$370 \ kg/m^3$ 以上を標準とする。

④ 打込み中，コンクリートをかき乱さないようにする。硬化するまでは，水の流動を防ぐ。

⑤ トレミーは，打込み中，水平移動させない。

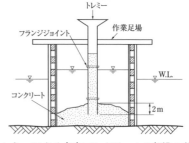

トレミーによる水中コンクリートの打込み(例)

第6章　鉄道・地下構造物・鋼橋塗装

●出題傾向分析（出題数5問）

出題事項	設問内容	出題頻度
路床・路盤	鉄道盛土，路床・路盤の施工の留意事項	毎年
維持管理	カント，保線工事の種類と保線方法	5年に3回程度
営業線近接工事	安全・事故防止対策	毎年
シールド工事	工法名と特徴，施工管理方法の概要	毎年
鋼橋塗装	塗料の特徴，施工管理，塗膜欠陥，劣化対策，鋼橋の腐食	毎年

◎学習の指針

1. 鉄道の土構造物である盛土・切土・路床，路盤について，概要や施工の留意事項が毎年出題されている。専門的問題が出題されることもあるが，基本的事項は覚えておく。
2. 営業線近接工事における安全・保安対策，事故防止対策などが毎年出題されている。鉄道工事固有の対策が出題されることもあるが，安全対策の基本事項は覚えておく。
3. 軌道の維持管理では，カント，保線工事の種類，軌道狂いの種類と整正方法などが，高い頻度で出題されている。過去問の学習で解ける内容も多い。
4. シールド工法は，毎年1問の出題である。泥水式シールド工法を初め，方式・特徴，施工の留意事項を覚えておくとよい。
5. 鋼橋塗装は，毎年1問の出題である。塗料の知識から鋼橋の防食方法まで，幅広く出題されている。過去問の演習で知識を積み上げておく。

専門土木

| 2-6 | 専門土木 | 鉄道，地下構造物 | 鉄道路床・路盤 | ★★★ |

フォーカス 砕石路盤・コンクリート路盤について，施工の留意点を整理し，覚えておく。

---

1 鉄道工事における路盤に関する次の記述のうち，**適当でないもの**はどれか。

(1) 路盤は，軌道に対して適当な弾性を与えるとともに路床の軟弱化防止，路床への荷重を分散伝達し，排水勾配を設けることにより道床内の水を速やかに排除するなどの機能を有する。

(2) 土路盤は，良質な自然土とクラッシャランの複層で構成する路盤であり，一般に強化路盤に比べて工事費が安価である。

(3) 路盤には土路盤，強化路盤があるが，いずれを用いるかは，線区の重要度，経済性，保守体制などを勘案して決定する。

(4) 強化路盤は，道路，空港などの舗装に既に広く用いられているアスファルトコンクリート，粒度調整材料などを使用しており，繰返し荷重に対する耐久性に優れている。

解答 土路盤は，良質な自然土またはクラッシャランで構成する路盤であり，一般に強化路盤に比べて工事費が安価である。

したがって，(2)は**適当でない**。 **答** (2)

---

2 鉄道のコンクリート路盤の施工に関する記述のうち，**適当でないもの**はどれか。

(1) コンクリート路盤の鉄筋コンクリート版に使用する骨材の最大粒径は，鉄筋コンクリート版の断面形状及び施工性を考慮して，最大粒径 40 mm とする。

(2) コンクリート打込み前の粒度調整砕石の締固めは，ロードローラ又は振動ローラなどにタイヤローラを併用し，所定の密度が得られるまで十分に締め固める。

(3) コンクリート打込み時にコンクリートの水分が粒度調整砕石に吸収されるのを防止するためには，一般に $1 \sim 2\,l/m^2$ を標準にプライムコートを散布する。

(4) コンクリート路盤の鉄筋コンクリート版の鉄筋は，コンクリートの打込みの際に移動しないように鉄筋相互を十分堅固に組み立てると同時に，スペーサーを介して型枠に接する状態となっていることを原則とする。

解　答　コンクリート路盤の鉄筋コンクリート版に使用する骨材の最大粒径は，鉄筋コンクリート版の断面形状及び施工性を考慮して，最大粒径25 mmとする。

したがって，(1)は**適当でない**。　　　　　　　　　　　　　**答　(1)**

3　鉄道路床の切土及び素地に関する次の記述のうち，**適当でないもの**はどれか。

(1)　路床は，一般に列車荷重の影響が大きい施工基面から3 mまでのうち，路盤を除いた範囲をいう。

(2)　路床面の仕上り高さは，設計高さに対して± 15 mmとし，雨水による水たまりができて表面の排水が阻害されるような有害な不陸がないように，できるだけ平坦に仕上げる。

(3)　路床表面は，排水工設置位置に向かって3%程度の適切な勾配を設け，平滑に仕上げるものとする。

(4)　路床の強度及び剛性の確認は，開業後に列車荷重によって路床が沈下したり，軌道や路盤に有害な変形が生じたりしないようにするため施工基面のK_{30}値によって照査する。

解　答　路床の強度及び剛性の確認は，開業後に列車荷重によって路床が沈下したり，軌道や路盤に有害な変形が生じたりしないようにするため上部盛土仕上がり面のK_{30}値によって照査する。

したがって，(4)は**適当でない**。　　　　　　　　　　　　　**答　(4)**

══════════════ **試験によく出る重要事項** ══════════════

鉄道路床・路盤

a．盛土1層の仕上がり厚さ：30 cm以内。路盤面より1 m以内は，大きな岩塊やコンクリート塊などを混入させない。

b．砕石路盤1層の仕上がり厚さ：15 cm以内。

c．毎日の作業終了時に，排水対策として，盛土表面に3%程度の横断勾配をつける。

| 2-6 | 専門土木 | 鉄道，地下構造物 | 営業線近接工事の保安対策 | ★★★ |

フォーカス　営業線近接工事は，毎年，出題されている。列車見張員の配置，重機械の使用条件，事故発生，または，発生の恐れがある場合の，現場の処置，列車防護方法など，施工の安全管理について，過去の設問を整理し，覚えておく。

4　営業線近接工事における保安対策に関する次の記述のうち，**適当なもの**はどれか。

(1) 営業線近接工事においては，工事着手後，速やかに保安確認書，保安関係者届の二つの書類を監督員等に提出しなければならない。

(2) 既設構造物等に影響を与えるおそれのある工事の施工にあたっては，異常の有無を検測し，異常が無ければ監督員等に報告する必要はない。

(3) 列車の振動，風圧などによって，不安定，危険な状態になるおそれのある工事又は乗務員に不安を与えるおそれのある工事は，列車の接近時から通過するまでの間，一時施工を中止する。

(4) 線閉責任者は，当日の作業内容を精査し保守用車・建設用大型機械の足取り，作業・移動区間，二重安全措置，仮置き場所などを図示し，関係する他の線閉責任者に周知徹底させる。

解答　(1) 営業線近接工事においては，工事着手前，速やかに保安確認書，保安関係者届の二つの書類を監督員等に提出しなければならない。

(2) 既設構造物等に影響を与えるおそれのある工事の施工にあたっては，異常の有無を検測し，これを監督員等に報告する。

(4) **工事管理者等**は，当日の作業内容を精査し保守用車・建設用大型機械の足取り，作業・移動区間，二重安全措置，仮置き場所などを図示し，関係する他の**工事管理者等**や作業責任者に周知徹底させる。

(3)は，記述のとおり**適当である**。　　　　　　　　**答**　(3)

5　鉄道(在来線)の営業線内又はこれに近接して工事を施工する場合の保安対策に関する次の記述のうち，**適当でないもの**はどれか。

(1) 可搬式特殊信号発光機の設置位置は，作業現場から800m以上離れた位置まで列車が進来したときに，列車の運転士が明滅を確認できる建築限界内を基本とする。

(2)　踏切と同種の設備を備えた工事用通路には，工事用しゃ断機，列車防護装置，列車接近警報機を備えておくものとする。

(3)　作業員が概ね 10 人以下で範囲が 100 m 程度の線路閉鎖時の作業については，線閉責任者が作業の責任者を兼務することができる。

(4)　線路閉鎖工事等の手続きにあたって，き電停止を行う場合には，その手続きは停電責任者が行う。

解 答　作業員が概ね 10 人以下で範囲が 50 m 程度の線路閉鎖時の作業については，線閉責任者が作業の責任者を兼務することができる。

したがって，(3)は**適当**でない。　　　　　　　　　　　　　　　**答**　(3)

══════════════ 試験によく出る重要事項 ══════════════

営業線近接工事の保安対策

a．**工事の適用範囲**：近接工事の適用範囲は，右図のようである。

b．**異常時の処置**：事故発生，または，その恐れがある場合は，直ちに列車を停止させたり，徐行させたりする

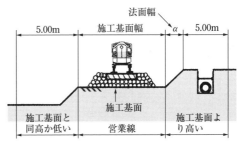

営業線近接工事の適用範囲

列車防護の手配を行う。その後，手配を列車運転手へ通告し，速やかに駅長や関係者へも通報する。

c．**列車見張員**：複線区間では，全ての線に見張員を配置する。

d．**作業員の歩行**：施工基面上を列車に向かって歩かせる。

e．**作業表示標識**：工事前に，列車進行方向の左側，乗務員が見やすい位置へ建植する。

f．**線路閉鎖工事**：工事中，定めた区間に列車を侵入させない保安処置をとった工事のこと。線路閉鎖工事を行えるのは区長である。

g．**作業の一時中止**：クレーンや重機を使用する工事，列車の振動・風圧などによって列車乗務員に不安を与える恐れのある工事は，列車の接近から通過まで作業を一時中止する。

| 2-6 | 専門土木 | 鉄道，地下構造物 | シールド工法 | ★★★ |

フォーカス　シールドの施工については，毎年，出題されている。泥水式・泥土圧式などの，各シールド工法の概要と特徴を覚えておく。

6　シールド工法の施工管理に関する記述のうち，**適当でないもの**はどれか。

(1)　土圧式シールド工法において切羽の安定をはかるためには，泥土圧の管理及び泥土の塑性流動性管理と排土量管理が中心となる。

(2)　地盤変位を防止するには，掘進に伴うシールドと地山との摩擦を低減し，周辺地山をできるかぎり乱さないように，ローリングやピッチングなどを多くして蛇行を防止する。

(3)　粘着力が大きい硬質粘性土を掘削する場合は，掘削土砂に適切な添加材を注入して，カッターチャンバ内やカッターヘッドへの掘削土砂の付着を防止する。

(4)　シールドテールが通過した直後に生じる沈下あるいは隆起は，テールボイドの発生による応力解放や過大な裏込め注入圧などが原因で発生する。

解答　地盤変位を防止するには，掘進に伴うシールドと地山との摩擦を低減し，周辺地山をできるかぎり乱さないように，ローリングやピッチングなどを少なくして蛇行を防止する。
　したがって，(2)は**適当でない**。　　　　　　　　　　　　**答**　(2)

7　泥水式シールド工法の施工管理に関する次の記述のうち，**適当でないもの**はどれか。

(1)　泥水の管理圧力については，下限値として地表面の沈下を極力抑止する目的で「静止土圧」＋「水圧」＋「変動圧」を用いる考え方を基本とする場合が多い。

(2)　切羽の安定を保持するには，地山の条件に応じて泥水品質を調整して切羽面に十分な泥膜を形成するとともに，切羽泥水圧と掘削土量の管理を行わなければならない。

(3)　泥水式シールド工法は，掘削，切羽の安定，泥水処理が一体化したシステムとして運用されるので，構成する設備の特徴，能力を十分把握して計画しなければならない。

(4)　泥水の処理については，土砂を分離した余剰泥水は水や粘土，ベントナイト，増粘剤などを加えて比重，濃度，粘性などを調整して切羽へ再循環される。

解答　泥水の管理圧力については，上限値として地表面の沈下を極力抑止する目的で「静止土圧」＋「水圧」＋「変動圧」を用いる考え方を基本とする場合が多い。

　　したがって，(1)は**適当**でない。　　　　　　　　　　　**答**　(1)

━━━━━━━━━━試験によく出る重要事項━━━━━━━━━━

シールド工法

ａ．**圧気式シールド**：切羽に働く地下水圧に対抗し，空気圧（圧気）を加えて，湧水を防止する工法。透水性の低いシルトや粘土には効果的である。砂質土や砂礫には，補助工法を用いないと湧水を止めることはできない。

ｂ．**土圧式シールド**：掘削した土砂を回転カッターヘッドに充満して，切羽土圧と均衡させながら推進し，スクリューコンベアで排土する。

ｃ．**泥水加圧式シールド**：加圧泥水により，切羽の崩壊や湧水を阻止する工法。流水となった掘削土を泥水配水管で排出し，水と泥とを地上で分離し，水を再度カッター前面に圧送する。主に軟弱な滞水地盤に適用される。

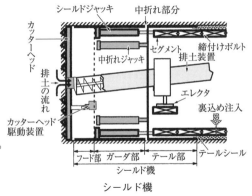

シールド機

セグメントの組立方

第7章　上・下水道，薬液注入

●出題傾向分析（出題数4問）

出題事項	設問内容	出題頻度
上水道の管布設工	布設の留意事項，付属設備の設置位置，更新工法の概要	毎年
下水管敷設	接合方式・基礎方式，管きょ更正工法	5年に3回程度
下水道管きょの施工	埋設施工の留意事項，土留め工法と留意事項	5年に2回程度
小口径管推進工法	推進方式の種類と特徴，施工の概要，工事の留意事項	毎年
薬液注入	注入計画，材料，施工管理の概要，施工の留意事項	毎年

◎学習の指針

1．上水道は，毎年1問の出題である。管きょ布設の留意事項の出題頻度が高い。管の埋設位置・深さなど，管きょ布設の基本事項を確認しておく。

2．下水道は，管きょ施工の留意事項，土留工法，管きょの接合方式の出題頻度が高い。管きょ埋設の基本的事項を覚えておく。

3．小口径管推進工法は，毎年1問で，各方式の概要・特徴，施工の留意事項などが出題されている。各方式の概要を覚えておく。

4．薬液注入は，計画・材料，注入方式と施工の留意事項について，基本的事項が毎年1問出題されている。工法の概要を知っていれば解ける内容も多い。

| 2-7 | 専門土木 | 上下水道 | 上水道管の布設 | ★★ |

フォーカス　上水道については，管布設の留意事項，消火栓などの配水管の付属設備，更新工法などについて，基本事項を整理しておく。また，配水管に使用する管種の特徴を覚えておくとよい。

1　上水道の管布設工に関する次の記述のうち，**適当でないもの**はどれか。

(1)　埋戻しは，片埋めにならないように注意しながら，厚さ 50 cm 以下に敷き均し，現地盤と同程度以上の密度となるように締め固めを行う。

(2)　床付面に岩石，コンクリート塊などの支障物が出た場合は，床付面より 10 cm 以上取り除き，砂などに置き換える。

(3)　鋼管の切断は，切断線を中心に，幅 30 cm の範囲の塗覆装をはく離し，切断線を表示して行う。

(4)　配水管を他の地下埋設物と交差又は近接して布設するときは，少なくとも 30 cm 以上の間隔を保つ。

解答　埋戻しは，片埋めにならないように注意しながら，厚さ 20 cm 以下に敷き均し，現地盤と同程度以上の密度となるように締め固めを行う。

したがって，(1)は**適当でない**。　　　　　　　　　　　　　　　**答**　(1)

2　上水道の配水管の埋設位置及び深さに関する次の記述のうち，**適当でないもの**はどれか。

(1)　地下水位が高い場合又は高くなることが予想される場合には，管内空虚時に管が浮上しないように最小土被り厚の確保に注意する。

(2)　寒冷地で土地の凍結深度が標準埋設深さよりも深い場合は，それ以下に埋設するが，埋設深度が確保できない場合は断熱マットなどの適当な措置を講じる。

(3)　配水管の本線を道路に埋設する場合は，その頂部と路面との距離は，1.2 m（工事実施上やむを得ない場合にあっては，0.6 m）以下としないことと道路法施行令で規定されている。

(4)　配水管を他の地下埋設物と交差又は近接して布設する場合は，最小離隔を 0.1 m 以上確保する。

解答　配水管を他の地下埋設物と交差又は近接して布設する場合は，最小離隔を 0.3 m 以上確保する。

したがって，(4)は**適当でない**。　　　　　　　　　　　　　　　**答**　(4)

3 　軟弱地盤での上水道管布設に関する次の記述のうち，**適当でないものはどれか。**

(1) 軟弱層が深く予想沈下量が大きい地盤に管を布設する場合は，伸縮可とう性が小さく，かつ，離脱防止性能を持った継手を適所に用いることが望ましい。

(2) 将来，管路が不同沈下を起こすおそれがある軟弱地盤に管を布設する場合は，地盤状況や管路沈下量について検討し，適切な管種，継手，施工方法を用いる。

(3) 軟弱層が浅い地盤に管を布設する場合は，管の重量，管内水重，埋戻し土圧などを考慮して，沈下量を推定した上，施工する。

(4) 軟弱層が深い地盤に管を布設する場合は，薬液注入工法，サンドドレーン工法などにより地盤改良を行うことが必要である。

解答 　軟弱層が深く予想沈下量が大きい地盤に管を布設する場合は，伸縮可とう性が大きく，かつ，離脱防止性能を持った継手を適所に用いることが望ましい。

したがって，(1)は**適当でない。** 　　　　　　　**答** (1)

4 　上水道管路の地震対策に関する次の記述のうち，**適当でないものはどれか。**

(1) 管路を他の地下埋設物と交差又は近接して布設する場合は，地震時に管路に大きな応力が発生し，破損の原因となるおそれや災害復旧作業も困難となるので，少なくとも 30 cm 以上の離隔をとるよう努める。

(2) 管路がやむを得ず活断層を横断又は近傍を通過する場合は，管路全体に鋳鉄管を使用することに加え，抜け出し防止機能を備えた伸縮可とう管や継輪を使用する。

(3) 口径 800 mm 以上の管路については，内部からの点検ができるように，適当な間隔で管路の要所に人孔を設ける外，点検や復旧作業が容易に行えるように排水設備も設置するのが望ましい。

(4) 管路は，水平，鉛直とも急激な屈曲を避けることを原則とし，ダクタイル鋳鉄管などの継手を屈曲させる場合は，許容の屈曲角度内で曲げて布設する。

解答 　管路がやむを得ず活断層を横断又は近傍を通過する場合は，管路全体に耐震性の高い管種や継ぎ手を用いることに加え，抜け出し防止機能を備えた伸縮形耐震継手や断層用鋼管などを使用する。

したがって，(2)は**適当でない。** 　　　　　　　**答** (2)

専門土木

═══════════════ 試験によく出る重要事項 ═══════════════

上水道管の施工

a．上水道の配置計画：上水道管は，給水区域内で水圧が均等になるよう，また，管内に水が停滞しないよう，網目状に配置する。

b．管種：配水管には，鋳鉄管・ダクタイル鋳鉄管・鋼管・水道用塩化ビニル管がある。

c．付属設備：制水弁・減圧弁・空気弁などの弁は，200 ～ 1,000 m 間隔で設置される。消火栓は，道路沿いに 100 ～ 200 m 間隔で設置される。

d．埋設位置：配水本管は道路の中央寄り，配水支管は歩道または車道の片側寄りに布設する。他の埋設物と近接する場合は，0.3 m 以上離す。

e．配水本管の土かぶり：1.2 m 以上，やむを得ないときは 0.6 m 以上とする。

f．表示記号：ダクタイル鋳鉄管は，受口部に鋳出してある表示記号のうち，管径・年号の記号が上になるように埋設する。

g．管の据付け：受口を上流に向け，下流から上流に向けて施工する。

h．曲げ加工：直管を少しずつ曲げて継ぐ施工は，管のはずれを起こすので行ってはならない。

i．基礎：ダクタイル鋳鉄管の基礎は，原則として平底溝とする。特別な基礎は不要である。

j．配水管の種類と特徴

管　種	特　徴
鋳鉄管	強度が大で，耐食性がある。長年月では管内面に錆こぶが出る。
ダクタイル鋳鉄管	上記のほか，強靭性に富む。
鋼　管	軽い引張強さやたわみ性が大きく，溶接が可能である。塗覆装(ライニング)管が用いられる。
水道用硬質塩化ビニル管	耐食性が大で，価格が安い。電食の恐れがない。内面粗度が変化しない。衝撃・熱・紫外線に弱い。

k．ダクタイル鋳鉄管の継手の種類：メカニカル継手・タイトン継手，大口径管には，U 形継手などがある。

2-7	専門土木	上下水道	下水道管きょの施工	

フォーカス 下水道管きょの施工は，埋設施工の留意事項，接合方法，管種と基礎形式，更生工法などが出題されている。過去問の演習を通じて下水管きょ布設の基本事項を理解しておく。

---

5 下水道の管きょの接合に関する次の記述のうち，**適当でないもの**はどれか。

(1) マンホールにおいて上流管きょと下流管きょの段差が規定以上の場合は，マンホール内での点検や清掃活動を容易にするため副管を設ける。

(2) 管きょ径が変化する場合又は2本の管きょが合流する場合の接合方法は，原則として管底接合とする。

(3) 地表勾配が急な場合には，管きょ径の変化の有無にかかわらず，原則として地表勾配に応じ，段差接合又は階段接合とする。

(4) 管きょが合流する場合には，流水について十分検討し，マンホールの形状及び設置箇所，マンホール内のインバートなどで対処する。

解答 管きょ径が変化する場合又は2本の管きょが合流する場合の接合方法は，原則として水面接合又は管頂接合とする。
　　したがって，(2)は**適当でない**。　　　　　　　　　　　　　　　**答** (2)

---

6 下水道マンホールに関する次の記述のうち，**適当でないもの**はどれか。

(1) 小型マンホールの埋設深さは，維持管理の作業が地上部から器具を使っての点検，清掃となることを考慮して2m程度が望ましい。

(2) マンホールが深くなる場合は，維持管理上の安全面を考慮して，10mごとに踊り場（中間スラブ）を設けることが望ましい。

(3) マンホール部での管きょ接続は，水理損失を考慮し，上流管きょと下流管きょとの最小段差を2cm程度設ける。

(4) 小型マンホールの最大設置間隔は，50mを標準とする。

解答 マンホールが深くなる場合は，維持管理上の安全面を考慮して，3〜5mごとに踊り場（中間スラブ）を設けることが望ましい。
　　したがって，(2)は**適当でない**。　　　　　　　　　　　　　　　**答** (2)

━━━━━━━━━━ 試験によく出る重要事項 ━━━━━━━━━━

下水道管きょの施工

a．流下方式：下水道管は，自然流下方式で配管される。下流に行くに従って，埋設深さが深く，管径は大きくなる。

b．人孔：管の合流点，勾配や管径の変化点に設ける。管の接合方法は，水理的に有利なものと，経済的に有利なものとがある。

c．2本の管の合流：60°以下の，流れを阻害しない角度で合流させる。

d．曲線半径：管きょが曲線をもって合流する場合の曲線半径は，内法の5倍以上とする。

管きょ接合の特徴

接合方法	特徴
水面接合	上下流管きょ内の水位面を，水理計算によって合わせる方法。最も合理的であるが，計算が複雑である。
管頂接合	上下流管きょ内の管頂高を一致させる。流水は円滑となるが，下流側管きょの掘削土量がかさむ。
管中心接合	上下流管きょの中心線を一致させる。水面接合と管頂接合の中間的なものである。
管底接合	上下流管きょの底部の高さを一致させる。下流側の掘削深さは増加しないので，工費が節減できる。上流部で動水勾配線が管頂より上がるなど，水理条件が悪くなる。また，2本の管きょが合流する場合，乱流や渦流などで，流下能力の低下が生じる。
段差接合	地表の勾配が急なところでは，管径の変化の有無に係わらず，流速が大きくなり過ぎるのを防ぐため，マンホールを介して，段差接合にする。空気巻き込みを防ぐため，段差は1.5 m以内とする。管きょの段差が60 cm以上になるときは，副管付きマンホールを用いる。
階段管きょ	地表の勾配が急なところで，大口径管きょの場合，管きょ底部に階段をつける。階段高は0.3 m以内とする。

| 2-7 | 専門土木 | 上下水道 | 小口径管推進工法 | ★★★ |

フォーカス　小口径管推進工法は，毎年，出題されている。各工法の概要・特徴，適用地盤，推進管の蛇行，破損の原因と対策などを覚えておく。

7　小口径管推進工法の施工に関する次の記述のうち，**適当でないもの**はどれか。

(1) 推進工事において地盤の変状を発生させないためには，切羽土砂を適正に取り込むことが必要であり，掘削土量と排土量，泥水管理に注意し，推進と滑材注入を同時に行う。

(2) 推進中に推進管に破損が生じた場合は，推進施工が可能な場合には十分な滑材注入などにより推進力の低減をはかり，推進を続け，推進完了後に損傷部分の補修を行う。

(3) 推進工法として低耐荷力方式を採用した場合は，推進中は管にかかる荷重を常に計測し，管の許容推進耐荷力以下であることを確認しながら推進する。

(4) 土質の不均質な互層地盤では，推進管が硬い土質の方に蛇行することが多いので，地盤改良工法などの補助工法を併用し，蛇行を防止する対策を講じる。

解答　土質の不均質な互層地盤では，推進管が軟らかい土質の方に蛇行することが多いので，地盤改良工法などの補助工法を併用し，蛇行を防止する対策を講じる。

　　　したがって，(4)は**適当でない**。　　　　　　　　　　　　　　**答**　(4)

8　小口径管推進工法の施工に関する次の記述のうち，**適当でないもの**はどれか。

(1) オーガ方式は，砂質地盤では推進中に先端抵抗力が急増する場合があるので，注水により切羽部の土を軟弱にするなどの対策が必要である。

(2) ボーリング方式は，先導体前面が開放しているので，地下水位以下の砂質地盤に対しては，補助工法により地盤の安定処理を行った上で適用する。

(3) 圧入方式は，排土しないで土を推進管周囲へ圧密させて推進するため，推進路線に近接する既設構造物に対する影響に注意する。

(4) 泥水方式は，透水性の高い緩い地盤では泥水圧が有効に切羽に作用しない場合があるので，送排泥管の流量計と密度計から掘削土量を計測し，監視するなどの対策が必要である。

解答　オーガ方式は，砂質地盤では推進中に先端抵抗力が急増する場合があるので，薬液注入による安定処理などの対策が必要である。

したがって，(1)は**適当**でない。　　　　　　　　　　　　　**答**　(1)

━━━━━━━━━━ 試験によく出る重要事項 ━━━━━━━━━━

小口径管推進工法

　700 mm 以下の管径の推進工法である。使用管種や排土方式，管布設方法などにより，多くの工法がある。

```
                    ［管きょの利用方法］      ［掘削および排土方式］［管の布設方法］

                    ┌─高耐荷力方式────┬─圧入方式─────── 1, 2 工程式
                    │ (高耐荷力管きょ使用。鉄 ├─オーガ方式─────── 1 工程式
                    │ 筋コンクリート管・ダク ├─泥水方式─────── 1, 2 工程式
                    │ タイル鋳鉄管・陶管など) └─泥土圧方式────── 1 工程式
  小口径管推進工法 ─┤
  (推進用管きょなど) ├─低耐荷力方式────┬─圧入方式─────── 1, 2 工程式
                    │ (低耐荷力管きょ使用。硬 ├─オーガ方式─────── 1 工程式
                    │ 質塩化ビニル管・強化プラ ├─泥水方式─────── 1 工程式
                    │ スティック複合管II種など) └─泥土圧方式────── 1 工程式
                    │
                    └─鋼製さや管方式───┬─圧入方式─────── 1 工程式
                      (鋼製管きょ使用。鋼管を ├─オーガ方式─────── 1 工程式
                      直接推進。硬質土・砂礫・ ├─ボーリング方式──一, 二重ケーシング
                      玉石層に適用可。硬質塩    └─泥水方式
                      化ビニル管挿入鋼管を抜
                      きモルタル注入)
```

小口径管推進工法の種類

a．圧入方式：軟弱な粘性土，シルト質地盤に適用。最初から所定の布設管を推進する1工程方式と，最初に先導体および誘導管を圧入推進した後，それを案内として推進管を推進する2工程方式とがある。

b．オーガ方式：先導体内にオーガヘッドおよびスクリューコンベヤを装着し，これにより掘削排土を行いながら推進管を推進するもので，1工程式である。硬質地盤の場合に用いられる。先掘りはできない。

| 2-7 | 専門土木 | 上下水道 | 薬液注入の施工 | ★★★ |

フォーカス　薬液注入の問題は，毎年，1問出題されている。薬液の名称と特徴，施工の留意事項，注入方式などを整理し，覚えておく。

> **9**　薬液注入における環境保全のための管理に関する次の記述のうち，**適当でないもの**はどれか。
> (1)　大規模な薬液注入工事を行う場合は，公共用水域の水質保全の観点から単に周辺地下水の監視のみならず，河川などにも監視測定点を設けて水質を監視する。
> (2)　地下水水質の観測井は，注入設計範囲の30 m以内に設置し，観測井の深さは薬液注入深度下端より深くする。
> (3)　薬液注入工事は，化学薬品を多量に使用することが多いので，植生，農作物，魚類や工事区域周辺の社会環境の保全には十分注意する。
> (4)　地下水等の水質の監視における採水回数は，工事着手前に1回，工事中は毎日1回以上，工事終了後も定められた期間に所定の回数を実施する。

解答　地下水水質の観測井は，注入設計範囲の10 m以内に設置し，観測井の深さは薬液注入深度下端より深くする。
　　　したがって，(2)は**適当**でない。　　　　　　　　　　　　　　　**答**　(2)

━━━━━━━━━━ 試験によく出る重要事項 ━━━━━━━━━━

薬液注入
　a．注入順序：構造物から離れていく方向へ進める。
　b．注入圧力：地盤の噴発(リーク)が生じないように，最大圧力を調節する。
　c．注入試験：注入施工開始前，午前・午後の3回以上行い，注入材のゲルタイムを現場で測定する。
　d．薬液(水ガラス系薬液)：アルカリ性が高い。地下水などの水質基準は水素イオン濃度pH8.6以下とする。
　　　消防法による危険物に指定されているので，基準に基づいて管理する。
　e．注入孔の間隔：1.0 mで複列配置を原則とする。

第3編　土木法規

　土木法規は, 12問出題され, 8問を解答します。出題される法律は, 労働基準法・労働安全衛生法・建設業法・道路法・河川法・建築基準法・騒音規制法・振動規制法など, 12法令です。

　労働基準法と**労働安全衛生法**から2問のほかは, 各法令とも, 原則として1問の出題です。

　毎年のように, 出題される事項も多いので, 過去問の演習で要点を整理し, 重要事項を覚えておきましょう。

　土木法規は, よく出る事項を中心に, 要点を覚えましょう。

第1章　労働法関係

●出題傾向分析(出題数4問)

出題事項	設問内容	出題頻度
就業条件	就業規則，労働時間・休憩時間，明示すべき事項	5年に3回程度
就業制限	妊産婦・女性・年少者の就業制限事項	5年に3回程度
労働契約	解雇・賃金	5年に2回程度
災害補償	災害補償の内容	5年に2回程度
届出工事	大臣，労働基準監督署長への届出工事の規定	5年に2回程度
作業主任者	作業主任者の職務，選任すべき作業の規定	5年に4回程度
安全衛生管理体制	事業者が行うべき措置，各管理者の職務	毎年

◎学習の指針

1．労働法関係は，労働基準法と労働安全衛生法から2問ずつ出題されている。
2．労働基準法からは，就業規則，労働時間・休憩時間の規定，女性や年少者の
　保護を目的とした就業制限，解雇や賃金の規定，労働契約全般や病気になった
　り，けがをした場合の災害保障などが，高い頻度で出題されている。
3．労働安全衛生法からは，大規模工事における安全衛生管理体制，工事におい
　て事業者が労働者の安全と健康を守るための措置，事前届出が必要な工事の規
　定，作業主任者の選任が必要な工事および職務が，高い頻度で出題されている。
4．出題される事項は限られており，過去問の演習で解答できる内容である。

| 3-1 | 土木法規 | 労働法関係 | 賃金・休憩 | ★★★ |

フォーカス　賃金および休憩については，単独，または，他の就業条件と組み合わせて，高い頻度で出題されている。それぞれについて，基本事項を覚えておく。

1　労働者に支払う賃金に関する次の記述のうち，労働基準法令上，**誤っている**ものはどれか。

(1)　使用者は，労働者が出産，疾病，災害の費用に充てるために請求する場合においては，支払期日前であっても，既往の労働に対する賃金を支払わなければならない。

(2)　使用者は，使用者の責に帰すべき事由による休業の場合においては，休業期間中当該労働者に，その平均賃金の100分の60以上の手当を支払わなければならない。

(3)　使用者は，出来高払制その他の請負制で使用する労働者については，労働時間に応じ一定額の賃金の保障をしなければならない。

(4)　使用者は，労働時間を延長し，労働させた場合においては，原則として通常の労働時間の賃金の計算額の2割以上6割以下の範囲内で割増賃金を支払わなければならない。

解答　使用者は，労働時間を延長し，労働させた場合においては，原則として通常の労働時間の賃金の計算額の2.5割以上の割増賃金を支払わなければならない。

したがって，(4)は誤っている。　　　　　　　　　　　　　**答**　(4)

2　労働時間及び休日に関する次の記述のうち，労働基準法上，**正しいもの**はどれか。

(1)　使用者は，労働者に対して，4週間を通じ4日以上の休日を与える場合を除き，毎週少なくとも1回の休日を与えなければならない。

(2)　使用者は，原則として労働者に休憩時間を除き1週間について48時間を超えて労働させてはならない。

(3)　使用者は，災害その他避けることのできない事由によって，臨時の必要がある場合においては，行政官庁に事前に届け出れば制限なく労働時間を延長

し，労働させることができる。
(4) 使用者は，個々の労働者と書面による協定をし，これを行政官庁に届け出た場合においては，その協定で定めるところによって労働時間を延長し，労働させることができる。

解答 (2) 使用者は，原則として労働者に休憩時間を除き1週間について40時間を超えて労働させてはならない。

(3) 使用者は，災害その他避けることのできない事由によって，臨時の必要がある場合においては，行政官庁に事前に届け出れば必要な限度で労働時間を延長し，労働させることができる。

(4) 使用者は，事業場の過半数を代表する者との間で書面による協定をし，これを行政官庁に届け出た場合においては，その協定で定めるところによって労働時間を延長し，労働させることができる。

(1)は，記述のとおり正しい。 **答** (1)

---

3 労働基準法に定められている労働時間・休憩・休日及び年次有給休暇に関する次の記述のうち，**正しいもの**はどれか。

(1) 使用者は，労働者に対して原則として，休憩時間を除き1週間について48時間，1日については8時間を超えて労働させてはならない。

(2) 使用者は，労働者に対して，毎週少なくとも1回の休日を与えるか，又は4週間を通じ4日以上の休日を与えなければならない。

(3) 使用者は，その雇入れの日から起算して12箇月間継続勤務し，全労働日の8割以上出勤した労働者に対して，原則として，継続し，又は分割した6労働日の有給休暇を与えなければならない。

(4) 使用者は，労働時間が8時間を超える場合においては，少なくとも45分の休憩時間を労働時間の途中に与えなければならない。

解答 (1) 使用者は，労働者に対して原則として，休憩時間を除き1週間について40時間，1日については8時間を超えて労働させてはならない。

(3) 使用者は，その雇入れの日から起算して6箇月間継続勤務し，全労働日の8割以上出勤した労働者に対して，原則として，継続し，又は分割した10労働日の有給休暇を与えなければならない。

(4) 使用者は，労働時間が8時間を超える場合においては，少なくとも1時

間の休憩時間を労働時間の途中に与えなければならない。

(2)は，記述のとおり**正しい**。　　　　　　　　　　　　　**答**　(2)

=== 試験によく出る重要事項 ===

賃金・休憩

a．**賃金支払いの5原則**：①通貨で，②直接労働者に，③その全額を，④毎月1回以上，⑤一定の期日を定めて支払う。

b．**賃金の定義**：賃金・給料・手当・賞与，その他，名称の如何を問わず，労働の対償として使用者が労働者に支払う全てのもの。

c．**平均賃金**：算定すべき事由の発生した日以前3箇月間に，その労働者に対して支払われた賃金の総額を，その期間の総日数で除した金額。

d．**平均賃金からの控除**：①臨時に支払われた賃金，②3箇月を超える期間ごとに支払われる賃金，③通貨以外のもので支払われた賃金で，一定の範囲に属しないもの。

e．**労働時間①**：休憩時間を除き，1週間について40時間を超えて労働させてはならない。

f．**労働時間②**：1週間の各日について，労働者に，休憩時間を除いて1日に8時間を超えて労働させてはならない。

g．**休日**：使用者は，毎週，少なくとも1回の休日を与えなければならない。但し，4週間の間に4日以上の休日を与える使用者については，適用しない。

h．**時間外および休日労働**：労働者の過半数を代表する者との書面による協定を行い，行政官庁に届出た場合は，労働時間，休日に関する規定に係わらず，その協定による時間延長，休日労働ができる。

i．**年次有給休暇**：雇入れの日から6か月間継続勤務し，全労働日の8割以上出勤した労働者には，10日の有給休暇を与えなければならない。

3-1 土木法規 労働法関係 労働契約 ★★★

フォーカス 労働基準法からは，毎年，2問出題されている。そのうち，労働契約の問題は，隔年程度の頻度で出題されている。労働条件の明示，労働時間，契約期間，解雇，賃金などについて，基本事項を整理し，覚えておく。

4 労働基準法に定められている労働契約に関する次の記述のうち，**誤っているものはどれか。**

(1) 使用者は，原則として，労働者を解雇しようとする予告をその30日前までにしない場合は，30日分以上の平均賃金を支払わなければならない。

(2) 使用者は，前借金その他労働することを条件とする前貸の債権と賃金を相殺してはならない。

(3) 労働者が退職の場合において，使用期間，業務の種類，賃金などについて証明書を請求した場合は，使用者は遅滞なくこれを交付しなければならない。

(4) 労働契約は，期間の定めのないものを除き，一定の事業の完了に必要な期間を定めるもののほかは，6年を超える期間について締結してはならない。

解答 労働契約は，期間の定めのないものを除き，一定の事業の完了に必要な期間を定めるもののほかは，3年を超える期間について締結してはならない。したがって，(4)は誤っている。　　　　　**答** (4)

5 常時10人以上の労働者を使用する使用者が，労働基準法上，就業規則に**必ず記載しなければならない事項**は次の記述のうちどれか。

(1) 安全及び衛生に関する事項

(2) 職業訓練に関する事項

(3) 始業及び終業の時刻，休憩時間，休日，休暇に関する事項

(4) 災害補償及び業務外の傷病扶助に関する事項

解答 就業規則には，始業及び終業の時刻，休憩時間，休日，休暇に関する事項を必ず記載しなければならない。　　　　　**答** (3)

6 就業規則に関する次の記述のうち，労働基準法上，**誤っているものはどれか。**

(1) 使用者は，就業規則の作成又は変更について，当該事業場に労働者の過半

数で組織する労働組合がある場合は，その労働組合の意見を聴かなければならない。

(2) 常時10人以上の労働者を使用する使用者は，就業規則を作成して行政官庁に届け出なければならない。

(3) 使用者は，原則として，労働者と合意することなく就業規則を変更することにより，労働者の不利益に労働契約の内容である労働条件を変更することはできない。

(4) 労働契約において，労働者と使用者が合意すれば，それが就業規則で定める基準に達しない労働条件であっても，その労働契約はすべて有効である。

解答 労働契約において，労働者と使用者が合意<u>しても</u>，それが就業規則で定める基準に達しない労働条件を<u>定める</u>労働契約は，その部分については**無効**とする。

したがって，(4)は**誤っている**。 **答** (4)

━━━━━ 試験によく出る重要事項 ━━━━━

労働契約

a．労働契約：労働者が使用者に使用されて労働し，使用者がこれに対して賃金を支払うことを内容とする労働者と使用者との間の契約である。

b．労働条件の明示：使用者は，労働契約の締結に際し，賃金，労働時間その他の労働条件を明示しなければならない。明示された労働条件が事実と相違する場合は，労働者は，即時に労働契約を解除することができる。

c．法律違反の契約：労働基準法で定める基準に達しない労働条件を定める労働契約は，その部分については無効とする。

d．契約期間等：労働契約は，3年を超える期間について締結してはならない。但し，高度の専門的な知識・技術又は経験を有する労働者や満60歳以上の労働者との間に締結される労働契約は除かれる。

e．賠償予定の禁止：使用者は，労働契約の不履行について違約金を定め，又は損害賠償額を予定する契約をしてはならない。

f．前借金相殺の禁止：使用者は，前借金その他労働することを条件とする前貸の債権と賃金を相殺してはならない。

g．未成年者の労働契約：親権者又は後見人は，未成年者に代って労働契約を締結してはならない。

3-1	土木法規	労働法関係	災害補償	★★

フォーカス　災害補償については，労働基準法の75条から88条に規定されている条文からの出題がほとんどで，範囲は広くない。

　過去問の演習で確認しておく。

7　災害補償に関する次の記述のうち，労働基準法上，誤っているものはどれか。

(1) 労働者が重大な過失によって業務上負傷し，且つ使用者がその過失について行政官庁の認定を受けた場合においては，休業補償又は障害補償を行わなくてもよい。

(2) 労働者が業務上負傷し治った場合において，その身体に障害が存するときは，使用者は，その障害の程度に応じて，平均賃金に定められた日数を乗じて得た金額の障害補償を行わなければならない。

(3) 労働者が業務上負傷し療養のため，労働することができないために賃金を受けない場合においては，使用者は，労働者の療養中平均賃金の100分の90の休業補償を行わなければならない。

(4) 業務上負傷し療養補償を受ける労働者が，療養開始後3年を経過しても負傷が治らない場合においては，使用者は，平均賃金の1200日分の打切補償を行い，その後はこの法律の規定による補償を行わなくてもよい。

解答　労働者が業務上負傷し療養のため，労働することができないために賃金を受けない場合においては，使用者は，労働者の療養中平均賃金の100分の60の休業補償を行わなければならない。

　したがって，(3)は**誤っている**。　　　　　　　　　　　　　　**答**　(3)

8　災害補償に関する次の記述のうち，労働基準法上，**誤っている**ものはどれか。

(1) 労働者が業務上負傷し，又は疾病にかかり，治った場合において，その身体に障害が存するときは，使用者は，その障害にかかわらず，平均賃金に定められた日数を割って得た金額の障害補償を行わなければならない。

(2) 労働者が業務上負傷し療養のため，労働することができないために賃金を受けない場合においては，使用者は，労働者の療養中平均賃金の100分の60の休業補償を行わなければならない。

(3)　労働者が業務上負傷し，又は疾病にかかった場合においては，使用者は，その費用で必要な療養を行い，又は必要な療養の費用を負担しなければならない。

(4)　労働者が重大な過失によつて業務上負傷し，又は疾病にかかり，且つ使用者がその過失について行政官庁の認定を受けた場合においては，休業補償又は障害補償を行わなくてもよい。

解答　労働者が業務上負傷し，又は疾病にかかり，治った場合において，その身体に障害が存するときは，使用者は，その障害の程度に応じて，平均賃金に別に定める日数を乗じた金額の障害補償を行わなければならない。

　　したがって，(1)は誤っている。　　　　　　　　　　　　　　**答**　(1)

土木法規

━━━━━ 試験によく出る重要事項 ━━━━━

災害補償

a．療養補償：労働者が業務上負傷し，又は疾病にかかった場合においては，使用者は，その費用で必要な療養を行い，又は必要な療養の費用を負担しなければならない。

b．休業補償：労働者が災害による療養のため，労働することができないために賃金を受けない場合においては，使用者は，労働者の療養中，平均賃金の百分の六十の休業補償を行わなければならない。

c．障害補償：労働者が業務上負傷し，又は疾病にかかり，治った場合において，その身体に障害が存するときは，使用者は，その障害の程度に応じて，平均賃金に法令に定める日数を乗じて得た金額の障害補償を行わなければならない。

| 3-1 | 土木法規 | 労働法関係 | 就労制限 | ★★★ |

フォーカス 就労制限の問題は，隔年程度の頻度で出題されている。年少者(満18歳未満の者)や女性・妊産婦について，就業させてはならない業務の主な内容を覚えておく。

9 年少者・女性の就業に関する次の記述のうち，労働基準法令上，**正しいもの**はどれか。

(1) 使用者は，満16歳以上満18歳未満の者を，時間外労働でなければ，坑内で労働させることができる。

(2) 使用者は，満16歳以上満18歳未満の男性を，40 kg以下の重量物を断続的に取り扱う業務に就かせることができる。

(3) 使用者は，妊娠中の女性及び産後1年を経過しない女性が請求した場合は，時間外労働，休日労働，深夜業をさせてはならない。

(4) 使用者は，妊娠中の女性及び産後1年を経過しない女性以外の女性についても，ブルドーザを運転させてはならない。

解答 (1) 使用者は，満16歳以上満18歳未満の者を，坑内で労働させてはならない。

(2) 使用者は，満16歳以上満18歳未満の男性を，30 kg以下の重量物を断続的に取り扱う業務に就かせることができる。

(4) 使用者は，妊娠中の女性及び産後1年を経過しない女性以外の女性については，ブルドーザを運転させてよい。

(3)は，記述のとおり**正しい**。　　　　　　　　　　　　　　　　**答** (3)

10 労働基準法令に定められている就業に関する次の記述のうち，**誤っているもの**はどれか。

(1) 使用者は，土木工事において，児童が満15歳に達した日以後の最初の3月31日が終了するまで，この児童を使用してはならない。

(2) 使用者は，満18歳に満たない者を高さが5 m以上の場所で，墜落により労働者が危害を受けるおそれのあるところにおける業務に就かせてはならない。

(3) 使用者は，満16歳以上満18歳未満の男性を10 kg以上の重量物を断続的に取り扱う業務に就かせてはならない。

(4) 使用者は，産後1年を経過していない女性をさく岩機等，身体に著しい振動を与える機械器具を用いて行う業務に就かせてはならない。

解答　使用者は，満 16 歳以上満 18 歳未満の男性を 30 kg 以上の重量物を断続的に取り扱う業務に就かせてはならない。

したがって，(3)は誤っている。　　　　　　　　　　　　　**答**　(3)

11　満 18 歳に満たないものを就かせてはならないと定められている業務として，労働基準法令上，**該当しないもの**はどれか。
(1)　岩石又は鉱物の破砕機又は粉砕機に材料を送給する業務
(2)　地上における足場の組立，解体の補助作業の業務
(3)　クレーンの玉掛けの業務
(4)　動力により駆動される土木建築用機械の運転の業務

解答　(1)，(3)，(4)は，満 18 歳に満たないものを就かせてはならないと定められている業務である。

(2)は，**該当しない**。　　　　　　　　　　　　　**答**　(2)

══════════ 試験によく出る重要事項 ══════════

就業制限

1．重量取扱い業務の禁止（年少者労働基準規則第 7 条）

年　齢	断続作業の場合の重量	継続作業の場合の重量
満 16 歳未満	女 12 kg，男 15 kg	女 8 kg，男 10 kg
満 16 歳以上満 18 歳未満	女 25 kg，男 30 kg	女 15 kg，男 20 kg
満 18 歳以上の女性	30 kg	20 kg

2　妊産婦等の就業制限業務[*1]（抜粋）

業　務　範　囲	妊婦	産婦	その他の女性
①　深夜業の業務（妊産婦が請求をしたとき。）	△	△	○
②　坑内労働（一部の業務の従事者を除く。）	×	×	×
③　吊り上げ荷重が 5 t 以上のクレーン，デリックの運転	×	△	○
④　クレーン，デリックの玉掛けの業務[*2]	×	△	○
⑤　土砂が崩壊するおそれのある場所または探さが 5 m 以上の地穴における業務	×	○	○
⑥　高さ 5 m 以上の墜落のおそれのあるところにおける業務	×	○	○
⑦　さく岩機・鋲打機等，身体に著しい振動を与える機械・器具を用いて行う業務	×	×	○

＊1．×…就かせてはならない業務　　△…申し出た場合，就かせてはならない業務
　　○…就かせてもさしつかえない業務
　2．2 人以上の者によって行う玉掛けの業務における補助作業の業務を除く。

| 3-1 | 土木法規 | 労働法関係 | 作業主任者 | ★★★ |

フォーカス　作業主任者の問題は，隔年程度の頻度で出題されている。作業主任者の職務および選任が必要な作業を，過去問の演習から覚えておく。

12　労働安全衛生法令上，作業主任者の選任を**必要としない**作業は，次のうちどれか。
(1) アセチレン溶接装置を用いて行う金属の溶接，溶断又は加熱の作業
(2) 高さが3m，支間が20mの鋼製橋梁上部構造の架設の作業
(3) コンクリート破砕器を用いて行う破砕の作業
(4) 高さが5mの足場の組立て，解体の作業

解答　(2)の作業は，作業主任者の選任を**必要としない**。　　　　**答**（2）
　高さが5m，又は支間が30mの鋼製橋梁上部構造の架設の作業は，作業主任者の選任が必要である。

13　労働安全衛生法令上，高さが5m以上のコンクリート造の工作物の解体作業における危険を防止するために，事業者又はコンクリート造の工作物の解体等作業主任者が行うべき事項に関する次の記述のうち，**誤っているもの**はどれか。
(1) 事業者は，作業を行う区域内には関係労働者以外の労働者の立入りを禁止しなければならない。
(2) コンクリート造の工作物の解体等作業主任者は，作業の方法及び作業者の配置を決定し，作業を直接指揮しなければならない。
(3) コンクリート造の工作物の解体等作業主任者は，外壁，柱等の引倒し等の作業を行うときは，引倒し等について一定の合図を定め，関係労働者に周知させなければならない。
(4) 事業者は，控えの設置，立入禁止区域の設定その他の外壁，柱，はり等の倒壊又は落下による労働者の危険を防止するための方法を示した作業計画を定めなければならない。

解答　コンクリート造の工作物の解体等事業者は，外壁，柱等の引倒し等の作業を行うときは，引倒し等について一定の合図を定め，関係労働者に周知させなければならない。

■　　したがって，(3)は誤っている。　　　　　　　　　　　答　(3)

━━━━━━━━ 試験によく出る重要事項 ━━━━━━━━

作業主任者

1. 作業主任者の職務

① 作業方法を決定し，作業を直接指揮する。
② 材料の欠陥，器具・工具を点検し，不良品を取り除く。
③ 安全帯・保護帽の使用状況を監視する。

2. 作業主任者の選任が必要な作業

選任すべき作業
① 潜函工法等の大気圧を超える高圧室内の作業
② アセチレン溶接装置又はガス集合溶接装置を用いる金属の溶接，溶断・加熱の作業
③ コンクリート破砕器を用いて行う破砕の作業
④ 掘削面の高さが 2 m 以上となる地山の掘削
⑤ 土止め支保工の切りばり又は腹おこしの取付け又は取外しの作業
⑥ 型わく支保工の組立て又は解体の作業
⑦ つり足場，張出し足場又は高さが 5 m 以上の足場の組立て，解体又は変更の作業
⑧ 建築物の骨組み，又は 5 m 以上の塔の組立て，解体又は変更の作業
⑨ 酸素欠乏危険場所における作業
⑩ ずい道等の掘削，ずり積み，支保工の組立て，ロックボルトの取付け，コンクリート等の吹付けの作業
⑪ ずい道等の覆工の作業
⑫ 5 m 以上のコンクリート造の工作物の解体又は破壊の作業
⑬ 支間距離が 30 m 以上，又は高さ 5 m 以上のコンクリート造橋梁の上部構造の架設又は変更の作業
⑭ 支間の距離が 30 m 以上，又は高さ 5 m 以上の金属製部材の橋梁の架設，解体又は変更の作業

| 3-1 | 土木法規 | 労働法関係 | 届出工事 | ★★★ |

フォーカス　届出工事の問題は，隔年程度以上の頻度で出題されている。大臣および労働基準監督署長への届出工事の規模等を覚えておく必要がある。

14　労働安全衛生法令上，工事の開始の日の30日前までに，厚生労働大臣に計画を届け出なければならない工事が定められているが，次の記述のうちこれに**該当しないもの**はどれか。
(1)　ゲージ圧力が0.2 MPa の圧気工法による建設工事
(2)　堤高が150 m のダムの建設工事
(3)　最大支間1,000 m のつり橋の建設工事
(4)　高さが300 m の塔の建設工事

解答　ゲージ圧力が0.2 MPa の圧気工法による建設工事は，**該当しない**。なお，ゲージ圧力が0.3 MPa は，該当する。　　　　　　　　　　　　　　　**答**　(1)

15　厚生労働大臣へ工事計画の届出を**必要としないもの**は，労働安全衛生法上，次の記述のうちどれか。
(1)　長さが3,500 m のずい道の建設
(2)　最大支間が600 m のトラス橋の建設
(3)　高さが250 m の塔の建設
(4)　堤高が160 m のダムの建設

解答　塔の建設で，届出が必要なのは300 m 以上である。250 m は**必要としない**。　　　　　　　　　　　　　　　　　　　　　　　　　　　　　**答**　(3)

16　労働安全衛生法上，工事の開始の日の30日前までに，厚生労働大臣に計画を届け出なければならない工事が定められているが，次のうちこれに**該当するもの**はどれか。
(1)　長さが800 m のずい道の建設工事
(2)　最大支間1,200 m のつり橋の建設工事
(3)　堤高が130 m のダムの建設工事
(4)　ゲージ圧力が0.2 MPa の圧気工法による作業

解 答　(1)　ずい道等の建設は，長さ 3,000 m 以上が届出の対象。
(3)　ダムの建設は，堤高 150 m 以上が届出の対象。
(4)　圧気工法による作業は，ゲージ圧力が 0.3 MPa 以上が届出の対象。
(2)は，該当する。　　　　　　　　　　　　　　　　　　　**答**　(2)

━━━━━ 試験によく出る重要事項 ━━━━━

工事計画の届出が必要な建設業の仕事

1. 開始 30 日前までに，厚生労働大臣へ届け出る工事

届出工事
①　高さが 300 m 以上の塔の建設
②　堤高 150 m 以上のダムの建設
③　最大支間 500 m（吊り橋にあっては 1,000 m）以上の橋梁の建設
④　長さが 3,000 m 以上のずい道等の建設
⑤　長さが 1,000 m 以上 3,000 m 未満のずい道等の建設の仕事で，深さが 50 m 以上のたて坑（通路として使用されるものに限る）の掘削を伴うもの
⑥　ゲージ圧力が 0.3 Mpa 以上の圧気工法による作業

2. 開始の日の 14 日前までに，労働基準監督署長へ届け出る工事

届出工事
①　高さが 31 m を超える建築物又は工作物の建設・改造・解体又は破壊の仕事（橋梁を除く）
②　最大支間 50 m 以上の橋梁の建設等の仕事
③　最大支間 30 m 以上 50 m 未満の橋梁の上部構造の建設等の仕事（人口が集中している地域内における道路上，道路に隣接した場所又は鉄道の軌道上や軌道に隣接した場所とする）
④　ずい道等の建設等の仕事（ずい道等の内部に労働者が立ち入らないものを除く）
⑤　掘削の高さ又は深さが 10 m 以上の地山の掘削作業。（ずい道等の掘削及び岩石の採取のための掘削を除く。掘削機械を用いる作業で，掘削面の下方に労働者が立ち入らないものを除く）
⑥　圧気工法による作業を行う仕事

土木法規

3-1 土木法規 労働法関係 労働安全衛生体制 ★★★

フォーカス　労働安全衛生管理体制の問題は，ほぼ，毎年出題されている。特定元方事業者の責務，元請人・下請人の義務，安全管理者の名称，および，職務などについて，基本的事項を整理し，覚えておく。

17　事業者が統括安全衛生責任者に統括管理させなければならない事項に関する次の記述のうち，労働安全衛生法令上，**誤っているもの**はどれか。

(1)　作業場所の巡視を統括管理すること。
(2)　協議組織の設置及び運営を統括管理すること。
(3)　作業間の連絡及び調整を統括管理すること。
(4)　労働災害を防止するため，店社安全衛生責任者を統括管理すること。

解答　店社安全衛生責任者は，統括安全衛生責任者の統括管理対象ではない。
　(1)，(2)，(3)は，統括安全衛生責任者が統括管理する事項である。　**答**　(4)

18　特定元方事業者が，その労働者及び関係請負人の労働者が同一の場所で作業することによって生じる労働災害を防止するために講じなければならない措置として，労働安全衛生法上，次の記述のうち**誤っているもの**はどれか。

(1)　すべての関係請負人が参加する協議組織を設置し，会議を定期的に開催すること。
(2)　毎作業日に少なくとも1回行う作業場所の巡視は，特定元方事業者に代わって関係請負人が行うこと。
(3)　法令に定める事故現場等があるときは，当該事故現場等を表示する標識を統一的に定め，これを関係請負人に周知させること。
(4)　関係請負人が行う労働者の安全又は衛生のための教育に対する指導及び援助を行うこと。

解答　毎作業日に少なくとも1回行う作業場所の巡視は，特定元方事業者が行わなければならない。
　したがって，(2)は誤っている。　　　　　　　　　　　　　　　**答**　(2)

━━━━━━━ 試験によく出る重要事項 ━━━━━━━

労働安全衛生管理体制

1. 安全衛生管理組織の設置

2. 統括安全衛生責任者の職務

   ① 協議組織の設置および運営を行う。

   ② 作業間の連絡および調整を行う。

   ③ 作業場所を巡視する（毎作業日に少なくとも1回行う）。

   ④ 関係請負人が行う労働者の安全または衛生のための教育に対する指導および援助。

   ⑤ 仕事の工程，機械・設備などの配置に関する計画の作成，および，その他の講ずべき措置の指導。

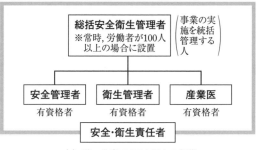

（a）単一企業の100人以上の組織

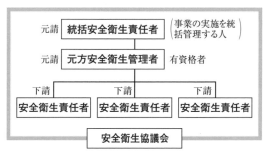

（b）元請・下請が混在する50人以上の組織

安全衛生管理組織の構成

3. 代理者の選任

   総括安全衛生管理者・元方安全衛生管理者・統括安全衛生責任者・安全衛生責任者は，旅行・疾病・事故などで職務を行うことができないときは，代理者を選任しなければならない。

土木法規

第2章　国土交通省関係

●出題傾向分析(出題数5問)

出題事項	設問内容	出題頻度
元請負人の義務	元請負人が下請負人に対して行うべき義務・措置	5年に2回程度
技術者制度	主任技術者・監理技術者の設置規定，職務内容，施工体制台帳の作成規定	毎年
道路占用許可	道路占用許可が必要な工事，施工の留意事項	5年に2回程度
車両制限令	車両制限令の規定	5年に2回程度
河川管理者の許可	河川管理者の許可が必要な工事	毎年
建築基準法	仮設建築物の規定	毎年
火薬の取扱い	発破，保管・輸送等，火薬の取扱い規定，盗取の際の届出先	5年に2回程度

◎学習の指針

1. 建設業法からは，施工技術確保のための主任技術者・監理技術者の設置規定などの技術者制度，元請負人が下請負人に対して行うべき措置，施工体制台帳の作成規定などが，高い頻度で出題されている。

2. 道路関係法からは，車両制限令と道路の占用許可の問題が，高い頻度で出題されている。

3. 河川法では，河川管理者の許可が必要な行為の内容が，毎年出題されている。

4. 建築基準法からは，仮設建築物である現場事務所の建築基準法上の扱いが，毎年出題されている。

5. 火薬類取締法では，貯蔵・保管，使用数量の確認，火工所での扱い，運搬，発破作業の安全対策，盗難の際の通報など，火薬取扱いの安全確保の面から，基本事項が出題されている。

6. 火薬類取締法を除き，出題範囲は限られているので，過去問の演習で十分対応できる内容である。

| 3-2 | 土木法規 | 国土交通省関係 | 請負契約 | ★★ |

フォーカス　元請負人が下請負人と契約を締結するときは，下請負人が不当に不利益をこうむらないよう，建設業法で規定している。官庁契約と比較すると，理解しやすい。

> **1**　建設工事の請負契約に関する次の記述のうち，建設業法上，**誤っているも**のはどれか。
>
> (1)　建設工事の注文者は，請負契約の方法を競争入札に付する場合においては，工事内容等についてできる限り具体的な内容を契約直前までに提示しなければならない。
>
> (2)　建設工事の注文者は，請負契約の履行に関し工事現場に監督員を置く場合においては，当該監督員の権限に関する事項及び当該監督員の行為についての請負人の注文者に対する意見の申出の方法を，書面により請負人に通知しなければならない。
>
> (3)　建設工事の請負契約の当事者は，契約の締結に際して，工事内容，請負代金の額，工事着手の時期及び工事の完成時期等の事項を書面に記載し，署名又は記名押印をして相互に交付しなければならない。
>
> (4)　建設業者は，建設工事の注文者から請求があったときは，請負契約が成立するまでの間に，建設工事の見積書を提示しなければならない。

解答　建設工事の注文者は，請負契約の方法を競争入札に付する場合においては，工事内容等についてできる限り具体的な内容を入札を行う以前に提示しなければならない。

したがって，(1)は**誤っている**。　　　　　　　　　　　　**答**　(1)

══════════ **試験によく出る重要事項** ══════════

建設業の請負契約

a．**購入強制の禁止**：注文者は，自己の取引上の地位を不当に利用して，使用する資材・機械などの購入先を指定し，これらを請負人に購入させてはならない。

b．**一括下請の禁止**：建設業者は，その請負った建設工事を，一括して他人に請け負わせてはならない。公共工事は，一括下請を全面的に禁止している。

土木法規

3-2 土木法規 国土交通省関係 元請負人の義務 ★★★

　元請負人と下請負人との関係については，隔年程度の頻度で出題されている。元請負人が下請けいじめをすることを規制した事項についての問題が多い。過去問で出題されている数字については，覚えるようにする。

> **2**　労働安全衛生法令上，高さが5m以上のコンクリート造の工作物の解体作業における危険を防止するために，事業者が行わなければならない事項に関する次の記述のうち，**誤っているもの**はどれか。
>
> (1) 作業の方法及び労働者の配置を決定し，作業を直接指揮すること。
> (2) 外壁，柱等の引倒し等の作業を行うときは，引倒し等について一定の合図を定め，関係労働者に周知させること。
> (3) 作業を行う区域内には，関係労働者以外の労働者の立入りを禁止すること。
> (4) 器具，工具等を上げ，又は下ろすときは，つり綱，つり袋等を労働者に使用させること

解答　事業者は，作業方法や労働者の配置の決定及び作業の直接指揮を行うコンクリート造の工作物の解体等作業主任者を選任しなければならない。
　したがって，(1)は**誤っている**。　　　　　　　　　　　　　　　　　　**答**　(1)

> **3**　元請負人の義務に関する次の記述のうち，建設業法上，**誤っているもの**はどれか。
>
> (1) 元請負人は，その請け負った建設工事を施工するために必要な工程の細目，作業方法その他元請負人において定めるべき事項を定めようとするときは，あらかじめ，下請負人の意見を聞かなければならない。
> (2) 元請負人は，請負代金の出来形部分に対する支払いを受けたときは，その支払いの対象となった建設工事を施工した下請負人に対して，その下請負人が施工した出来形部分に相応する下請代金を，当該支払いを受けた日から1月以内で，かつ，できる限り短い期間内に支払わなければならない。
> (3) 元請負人は，前払金の支払を受けたときは，下請負人に対して，資材の購入，労働者の募集その他建設工事の着手に必要な費用を前払金として支払うよう適切な配慮をしなければならない。
> (4) 元請負人は，下請負人からその請け負った建設工事が完成した旨の通知を

> 受けたときは，当該通知を受けた日から 1 月以内で，かつ，できる限り短い期間内に，その完成を確認するための検査を完了しなければならない。

解答　元請負人は，下請負人からその請け負った建設工事が完成した旨の通知を受けたときは，当該通知を受けた日から 20 日以内で，かつ，できる限り短い期間内に，その完成を確認するための検査を完了しなければならない。
　　　したがって，(4)は**誤っている**。　　　　　　　　　　　　　　　**答**　(4)

土木法規

=========== 試験によく出る重要事項 ===========

元請負人の義務

a．**意見の聴取**：元請負人は，工事工程の細目，作業方法などを定めるときは，予め，下請負人の意見を聞かなければならない。

b．**下請代金の支払**：元請負人は，注文者から，出来形部分または工事完成後における支払を受けたときは，支払を受けた日から **1 ヵ月以内**で，かつ，できる限り短い期間内に，下請負人に，支払い対象となった施工部分に相当する下請代金を，支払わなければならない。

c．**検査および引渡し**：下請負人からその請け負った工事が完成した旨の通知を受けたときは，通知を受けた日から **20 日以内**で，かつ，できる限り短い期間内に，完成確認の検査を行い，下請負人が申し出たときは，直ちに工事目的物の引渡しを受けなければならない。

d．**下請負人に対する特定建設業者の指導**：発注者から，直接，建設工事を請け負った特定建設業者は，その工事の下請負人が，関係法令の規定に違反しないように指導しなければならない。

e．**追加工事**：元請負人が下請負人に追加工事を行わせる場合は，その追加作業の着手前に，書面により契約変更を行わなければならない。

| 3-2 | 土木法規 | 国土交通省関係 | 技術者制度・施工体制台帳 | ★★★ |

フォーカス　主任技術者・監理技術者等の技術者制度，および，施工体制台帳・施工体系図の問題は，施工管理や実地試験においても出題される。主任技術者を設置する工事，施工体制台帳の要件などは，しっかりと覚えておく。

4　技術者制度に関する次の記述のうち，建設業法令上，**誤っているもの**はどれか。

(1)　工事現場における建設工事の施工に従事する者は，主任技術者又は監理技術者がその職務として行う指導に従わなければならない。

(2)　発注者から直接建設工事を請け負った特定建設業者は，当該建設工事を施工するために締結した下請契約の請負代金が政令で定める金額以上の場合，工事現場に監理技術者を置かなければならない。

(3)　主任技術者及び監理技術者は，工事現場における建設工事を適正に実施するため，当該建設工事の施工計画の作成，工程管理，品質管理その他の技術上の管理及び当該建設工事の施工に従事する者の技術上の指導監督を行わなければならない。

(4)　主任技術者及び監理技術者は，建設業法で設置が義務付けられており，公共工事標準請負契約約款に定められている現場代理人を兼ねることができない。

解答　主任技術者及び監理技術者は，建設業法で設置が義務付けられており，公共工事標準請負契約約款に定められている現場代理人を兼ねることができる。

　　したがって，(4)は誤っている。　　　　　　　　　　　　　　　　**答**　(4)

5　技術者制度に関する次の記述のうち，建設業法令上，**誤っているもの**はどれか。

(1)　専任を要する工事のうち，密接な関係にある二以上の建設工事を同一の建設業者が同一の場所又は近接した場所において施工する場合は，同一の専任の主任技術者がこれらの工事を管理することができる。

(2)　地方公共団体が注文者である工作物に関する建設工事において，その請負代金が政令で定める金額以上の場合，注文者から直接建設工事を請け負った建設業者が置く主任技術者又は監理技術者は，工事現場ごとに専任の者でなければならない。

(3)　発注者から直接建設工事を請け負った特定建設業者は，下請契約の請負代

金が政令で定める金額以上の場合，工事現場に監理技術者を置かなければならない。

(4)　主任技術者及び監理技術者は，工事現場における建設工事を適正に実施するため，当該建設工事の施工計画の作成，工程管理，品質管理その他の技術上の管理及び当該建設工事に関する下請契約の締結を行わなければならない。

解 答　主任技術者及び監理技術者は，工事現場における建設工事を適正に実施するため，当該建設工事の施工計画の作成，工程管理，品質管理その他の技術上の管理を行わなければならない。**下請契約締結の権限はない。**

したがって，(4)は誤っている。　　　　　　　　　　　　　　　　　**答**　(4)

土木法規

======== 試験によく出る重要事項 ========

技術の確保

a．**監理技術者を設置する工事**：発注者から直接請け負った工事で，下請契約の総額が 4,000 万円（建築一式工事については 6,000 万円）以上の工事。

b．**現場代理人**：工事の運営・取締りを行うほか，この契約に基づく請負者の一切の権限を行使する。但し，請負代金額の請求・変更・受領などの，契約金額に関する権限はない。

c．**兼務**：現場代理人・監理技術者・主任技術者は，兼ねることができる。

d．**施工体制台帳の作成**：公共工事については，発注者から直接工事を請け負った業者は，下請契約の金額にかかわらず，作成する。

e．**記載事項**：施工体制台帳には，一次・二次など，すべての下請負人を記載する。

f．**施工体制台帳の保存**：監理技術者の氏名，下請負人の名称，下請負工事の内容，主任技術者の氏名等，一定の内容は，工事目的物の引き渡しから 5 年間，担当営業所に保存しなければならない。

3-2 土木法規 ｜国土交通省関係｜ 道路の占用許可 ★★★

フォーカス 道路の占用許可，占用工事の留意事項などが，高い頻度で出題されている。基本的事項を問題演習で把握しておく。

---

6 道路上で行う工事又は行為についての許可又は承認に関する次の記述のうち，道路法令上，**正しいもの**はどれか。
(1) 道路管理者以外の者が，沿道で行う工事のために交通に支障を及ぼすおそれのない道路の敷地内に工事用材料の置き場を設ける場合は，道路管理者の許可を受ける必要はない。
(2) 道路管理者以外の者が，工事用車両の出入りのために歩道切下げ工事を行う場合は，道路使用許可を受けていれば道路管理者の承認を受ける必要はない。
(3) 道路占用者が，重量の増加を伴わない占用物件の構造を変更する場合は，道路の構造又は交通に支障を及ぼすおそれがないと認められるものは，あらためて道路管理者の許可を受ける必要はない。
(4) 道路占用者が，電線，上下水道などの施設を道路に設け，継続して道路を使用する場合は，あらためて道路管理者の許可を受ける必要はない。

解答 (1) 道路管理者以外の者が，沿道で行う工事のために交通に支障を及ぼすおそれのない道路の敷地内に工事用材料の置き場を設ける場合，道路管理者の許可を受ける必要がある。
(2) 道路管理者以外の者が，工事用車両の出入りのために歩道切下げ工事を行う場合は，道路使用許可を受けて<u>いても</u>道路管理者の承認を受ける必要がある。
(4) 道路占用者が，電線，上下水道などの施設を道路に設け，継続して道路を使用する場合は，あらためて道路管理者の許可を受ける必要がある。
(3)は，記述のとおり**正しい**。 **答** (3)

---

7 道路占用工事における道路の掘削に関する次の記述のうち，道路法令上，**誤っているもの**はどれか。
(1) 掘削部分に近接する道路の部分には，掘削した土砂をたい積しないで余地を設けるものとし，当該土砂が道路の交通に支障を及ぼすおそれがある場合には，他の場所に搬出するものとする。
(2) 掘削面積は，工事の施行上やむを得ない場合，覆工を施す等道路の交通に著しい支障を及ぼすことのないように措置して行う場合を除き，当日中に復

旧可能な範囲とする。

(3)　わき水やたまり水の排出にあたっては，道路の排水に支障を及ぼすことのないように措置して道路の排水施設に排出する場合を除き，路面その他の道路の部分に排出しないように措置する。

(4)　掘削土砂の埋戻し方法は，掘削深さにかかわらず，一度に最終埋戻し面まで土砂を投入して締固めを行うものとする。

解答　掘削土砂の埋戻し方法は，各層（原則として 0.3 m 以下、路床部は 0.2 m以下）ごとに締固めを行うものとする。

したがって，(4)は誤っている。　　　　　　　　　　　　　　　**答**　(4)

土木法規

━━━━━━ 試験によく出る重要事項 ━━━━━━

道路法

a．道路占用の許可が必要な工作物：電柱，電線，郵便差出箱，広告塔，水管，下水道管，ガス管，鉄道，軌道，地下街，通路，露店，商品置場，看板，標識，工事用板囲，足場，詰所その他の工事用施設，工事用材料。

b．占用許可申請：申請書は，予め道路管理者へ提出する。

占用許可に係わる行為が，道路交通法の適用を受ける場合は，警察署長の許可を受ける。許可申請は，警察署長から道路管理者へ送付してもらうことができる。その逆もできる。

c．掘削土砂の埋戻し：各層（層の厚さは，原則として 0.3 m〈路床部は 0.2 m〉以下とする）ごとに，ランマその他の締固め機械・器具で，確実に締め固める。

d．土留め工の杭・矢板などの引き抜き：下部を良質材で埋め戻し，徐々に引き抜く。

e．通行の確保：道路の片側は，常に通行できるようにし，路面の排水を妨げない措置をとる。

f．湧水・溜り水対策：土砂の流出または地盤のゆるみを生ずる恐れのある場合には，これを防止するための措置を講じ，また，これらの水を路面・道路へ排水しない。

g．掘削面積：原則として，当日中に復旧可能な範囲とする。

| 3-2 | 土木法規 | 国土交通省関係 | 車両の通行制限 | ★★★ |

フォーカス　車両制限令は，隔年程度の頻度で出題されている。道路構造を保全し，交通の危険を防止するために必要な車両についての制限なので，基本的な数字は，覚えておく。

8　特殊な車両の通行時の許可等に関する次の記述のうち，道路法令上，**誤っ**ているものはどれか。

(1) 車両制限令には，道路の構造を保全し，又は交通の危険を防止するため，車両の幅，重量，高さ，長さ及び最小回転半径の最高限度が定められている。

(2) 特殊な車両の通行許可証の交付を受けた者は，当該車両が通行中は当該許可証を常に事業所に保管する。

(3) 道路管理者は，車両に積載する貨物が特殊であるためやむを得ないと認めるときは，必要な条件を付して，通行を許可することができる。

(4) 特殊な車両を通行させようとする者は，一般国道及び県道の道路管理者が複数となる場合，いずれかの道路管理者に通行許可申請する。

解答　特殊な車両の通行許可証の交付を受けた者は，当該車両が通行中は当該許可証を常に車両に備え付けておく。

したがって，(2)は誤っている。　　　　　　　　　**答**　(2)

9　特殊な車両の通行許可等に関する次の記述のうち，道路法上，**正しいもの**はどれか。

(1) 許可なく又は通行許可条件に違反して特殊な車両を通行させた場合，運転手は罰則規定を適用されるものの，事業主は適用されない。

(2) 特殊な車両の通行許可を受けた者は，通行期間，通行経路及び通行時間を運転手に伝え，許可証は常に事業所において保管しなければならない。

(3) 車両の構造又は車両に積載する貨物が特殊である場合，道路管理者がやむを得ないと認めるときには，必要な条件を付して通行の許可を受けることができる。

(4) 特殊な車両を通行させようとする者は，通行する道路の道路管理者が複数となる場合は，通行するそれぞれの道路管理者に通行許可の申請をする必要がある。

解 答　(1)　許可なく又は通行許可条件に違反して特殊な車両を通行させた場合，運転手及び事業主にも罰則規定を適用される。

(2)　特殊な車両の通行許可を受けた者は，通行期間，通行経路及び通行時間を運転手に伝え，許可証は常に車内において保管しなければならない。

(4)　特殊な車両を通行させようとする者は，通行する道路の道路管理者が複数となる場合は，どちらか一方の道路管理者に通行許可の申請をすればよい。

(3)は，記述のとおり正しい。　　　　　　　　　　　　　　**答**　(3)

═══════════ 試験によく出る重要事項 ═══════════

車両制限令

1. **車両の最高限度**（車両制限令）
   ①　幅 2.5 m，長さ 12 m，軸重 10 t 以下，輪荷重 5 t 以下。
   ②　**総重量**：高速自動車国道又は道路管理者が指定した道路を通行する車両は 25 t，その他の道路を通行する車両は 20 t。
   ③　**高さ**：道路管理者が指定した道路を通行する車両は 4.1 m，その他の道路を通行する車両は 3.8 m。
   ④　**最小回転半径**：車両の最外側のわだちについて 12 m。

2. **道路管理者の通行許可**
   ①　指定区間内の国道：国土交通大臣。
   ②　指定区間外の国道，都道府県道：都道府県知事または指定市の市長。
   ③　市町村道：市町村長。
   ④　道路管理者を異にする道路の通行：二つ以上の道路管理者のどちらか一方から許可を受ければよい。
   ⑤　車両・積載物の制限（道路交通法）：貨物が制限規定を超える場合，出発地の警察署長から許可を受ける。

| 3-2 | 土木法規 | 国土交通省関係 | 河川管理者の許可 | ★★★ |

フォーカス 河川法は，毎年1問の出題で，すべて河川管理者の許可についての問題である。河川区域および河川保全区域内で許可が必要な行為を覚えておく。

10 河川管理者の許可に関する次の記述のうち，河川法令上，**正しいもの**はどれか。
(1) 河川区域内の上空を通過して吊り橋や電線を設置する場合は，河川管理者の許可を受ける必要はない。
(2) 河川区域内の土地に工作物の新築等の許可を河川管理者から受ける者は，あらためてその工作物を施工するための土地の掘削，盛土，切土等の行為の許可を受ける必要はない。
(3) 河川区域内の民有地に一時的に仮設の現場事務所を新築する場合は，河川管理者の許可を受ける必要はない。
(4) 河川管理者が管理する河川区域内の土地に工作物の新築等の許可を河川管理者から受ける者は，あらためて土地の占用の許可を受ける必要はない。

解答 (1)(3)(4)は，河川管理者の許可を受ける必要のある行為である。
(2)は，記述のとおり正しい。 **答 (2)**

11 河川管理者以外の者が河川区域内（高規格堤防特別区域を除く）で工事を行う場合の手続きに関する次の記述のうち，河川法上，**誤っているもの**はどれか。
(1) 河川区域の上空を通過して電線を設置する場合は，河川管理者の許可を受ける必要はない。
(2) 河川区域内の土地における工作物の新築について河川管理者の許可を受けている場合は，その工作物を施工するための土地の掘削に関して新たに許可を受ける必要はない。
(3) 河川区域内に資機材を荷揚げする桟橋を設置する場合は，河川管理者の許可が必要である。
(4) 河川区域内の民有地に一時的な仮設工作物として現場事務所を設置する場合は，河川管理者の許可が必要である。

解答 河川区域の上空を通過して電線を設置する場合は，河川管理者の許可を

受ける必要がある。

したがって，(1)は**誤っている**。　　　　　　　　　　**答**　(1)

═══════════ 試験によく出る重要事項 ═══════════

1. 河川保全区域

河川保全区域は50 m以内で設定する。具体的な区域は，河川によって異なり，一般には18 ～ 20 mである。

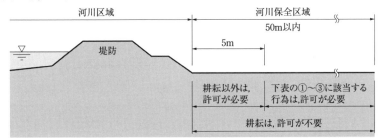

河川区域と保全区域

2. 河川管理者の許可

河川管理者の許可が必要な主な行為は，次のとおりである。

行　為		具体的な内容
河川区域	土地の占用	公園，広場，鉄塔，橋台，工事用道路，上空の電線，高圧線，橋梁，地下のサイホン，下水管などの埋設物
	土石等の採取	砂，竹木，あし，かや，笹，埋木，じゅん菜，竹木の栽植・伐採工事の際の土石の搬出・搬入
	工作物の新築等	工作物の新築・改築・除却，上空・地下，仮設物も対象
	土地の掘削等	土地の掘削・盛土・切土，その他，土地の形状を変更する行為
	流水の占用	排他独占的で，長期的な使用
河川保全区域の行為（河川法施行令第34条）		①土地の掘削または切土（深さ1 m以上），②盛土（高さ3 m以上，堤防に沿う長さ20 m以上），その他，土地の形状を変更する行為，③コンクリート造，石造・れんが造等の堅固なもの，および，貯水池・水槽・井戸・水路等，水が浸水する恐れがあるもの等，堅固な工作物や水路等の，水が浸透する工作物の新築および改築

| 3-2 | 土木法規 | 国土交通省関係 | 仮設建築物 | ★★★ |

フォーカス　建築基準法は，毎年，１問出題され，ほとんどが，仮設建築物である工事現場における現場事務所，小屋などに対する，建築基準法の適用および適用除外規定の問題である。建築基準法第85条適用除外規定の内容を覚えておく。

12　工事現場に設ける延べ面積 60 m² の仮設建築物に関する次の記述のうち，建築基準法令上，**正しいもの**はどれか。

(1)　防火地域内に設ける仮設建築物の屋根の構造は，政令で定める技術的基準に適合するもので，国土交通大臣の認定を受けたものとしなければならない。

(2)　湿潤な土地又はごみ等で埋め立てられた土地に仮設建築物を建築する場合には，盛土，地盤の改良その他衛生上又は安全上必要な措置を講じなければならない。

(3)　建築主は，工事着手前に，仮設建築物の建築確認申請書を提出して建築主事の確認を受け，確認済証の交付を受けなければならない。

(4)　都市計画区域内に設ける仮設建築物は，その地域や容積率の限度，前面道路の幅員に応じた建築物の高さ制限(斜線制限)に関する規定に適合するものでなければならない。

解答　工事現場に設ける仮設建築物については，(2)衛生措置，(3)確認申請，(4)都市計画に関する規定は，<u>除外される</u>(建築基準法85条)。
(1)は，記述のとおり**正しい**。　　　　　　　　　　　　　　　**答**　(1)

13　工事現場に設ける延べ面積 40 m² の仮設建築物の制限の緩和に関する次の記述のうち，建築基準法上，**適用されないもの**はどれか。

(1)　建築物の敷地は，これに接する道の境より高くなければならず，建築物の地盤面は，これに接する周囲の土地より高くなければならない。

(2)　建築物は，その敷地が道路に 2 m 以上接し，建築面積の敷地面積に対する割合(建ぺい率)の制限を超えてはならない。

(3)　建築物の事務室には，換気のための窓などの開口部を設け，その換気に有効な部分の面積は，その事務室の床面積に対して，原則として 20 分の１以上としなければならない。

(4)　防火地域又は準防火地域内の建築物の屋根の構造は，政令で定める技術的基準に適合するもので，国土交通大臣の認定を受けたものとしなければならない。

解 答　(1)(2)(4)は，建築基準法の仮設建築物の制限の緩和が適用される。

(3)の，窓などの規定は仮設建築物の制限の緩和が**適用**されない。

答　(3)

===== 試験によく出る重要事項 =====

仮設建築物

1. 建築基準法の適用が除外される主な項目

① 建築確認申請。

② 建築工事完了届。

③ 建築物の敷地の衛生，安全の規定(敷地面が道路より高いこと，湿潤な土地などの場合における盛土，雨水・汚水の排出・処理など)。

④ 天井および床の高さ等の技術的基準。

⑤ 建築物の敷地は，道路に 2 m 以上接すること(接道義務)。

⑥ 用途地域ごとの制限。

⑦ 容積率・建ぺい率。

⑧ 防火地域・準防火地域内の建築物。

⑨ 防火地域または準防火地域内における延べ床面積 50 m^2 以内の屋根の構造。

2. 建築基準法が適用される主な項目

① 建築物の構造：自重，積載荷重，積雪荷重，風圧，地震などに対する安全な構造とする。

② 窓：居室の採光および換気のため，窓を設置する。

③ 電気設備の安全および防火(電気事業法の規定に従うこと)。

④ 防火地域または準防火地域内に 50 m^2 を超える建築物を設置する場合は，屋根の構造を不燃材料で造るか葺かなければならない。

| 3-2 | 土木法規 | 国土交通省関係 | 火薬類の取扱い | ★★★ |

フォーカス　火薬類取締法は，貯蔵・保管・消費などの取扱いに関する問題が，高い頻度で出題されている。

保管・消費の安全対策を中心に基本的事項を覚えておく。

14　火薬類の取扱い等に関する次の記述のうち，火薬類取締法令上，誤っているものはどれか。

(1) 火薬類を取り扱う者は，その所有し，又は占有する火薬類，譲渡許可証，譲受許可証又は運搬証明書を喪失したときは，遅滞なくその旨を都道府県知事に届け出なければならない。

(2) 火薬類の発破を行う場合には，発破場所に携行する火薬類の数量は，当該作業に使用する消費見込量をこえてはならない。

(3) 火薬類の発破を行う発破場所においては，責任者を定め，火薬類の受渡し数量，消費残数量及び発破孔に対する装てん方法をそのつど記録させなければならない。

(4) 多数斉発に際しては，電圧並びに電源，発破母線，電気導火線及び電気雷管の全抵抗を考慮した後，電気雷管に所要電流を通じなければならない。

解答　火薬類を取り扱う者は，その所有し，又は占有する火薬類，譲渡許可証，譲受許可証又は運搬証明書を喪失したときは，遅滞なくその旨を**警察官または海上保安官**に届け出なければならない。

したがって，(1)は誤っている。　　　　　　　　　**答** (1)

15　火薬類取締法令上，火薬類の取扱いに関する次の記述のうち，誤っているものはどれか。

(1) 装てんが終了し，火薬類が残った場合には，発破終了後に始めの火薬類取扱所又は火工所に返送すること。

(2) 発破場所に携行する火薬類の数量は，当該作業に使用する消費見込量をこえないこと。

(3) 発破場所においては，責任者を定め，火薬類の受渡し数量，消費残数量及び発破孔又は薬室に対する装てん方法をそのつど記録させること。

(4) 発破による飛散物により人畜，建物等に損傷が生じるおそれのある場合には，損傷を防ぎ得る防護措置を講ずること。

解答　装てんが終了し，火薬類が残った場合には，直ちに始めの火薬類取扱所
又は火工所に返送すること。

したがって，(1)は**誤っている。**　　　　　　　　　　　　**答**　(1)

━━━━━━ 試験によく出る重要事項 ━━━━━━

火薬類取締法

　a．火薬庫の設置・移転，構造変更：都道府県知事の許可を受ける。

　b．火薬類取扱いの年齢制限：満18歳未満の者は，いかなる場合も火薬類の
　　取扱いをしてはならない。

　c．火薬類取扱保安責任者の役割：火薬類の貯蔵や火薬庫の構造などの管理
　　を行う。盗難防止には特に注意する。

　d．火薬類の保管・輸送など：火薬類は，他の物と混包し，または，火薬類
　　でないようにみせかけて，これを所有し，運搬し，もしくは，託送しては
　　ならない。

　e．盗取などの場合の届出：所有または占有する火薬類，譲渡許可証または
　　運搬証明書を喪失または盗取された場合は，遅滞なく警察官または海上保
　　安官へ届け出る。

　f．火薬類取扱所：火薬類の消費場所において，その管理および発破の準備
　　をする所。ただし，火工所の作業は除く。一つの消費場所について，1か所
　　設けなければならない。

　g．火工所：火薬類の消費場所において，薬包に工業雷管もしくは電気雷管
　　を取り付け，または，これらを取り付けた薬包を取り扱う所。

第3章 環境関係，他

●**出題傾向分析**(出題数3問)

出題事項	設問内容	出題頻度
騒音規制法・振動規制法	特定建設作業となる建設作業，基準値，届出先・届出事項	毎年
港則法	航法，港長許可の必要な行為	毎年

◎**学習の指針**

1．環境関係は，振動規制法と騒音規制法から特定建設作業となる工事の内容，特定建設作業の規制値，届出事項と届出先などの問題が，高い頻度で出題されている。騒音規制法と振動規制法は出題される範囲が狭いので，特定建設作業となる内容を確認して覚えておく。

2．その他の法令として，港則法から航法，航行規則，港長への許可作業の出題頻度が高い。

| 3-3 | 土木法規 | 環境関係，他 | 騒音規制法の特定建設作業 | ★★★ |

フォーカス　騒音規制法は，毎年，1 問，特定建設作業の種類，規制基準，届出についての問題が出題されている。簡単な内容なので，必ず覚えておく。

1　騒音規制法令上，指定区域内における建設工事として行われる作業に関する次の記述のうち，特定建設作業に**該当しないもの**はどれか。

ただし，当該作業がその作業を開始した日に終わるもの，及び使用する機械が一定の限度を超える大きさの騒音を発生しないものとして環境大臣が指定するものを除く。

(1)　びょう打機を使用する作業

(2)　原動機の定格出力 80 kW 以上のバックホウを使用する作業

(3)　圧入式くい打くい抜機を使用する作業

(4)　原動機の定格出力 40 kW 以上のブルドーザを使用する作業

解答　圧入式くい打くい抜機を使用する作業は，特定建設作業に**該当しない**。

答　(3)

2　騒音規制法令上，特定建設作業に関する次の記述のうち，**誤っているもの**はどれか。

(1)　都道府県知事は，指定地域内での特定建設作業に伴って発生する騒音が定められた基準に適合しない場合，騒音防止の方法の改善や作業時間を変更すべきことを，当該建設工事を施工する者に対して勧告することができる。

(2)　特定建設作業とは，建設工事として行なわれる作業のうち，当該作業が作業を開始した日に終わるものを除き，著しい騒音を発生する作業であって政令で定めるものをいい，作業の実施にあたっては届出が必要である。

(3)　指定地域内において特定建設作業を伴う建設工事を施工しようとする者は，当該特定建設作業の開始の日の 7 日前までに，環境省令で定めるところにより，市町村長に届け出なければならない。

(4)　指定地域とは，騒音を防止することにより住民の生活環境を保全する必要があり，特定建設作業に伴って発生する騒音について規制する地域として都道府県知事及び指定都市の長等が指定した地域である。

解答　市町村長は，指定地域内での特定建設作業に伴って発生する騒音が定められた基準に適合しない場合，騒音防止の方法の改善や作業時間を変更すべ

きことを，当該建設工事を施工する者に対して勧告することができる。
したがって，(1)は誤っている。 **答** (1)

========= 試験によく出る重要事項 =========

騒音規制法

a．地域指定：住民生活を保全する必要があると認める地域を，特定建設作業に伴って発生する騒音を規制する地域として，都道府県知事が指定する。

b．規制基準：敷地境界線において，85デシベル(dB)を超えないこと。

c．特定建設作業

騒音規制法の特定建設作業
① 杭打ち機・杭抜き機(モンケン・圧入式を除く)
② びょう打ち機
③ 削岩機(1日50 m以上移動するものを除く)
④ 空気圧縮機：電動機以外で定格出力15 kW以上(削岩機の動力用として使用するものを除く)
⑤ コンクリートプラント：混練容量0.45 m³以上(モルタル製造用コンクリートプラントを設けて行う作業は除く) アスファルトプラント：混練重量200 kg以上
⑥ バックホウ：原動機定格出力80 kW以上
⑦ トラクターショベル：原動機定格出力70 kW以上
⑧ ブルドーザ：原動機定格出力40 kW以上 (一定の限度を超える騒音を発しないものとして環境大臣が指定したものを除く)

d．夜間深夜作業の禁止：1号区域：午後7時から翌日午前7時まで
　　　　　　　　　　　　2号区域：午後10時から翌日午前6時まで

e．1日の作業時間：1号区域は1日10時間，2号区域は14時間を超えないこと。

f．作業期間の制限：同一場所で連続6日間を超えて発生させないこと。

g．規制の設定など：騒音規制法・振動規制法ともに，規制基準は国が定め，規制する地域は知事が指定する。作業の届出は市町村長へ行う。作業に対する改善勧告は，市町村長が行う。

注．e〜gは，騒音規制法・振動規制法ともに同じ内容である。

| 3-3 | 土木法規 | 環境関係，他 | 振動規制法の特定建設作業 | ★★★ |

フォーカス　振動規制法は，毎年，特定建設作業の種類，規制基準についての問題が出題されている。簡単な内容なので，騒音規制法と比較しながら，必ず覚えておく。

3　振動規制法令上，特定建設作業における環境省令で定める基準に関する次の記述のうち，**誤っているもの**はどれか。

(1)　良好な住居の環境を保全するため，特に静穏の保持が必要とする区域であると都道府県知事が指定した区域では，原則として午後7時から翌日の午前7時まで行われる特定建設作業に伴って発生するものでないこと。

(2)　特定建設作業の全部又は一部に係る作業の期間が当該特定建設作業の場合において，原則として連続して6日を超えて行われる特定建設作業に伴って発生するものでないこと。

(3)　特定建設作業の振動が，特定建設作業の場所の敷地の境界線において，75 dBを超える大きさのものでないこと。

(4)　良好な住居の環境を保全するため，特に静穏の保持が必要とする区域であると都道府県知事が指定した区域では，原則として1日8時間を超えて行われる特定建設作業に伴って発生するものでないこと。

解答　良好な住居の環境を保全するため，特に静穏の保持が必要とする区域であると都道府県知事が指定した区域では，原則として1日10時間を超えて行われる特定建設作業に伴って発生するものでないこと。
したがって，(4)は誤っている。　　　　　　　　　　　　　**答**　(4)

4　振動規制法令上，特定建設作業に関する次の記述のうち，**正しいもの**はどれか。

(1)　舗装版破砕機を使用する作業は，作業地点が連続的に移動する作業で1日に移動する距離が50 mを超える作業の場合でも特定建設作業に該当する。

(2)　特定建設作業の振動の時間規制は，災害その他非常事態の発生により，特定建設作業を緊急に行う必要がある場合でも適用される。

(3)　ジャイアントブレーカを使用した橋脚1基の取り壊し作業で，3日間を要する作業は特定建設作業に該当する。

(4)　ディーゼルハンマによる杭打ち作業は，その作業を開始した日に終わるものであっても特定建設作業に該当する。

解答 (1) 舗装版破砕機を使用する作業は，作業地点が連続的に移動する作業
で1日に移動する距離が50 mを超える作業の場合は特定建設作業に該当
しない。

(2) 特定建設作業の振動の時間規制は，災害その他非常事態の発生により，
特定建設作業を緊急に行う必要がある場合は適用されない。

(4) ディーゼルハンマによる杭打ち作業は，その作業を開始した日に終わる
ものは特定建設作業に該当しない。

(3)は，記述のとおり正しい。　　　　　　　　　　　　　　　　**答** (3)

試験によく出る重要事項

振動規制法

a．規制基準：敷地境界線において75デシベル(dB)を超えないこと。

b．特定建設作業

振動規制法上の特定建設作業
① 杭打ち機(モンケン・圧入式を除く)・杭抜き機(油圧式を除く)を用いた建設作業
② 鋼球を用いた工作物の破壊作業
③ 舗装版破砕機(1日50 m以上移動するものを除く)を用いた建設作業
④ ブレーカ(手持ち式，1日50 m以上移動するものを除く)を用いた建設作業

c．届出：指定地域内において，特定建設作業を伴う建設工事を施工しよう
とする者は，当該特定建設作業開始日の7日前までに，市町村長に届け出
なければならない。ただし，災害，その他，非常事態の発生により，特定
建設作業を緊急に行う必要がある場合は，この限りでない。

d．届出事項

① 氏名または名称及び住所。並びに，法人にあっては，その代表者の氏名。

② 建設工事の目的に係わる施設または工作物の種類。

③ 特定建設作業の種類・場所，実施期間および作業時間。

④ 振動防止の方法。

⑤ 届出には，当該特定建設作業の場所付近の見取図，その他，環境省令
で定める書類を添付しなければならない。

注. 届け出る事項は，騒音規制法・振動規制法ともに同じ内容である。

| 3-3 | 土木法規 | 環境関係，他 | 安全航行 | ★★★ |

フォーカス　港則法は，毎年，出題されている。航路内の航行規則，港内での規制行為，港長許可の問題が多いので，整理して，基本事項を覚えておく。

5　船舶の航行又は工事の許可等に関する次の記述のうち，港則法上，**誤っているもの**はどれか。

(1)　爆発物その他の危険物（当該船舶の使用に供するものを除く）を積載した船舶は，特定港に入港しようとする時は港の境界外で港長の指揮を受けなければならない。

(2)　特定港内又は特定港の境界附近で工事をしようとする者は，港長の許可を受けなければならない。

(3)　船舶は，港内において防波堤，ふとうその他の工作物の突端又は停泊船舶を左げんに見て航行するときは，できるだけこれに近寄り航行しなければならない。

(4)　船舶は，港内及び港の境界附近においては，他の船舶に危険を及ぼさないような速力で航行しなければならない。

解答　船舶は，港内において防波堤，ふとうその他の工作物の突端又は停泊船舶を右げんに見て航行するときは，できるだけこれに近寄り航行しなければならない。

したがって，(3)は誤っている。　　　　　　　　　　　　　　　　**答**　(3)

6　港則法上，工事に関わる港長への次の手続きのうち，**誤っているもの**はどれか。

(1)　特定港内又は特定港の境界附近で工事又は作業しようとする者は，港長の許可を受けなければならない。

(2)　船舶は，特定港に入港したとき又は特定港を出港しようとするときは，国土交通省令の定めるところにより，港長の許可を受けなければならない。

(3)　船舶は，特定港内又は特定港の境界附近において危険物を運搬しようとするときは，港長の許可を受けなければならない。

(4)　船舶は，特定港内において危険物の積込，積替又は荷卸をするには，港長の許可を受けなければならない。

解答　船舶は，特定港に入港したとき又は特定港を出港しようとするときは，

港則法の定めるところにより，港長へ届出をしなければならない。
　　したがって，(2)は誤っている。　　　　　　　　　　　　　　**答**　(2)

═══════════ **試験によく出る重要事項** ═══════════

港則法

1. 港内・境界付近における港長の許可などが必要な行為

区　分	場　所	対象となる行為
港長の許可	特定港内	危険物の積込・積替・荷卸するとき
		使用する私設信号を定めようとする者
		竹木材を船舶から水上におろそうとする者
		いかだをけい留，または，巡航しようとする者
	特定港内および特定港の境界付近	工事や作業をしようとする者
		危険物を運搬しようとする者
港長に届出	特定港	入港・出港しようとするとき
	特定港内	船舶（雑種船以外）を修繕またはけい船しようとする者
港長の指定	特定港内	けい留施設以外にけい留して停泊するときのびょう泊すべき場所
		修繕中，または，けい船中の船舶の停泊すべき場所 危険物を積載した船舶の停泊・停留すべき場所
港長の指揮	爆発物その他の危険物を積載した船舶が入港しようとするときは，特定港の境界外で指揮を受ける。	

2. 航法規則

a. **航路内優先**：航路に入り，または，航路外に出ようとする船舶が，航路を航行する他の船舶の進路を避けなければならない。

b. **並列航行禁止**：航路内において，並列航行してはならない。

c. **右側通行**：航路内は，右側を航行しなければならない。

d. **追越し禁止**：航路内においては，他の船舶を追い越してはならない。

e. **出船優先**：入港する船舶は，防波堤の外で出港する船舶の進路を避けなければならない。

第4編 共通工学

　共通工学は，測量，公共工事標準請負契約約款，設計図面の見方，機械・電気の四つから5問出題され，すべてを解答する必須問題です。

**　過去問の演習で，必要な基礎的知識を覚えておきましょう。**

共通工学

●出題傾向分析(出題数4問)

出題事項	設問内容	出題頻度
測量機器	TSの機能・測量方法，測量機器の名称と概要	5年に4回程度
基準点等	平面座標系の説明，基準点の説明	5年に1回程度
公共工事標準請負約款	設計図書の取扱い，かし担保，請負者の責任・義務	5年に4回程度
設計図の見方	配筋図，溶接記号，設計図の記号，鋼材の記号	5年に4回程度
土積曲線	土積曲線の見方	5年に1回程度
建設機械	建設機械名と対象作業・特徴，建設機械の動向	5年に4回程度
電気	工事用電力設備の配置，安全対策	5年に1回程度

◎学習の指針

1. 測量は，毎年1問の出題である。TS(トータルステーション)の機能・測量方法，公共測量の基準点，水準測量の計算などが，高い頻度で出題されている。TSによる測量の方法は覚えておく。

2. 公共工事標準請負約款から，毎年1問が出題されている。設計図書と現場との違い，かし担保，請負者の責任，工事中止，材料検査などが出題されている。工事を契約する際に覚えておくべき基本的事項である。

3. 設計図関係では，配筋図，設計図のなかの記号，溶接記号が高い頻度で出題されている。設計図ではなく，土積曲線が出題されることもある。日頃から設計図を注意深く読むよう練習しておく。

4. 建設機械の種類・用途・特徴が，高い頻度で出題されている。建設機械については，土工，施工管理の分野でも出題される。掘削・締固め・運搬などの各機械について，概要や特徴を覚えておく。また，ハイブリッド化などの最近の動向にも注意しておくとよい。

5. 電気の出題頻度は高くない。過去問で，工事用受電設備の配置や現場での安全対策の基本的事項を覚えておく。

4-1　共通工学　測　量　測量機器の特徴　★★★

フォーカス　TS および GNSS 測量(旧 GPS 測量)など，測量機器の種類と用途，および，その特徴についての問題が，毎年出題されている。各機器の概要および測量方法について覚えておく。

1　TS(トータルステーション)を用いて行う測量に関する次の記述のうち，**適当でないもの**はどれか。

(1) TS での距離測定は，1視準2読定を1セットとする。

(2) TS での鉛直角観測は，1視準1読定，望遠鏡正及び反の観測を1対回とする。

(3) TS での距離測定にともなう気温及び気圧の測定は，原則として反射鏡を整置した測点のみで行うものとする。

(4) TS での観測は，水平角観測の必要対回数に合わせ，取得された鉛直角観測値及び距離測定値はすべて採用し，その平均値を用いることができる。

解答　TS での距離測定にともなう気温及び気圧の測定は，原則として TS を整置した測点で行うものとする。

したがって，(3)は**適当でない**。　　　　　　　　　　**答**　(3)

2　トータルステーションを用いて行う測量に関する次の記述のうち，**適当でないもの**はどれか。

(1) トータルステーションでは，水平角観測，鉛直角観測及び距離測定は，1視準で同時に行うことを原則とする。

(2) トータルステーションでは，水平角観測の必要対回数に合わせ，取得された鉛直角観測値及び距離測定値はすべて採用し，その最大値を用いる。

(3) トータルステーションでの観測値の記録は，データコレクタを用いるものとするが，データコレクタを用いない場合には，観測手簿に記載する。

(4) トータルステーションでは，気象補正のため，気温，気圧などの気象測定を距離測定の開始直前又は終了直後に行う。

解答　トータルステーションでは，水平角観測の必要対回数に合わせ，取得された鉛直角観測値及び距離測定値はすべて採用し，その平均値を用いる。

したがって，(2)は**適当でない**。　　　　　　　　　　**答**　(2)

共通工学

3 　測量に用いる TS(トータルステーション)に関する次の記述のうち,**適当でないもの**はどれか。

(1) TS は,デジタルセオドライトと光波測距儀を一体化したもので,測角と測距を同時に行うことができる。

(2) TS は,キー操作で瞬時にデジタル表示されるばかりでなく,その値をデータコレクタに取得することができる。

(3) TS は,任意の点に対して観測点からの3次元座標を求め,x, y, z を表示する。

(4) TS は,気象補正,傾斜補正,投影補正,縮尺補正などを行った角度を表示する。

解答 　TS は,気象補正,傾斜補正,投影補正,縮尺補正などを行った**距離**を表示する。したがって,(4)は**適当でない**。　　　　　　　　　　**答** (4)

=== 試験によく出る重要事項 ===

測量機器の特徴

a．トータルステーション(TS):角度・距離の両方を測定できる。

b．GNSS 測量(Global Navigation Satellite Systems:全地球衛星航法システムまたは全地球衛星測位システム):2点間に設置した,GPS 受信機で4つ以上の専用衛星からの電波を同時受信して,受信機の位置を演算処理によって特定する。

c．自動レベル：自動的に視準線を水平にする。

d．電子レベル：バーコード標尺に照準すれば，電子的に読み込んで，高さを測定する。

e．光波測距儀：レーザー光が，目標点に据えた反射鏡に反射して，戻る時間で距離を求める。

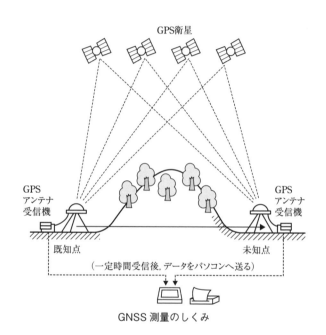

GPS衛星

GPS
アンテナ
受信機

GPS
アンテナ
受信機

既知点

未知点

（一定時間受信後，データをパソコンへ送る）

GNSS測量のしくみ

位相差 l

1波長 λ

光波測距儀

発射光

反射プリズム

反射光

A

L

B

光波による距離測定の原理

| 4-1 | 共通工学 | 測　量 | 水準測量：誤差消去法 | ★★★ |

フォーカス　測量誤差の消去は，隔年程度の頻度で出題されている。水準測量の視準線誤差・零目盛誤差，視差・気差・球差などの原因と消去法を覚えておく。

4　レベルと2本の標尺を用いて水準測量を行うとき，誤差を小さくする観測方法として，**適当でないもの**はどれか。

(1)　球差は地球が湾曲しているために生ずる誤差であり，気差は空気中の光の屈折により生じる誤差であり，ともにレベルと前視，後視の視準距離を等しくする。

(2)　標尺の零目盛誤差は，標尺の底面と零目盛とが一致していない誤差であり，これを消去するためには出発点に立てた標尺を到達点1つ前に立つようにすることにより測定数を奇数回とする。

(3)　レベルが一定方向に鉛直軸にガタがあるために生ずる誤差は，レベルを設置するとき，2本の標尺を結ぶ線上にレベルを置き進行方向に対し三脚の向きを，常に特定の標尺に対向させる。（1回ごとに脚の向きを逆におく。）

(4)　標尺やレベルは地盤のしっかりしたところを選び，レベルは直射日光を日傘などで遮蔽し，かげろうの激しいときは測定距離を通常より短くする。

解答　標尺の零目盛誤差を消去するためには，出発点に立てた標尺を到達点に立てて，測定数を偶数回とする。
したがって，(2)は**適当でない**。　　　　　　　　　　　　　　　　　　　**答**　(2)

5　鋼巻尺を用いた2測点間の距離の測定値に対し，尺定数補正，温度補正及び傾斜補正を行った。この場合の補正値の符号の組合せとして，次のうち**正しい**ものはどれか。ただし，測定は下表の条件で行われたものとする。

尺定数	50 m＋6.0 mm (20℃，10 kgf)
測定時の温度	15℃
測定時の張力	10 kgf
2測点間の高低差	5 m

	［尺定数補正］	［温度補正］	［傾斜補正］
(1)	＋	＋	－
(2)	＋	－	＋
(3)	－	＋	＋
(4)	＋	－	－

解答　①　尺定数補正：尺定数が50 m + 6.0 mmなので，＋の補正を行う。
　②　温度補正：標準温度の20℃より低いので，ーの補正を行う。
　③　傾斜補正：高低差が5 mあり，斜距離の測定なので，水平距離になおすために－の補正を行う。
　　したがって，(4)が正しい。　　　　　　　　　　　　　　　**答**　(4)

========= 試験によく出る重要事項 =========

水準測量における誤差

a．零目盛誤差：標尺の底面と零目盛とが一致していない誤差。出発点に立てた標尺を到達点に立つよう，測定数を偶数回とすることで消去できる。

b．視準軸誤差：視準線が水平軸に直交していないために生じる誤差。望遠鏡の正・反の測定で消去できる。

c．球差：地球の湾曲による誤差。

d．気差：空気中の光の屈折により生じる誤差。
　レベルと前視・後視の視準距離を等しくすることで，球差・気差とも消去できる。

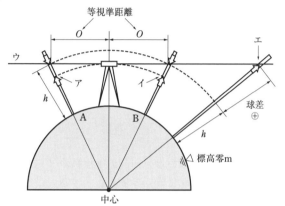

ア・イ：等視準距離なら，後視・前視に同量の球差となり，消去できる。
　　ウ：大気の屈折がないとすると，視準線は直線となる。
　　エ：地球の丸さ（球差）で，この位置で読み取られ，正の補正値となる。

(a) 球　差

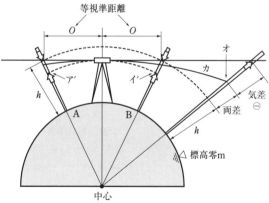

ア′・イ′：等視準距離なら，後視・前視に同量の気差となり，消去できる。
　　オ：大気の屈折（気差）で，この位置で読み取られ，負の補正値となる。
　　カ：地上のほうが大気が濃いので，下方に曲がる。

(b) 気　差

4-1 共通工学 測量 測量基準点 ★★

フォーカス 測量における水平位置や高さの基準点，構造物の位置決定に使用する平面直角座標系などについて，理解しておく。

---

6 公共測量に関する次の記述のうち，**適当でないもの**はどれか。

(1) 基準点測量は，既知点に基づき，基準点の位置又は標高を定める作業をいう。

(2) 公共測量に用いる平面直角座標系のY軸は，原点において子午線に一致する軸とし，真北に向かう値を正とする。

(3) 電子基準点は，GPS観測で得られる基準点で，GNSS（衛星測位システム）を用いた盛土の締固め管理に用いられる。

(4) 水準点は，河川，道路，港湾，鉄道などの正確な高さの値が必要な工事での測量基準として用いられ，東京湾の平均海面を基準としている。

解答 公共測量に用いる平面直角座標系のX軸は，原点において子午線に一致する軸とし，真北に向かう値を正とする。

したがって，(2)は**適当でない**。 **答** (2)

---

7 公共測量など一般的な測量における水平位置及び高さの基準に関する次の記述のうち，**適当でないもの**はどれか。

(1) 平面直角座標系において，水平位置を表示するX座標のX軸は，座標原点をとおる東西方向を基準としている。

(2) 水平位置を表示する平面直角座標系は，全国を19の座標系に区分している。

(3) 道路，鉄道，河川などの土木工事の水平位置は，一般的に三角点（基本測量により設置される測量標）及び基準点（公共測量により設置される測量標）を基準として求められる。

(4) 道路，鉄道，河川などの特に精度を要する土木工事の標高は，一般的に水準点（基本測量及び公共測量により設置される測量標）から求められる。

解答 平面直角座標系において，水平位置を表示するX座標のX軸は，座標原点をとおる北南方向を基準としている。

したがって，(1)は**適当でない**。 **答** (1)

━━━━━━ 試験によく出る重要事項 ━━━━━━

測量基準点

　a．**標高の基準**：日本の高さの基準は，東京湾平均海面（TP）である。

　b．**平面直角座標系**：地球を平面として捉え，位置を示す。全国を 19 の座標系に区分し，それぞれに座標原点（$X = 0.000$ m，$Y = 0.000$ m）および標高を定めている。北南方向が X 軸，東西方向が Y 軸となる。

　c．**基本三角点（国家三角点）**：全ての測量の基準となる点で，一等から四等まである。

　d．**基本水準点（国家水準点）**：基本測量によって設けられ，国道・主要道路上に一定の割合で設置されている。

　e．**電子基準点**：国土地理院が設置している GNSS の連続観測点。GPS 衛星から 24 時間，測位信号を受信して，全国の地殻変動を調べるために位置座標が追跡されている。

　f．**ジオイド面**：平均海面に相当する面を陸地内部まで延長した仮想の地表面である。GNSS 測量の標高を求めるときなどに使用する。

　g．**GNSS 測量**

　　ア．**スタティック法**：1 級基準点測量（観測距離 10 km 未満），2 〜 4 級基準点測量に適用する。GNSS 受信機を複数の観測点に据え，GPS 衛星のみでは 4 個以上（GPS と GLONASS の組合せでは 5 個以上）からの電波を 1 〜 2 時間ほど連続して受信して基線ベクトル（観測点の相対位置）を求める方法で，高精度の測量ができる。

　　イ．**キネマティック法**：GNSS 受信機の 1 台を固定局（固定点），他の 1 台を移動局とし，移動しながら，順次，観測する方法。

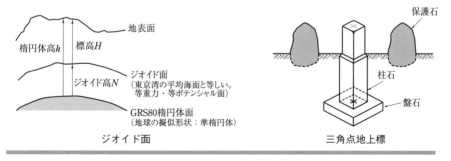

ジオイド面　　　　　　　　　　　　　三角点地上標

| 4-1 | 共通工学 | 測 量 | 水準測量：標高の計算 | ★★★ |

8 水準測量における誤差とその消去法に関する次の記述のうち，**適当でない**ものはどれか。

(1) 視準線誤差を消去するには，水準器から前視，後視の標尺までの視準距離を等しくする。

(2) 標尺の零目盛誤差を消去するには，2本の標尺を1組として交互に使用し，出発点から到着点までの水準器の整置回数を奇数回とする。

(3) 鉛直軸誤差を消去するには，水準器の整置回数を偶数回とし，水準器から前視，後視の標尺までの視準距離及び整置ごとの視準距離も等しくする。

(4) 視差による誤差を消去するには，十字線がはっきり見えるよう水準器の接眼レンズの調節を行う。

解答 標尺の零目盛誤差を消去するには，2本の標尺を1組として交互に使用し，出発点から到着点までの水準器の整置回数を**偶数回**とする。

したがって，(2)は**適当でない**。　　　　　　　　　　　　　　**答** (2)

9 下図のような路線で水準測量を行い表-1の結果を得た。P点の標高の**最確値**は次のうちどれか。

ただし，既知点A，Bの標高は表-2のとおりとする。

(1) 14.70 m
(2) 15.00 m
(3) 15.30 m
(4) 15.50 m

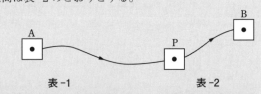

表-1

路 線	距 離	観測比高
A→P	3 km	+ 5.00 m
P→B	2 km	− 10.50 m

表-2

点 名	標高
A	10.00 m
B	5.00 m

解答 各路線の測定値(観測比高)の重みは，路線距離に反比例する。重量平均法によりP点の最確値を求める。

計算手順

① A点より求めたP点の測定標高 = 10.00 + 5.00 = 15.00 (m)

② B 点より求めた P 点の測定標高 = $5.00 + 10.50 = 15.50$（m）

③ P 点の最確値は，測定値の路線距離の重みから求める。

④ 測定値の重み（路線距離）

$$3\,\mathrm{km} : 2\,\mathrm{km} = \frac{1}{3} : \frac{1}{2} = \frac{2}{6} : \frac{3}{6} = 2 : 3$$

⑤ 最確値 $= \dfrac{2 \times 15.00 + 3 \times 15.50}{2 + 3} = \dfrac{30.00 + 46.50}{5} = 15.30$

したがって，(3)が P 点の標高の最確値として正しい。　　　　　**答** (3)

---

10 高さを求める測量に関する次の記述のうち，**適当でないもの**はどれか。

(1) 公共測量の高さ（標高）は，平均海面からの高さを基準として表示する。

(2) 一般に，トータルステーションは，電子レベルよりも正確に高さ（標高）を求めることができる。

(3) トータルステーションは，観測した斜距離と鉛直角により，観測点と視準点の高低差を算出できる。

(4) 電子レベルは，2 つの測点上に設置されたバーコード標尺を読み取り，2 つの測点間の高低差を自動的に算出できる。

解答 一般に，トータルステーションは，電子レベルよりも正確に高さ（標高）を求めることができない。

したがって，(2)は**適当でない**。　　　　　**答** (2)

=== **試験によく出る重要事項** ===

水準測量

① 各路線の測定値（観測比高）の精度（重み）は，路線距離に反比例する。

② 水準測量による地盤高の計算方法

未知点標高(H_B) = 既知点標高(H_A) + (後視 BS − 前視 FS)

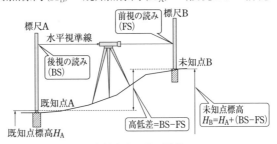

直接水準測量の計算

共通工学

| 4-2 | 共通工学 | 契約・設計 | 公共工事標準請負契約約款 | ★★★ |

フォーカス　公共工事標準請負契約約款からは，かし担保，施工体系図・施工
体制台帳，設計図書，材料検査・完成検査，工事中止規定など，現場で発生
する事項を中心に，毎年出題されている。過去問から要点を覚えておく。

11　公共工事標準請負契約約款において，工事の施工にあたり受注者が監督員
に通知し，その確認を請求しなければならない事項に**該当しないもの**は，次
の記述のうちどれか。
　(1)　設計図書に誤りがあると思われる場合又は設計図書に表示すべきことが表
　　　示されていないこと。
　(2)　設計図書で明示されていない施工条件について，予期することのできない
　　　特別な状態が生じたこと。
　(3)　設計図面と仕様書の内容が一致しないこと。
　(4)　設計図書に，工事に使用する建設機械の明示がないこと。

解答　設計図書には，工事に使用する建設機械は明示されない。
　　したがって，(4)は該当しない。　　　　　　　　　　　　　　**答**　(4)

12　公共工事標準請負契約約款に関する次の記述のうち，**誤っているもの**はど
れか。
　(1)　発注者は，工事目的物の引渡しの際に瑕疵があることを知ったときは，原
　　　則としてその旨を直ちに受注者に通知しなければ，当該瑕疵の修補又は損害
　　　賠償の請求をすることができない。
　(2)　受注者は，現場代理人を工事現場に常駐させなければならないが，工事現
　　　場における運営などに支障がなく，かつ，発注者との連絡体制が確保される
　　　と発注者が認めれば，工事現場への常駐を必要としないことができる。
　(3)　受注者は，災害防止等のため必要があると認めるときは，臨機の措置をと
　　　らなければならない。
　(4)　受注者は，工事目的物の引渡し前に，天災等で発注者と受注者のいずれの
　　　責に帰すことができないものにより，工事目的物等に損害が生じたときは，
　　　損害による費用の負担を発注者に請求することができない。

解答　受注者は，工事目的物の引渡し前に，天災等で発注者と受注者のいずれ
　の責に帰すことができないものにより，工事目的物等に損害が生じたときは，
　損害による費用の負担を発注者に請求することができる。

　　したがって，⑷は誤っている。　　　　　　　　　　　　　**答**　⑷

> **13**　　公共工事標準請負契約約款に関する次の記述のうち，**誤っている**ものはどれか。
> ⑴　発注者は，受注者の責めに帰すことができない自然的又は人為的事象により，工事を施工できないと認められる場合は，工事の全部又は一部の施工を一時中止させなければならない。
> ⑵　発注者は，設計図書の変更が行われた場合において，必要があると認められるときは工期若しくは請負代金額を変更し，又は受注者に損害を及ぼしたときは必要な費用を負担しなければならない。
> ⑶　受注者は，設計図書と工事現場が一致しない事実を発見したときは，その旨を直ちに監督員に口頭で確認しなければならない。
> ⑷　受注者は，工事の施工部分が設計図書に適合しない場合において，監督員がその改造を請求したときは，当該請求に従わなければならない。

解答　受注者は，設計図書と工事現場が一致しない事実を発見したときは，その旨を直ちに監督員に通知し確認しなければならない。

　　したがって，⑶は誤っている。　　　　　　　　　　　　　**答**　⑶

共通工学

━━━━━ 試験によく出る重要事項 ━━━━━

公共工事標準請負契約約款

a．設計図書と現場の不一致：請負者は，直ちに監督員へ通知し，確認を請求する。

b．設計変更：設計図書の訂正または変更により，発注者は，必要があると認められるときは工期，請負代金額を変更し，または，損害を及ぼしたときは，必要な費用を負担しなければならない。

c．工事材料の搬出入：検査を受けた工事材料は，勝手に現場から搬出入してはならない。

d．工事の中止：発注者は，工事の一時中止命令に伴う増加費，必要な費用を負担しなければならない。

e．瑕疵担保：発注者は，工事目的物に瑕疵があるときは，受注者に対して，相当の期間を定めてその修補や損害の賠償を請求することができる。

f．施工体制台帳・施工体系図：記載事項に変更が生じた場合は，遅滞なく変更する。

| 4-2 | 共通工学 | 契約・設計 | 契約関係 | ★★★ |

フォーカス 最近の公共工事の多くは，総合評価方式の契約である。つねに最新の動向に注意しておく必要がある。

14 公共工事における総合評価落札方式に関する次の記述のうち，**適当でない**ものはどれか。

(1) 総合評価落札方式は，価格と価格以外の要素(技術的能力)を総合的に評価し，落札者を決定する方式である。

(2) 技術的能力の評価には，工事実施に関する技術提案の内容や企業の評価だけでなく，一般に配置予定技術者の評価も対象となる。

(3) 技術的能力の評価においては，評価項目ごとの評価基準を満足していても，特に評価される事項が見られない場合は加点できない場合がある。

(4) 総合評価落札方式は，公共工事の品質確保を目的として実施されているものであり，技術的能力が最も優れていれば，入札価格が予定価格を上回っても落札することができる。

解答 総合評価落札方式は，公共工事の品質確保を目的として実施されているものであり，技術的能力が最も優れていても，入札価格が予定価格を上回る場合は落札できない。

したがって，(4)は**適当でない**。　　　　　　　　　　　　　　**答** (4)

15 公共工事の発注における「総合評価方式」に関する次の記述のうち，**誤っているもの**はどれか。

(1) 本方式は，競争参加者の技術提案に基づき，価格に加え価格以外の要素も総合的に評価して落札者を決定するものである。

(2) 競争参加者の技術提案の評価は，発注者が事前に提示した評価項目について，事業の目的，工事の特性等に基づき，発注者が事前に提示した評価基準及び得点配分に従い行われる。

(3) 本方式において決定された落札者が，自己の都合により技術提案の履行を確保できなかったときの措置については，契約上取り決めておくものとされている。

(4) 本方式は，品質の確保が目的であることから，環境対策や工期短縮などの技術提案はいかなる場合も評価の対象にはならない。

解 答 本方式は，品質の確保が目的であることから，環境対策や工期短縮など
の技術提案は評価の対象になる。
したがって，(4)は**適当でない**。 **答** (4)

---

16 公共工事の入札及び契約の適正化の促進に関する法律に定められた「公共
工事の入札及び契約の適正化の基本となるべき事項」として，次のうち**誤っ**
ているものはどれか。
(1) 入札及び契約からの談合その他の不正行為の排除が徹底されること。
(2) 入札に参加しようとし，又は契約の相手方になろうとする者の間の公正な
競争が促進されること。
(3) 入札及び契約の過程並びに契約内容については，秘密の保持がはかられる
こと。
(4) 契約された公共工事の適正な施工が確保されること。

解 答 入札及び契約の過程並びに契約内容については，**透明性**が確保されること。
したがって，(3)は**誤っている**。 **答** (3)

試験によく出る重要事項

契約関係

a．**総合評価方式**：入札価格が予定価格の制限の範囲内にあるもののうち，
評価値の最も高いものと契約する。
b．**公共工事の品質**：価格および品質が，総合的に優れた内容の契約がなさ
れることにより，品質を確保する。
c．**設計図書の種類**：図面・仕様書・現場説明書・質問回答書。
d．**契約工期**：請負者は，工事を契約工期内に完了させなければならない。
ただし，検査は含まれない。
e．**施工方法など**：請負者は，設計図書に特別の定めがある場合を除き，仮
設，施工方法など，工事目的物を完成させるために必要な一切の手段につ
いて，自分の責任において定める。
f．**共同企業体**：請負者が共同企業体を結成している場合，契約に基づく全
ての行為は，共同企業体の代表者に対して行う。

| 4-2 | 共通工学 | 契約・設計 | 図面・記号 | ★★ |

フォーカス　設計図の読み方の問題は，溶接記号・配筋図・土積曲線などが出題されている。溶接記号と溶接欠陥は，専門土木でも出題されているので，覚えておく。

17　下図は，工事起点 No. 0 から工事終点 No. 10 の道路改良工事の土積曲線（マスカーブ）を示したものであるが，次の記述のうち**適当でない**ものはどれか。

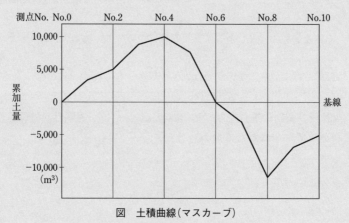

図　土積曲線（マスカーブ）

(1)　当該工事区間では，残土が生じる。

(2)　当該工事区間では，盛土区間よりも切土区間のほうが長い。

(3)　No. 0 から No. 6 は，切土量と盛土量が均衡する。

(4)　No. 0 から No. 4 は，切土区間である。

解答　No.10 でマイナスなので，当該工事区間では，不足土が生じる。
したがって，(1)は**適当でない**。　　　　　　　　　**答**　(1)

═══════════ 試験によく出る重要事項 ═══════════

1. 溶接記号

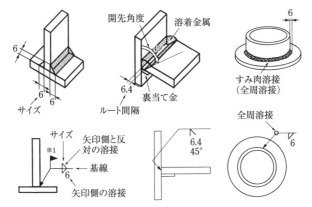

※1 旗があると現場溶接，ないと工場溶接。

2. 有効長

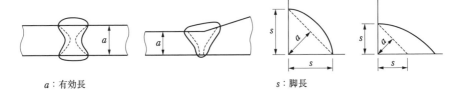

a：有効長　　　　　　　　　　*s*：脚長

共通工学

| 4-3 | 共通工学 | 機械・電気 | 建設機械 | ★★★ |

フォーカス 建設機械については，主要な建設機械の種類と特徴，最近の建設機械の動向，オフロード法の対象機械などを覚えておく。施工管理においても出題されているので，連携して学習するとよい。

---

18 建設機械用エンジンに関する次の記述のうち，**適当でないもの**はどれか。

(1) 建設機械用ディーゼルエンジンは，自動車用ディーゼルエンジンより大きな負荷が作用するので耐久性，寿命の問題などからエンジンの回転速度を下げている。

(2) ディーゼルエンジンは，排出ガス中に多量の酸素を含み，かつ，すすや硫黄酸化物も含むことから，エンジン自体の改良を主体とした対策を行っている。

(3) 建設機械では，一般に負荷に対する即応性，燃料消費率，耐久性及び保全性などが良好であるため，ガソリンエンジンの使用がほとんどである。

(4) ガソリンエンジンは，エンジン制御システムの改良に加え排出ガスを触媒（三元触媒）を通すことにより，NO_x，HC，CO をほぼ100%近く取り除くことができる。

解答 建設機械では，一般に負荷に対する即応性，燃料消費率，耐久性及び保全性などが良好であるため，ディーゼルエンジンの使用がほとんどである。したがって，(3)は**適当でない**。　　　　　　　　　　　　　　**答** (3)

---

19 建設機械に関する次の記述のうち，**適当でないもの**はどれか。

(1) 油圧ショベルは，クローラ式のものが圧倒的に多く，都市部の土木工事において便利な超小旋回型や後方超小旋回型が普及し，道路補修や側溝掘りなどに使用される。

(2) モータグレーダは，GPS 装置，ブレードの動きを計測するセンサーや位置誘導装置を搭載することにより，オペレータの技量に頼らない高い精度の敷均しができる。

(3) タイヤローラは，タイヤの空気圧を変えて輪荷重を調整し，バラストを付加して接地圧を増加させることにより締固め効果を大きくすることができ，路床，路盤の施工に使用される。

> (4) ブルドーザは，操作レバーの配置や操作方式が各メーカーごとに異なって
> いたが，誤操作による危険をなくすため，標準操作方式建設機械の普及活用
> がはかられている。

解答 タイヤローラは，タイヤの空気圧を変えて**接地圧を調整**し，バラストを
付加して**輪荷重を増加**させることにより締固め効果を大きくすることができ，
路床，路盤の施工に使用される。したがって，(3)は**適当**でない。 **答** (3)

━━━━━━ 試験によく出る重要事項 ━━━━━━

建設機械

1. 最新の建設機械の動向
   ① 大型化・高性能化の促進，アタッチメントの多様化。
   ② 小型機械の開発による現場適応性の向上。
   ③ 居住性・操作性・整備性・耐久性・信頼性の向上。
   ④ 安全対策の強化，自動化・ロボット化の促進。
   ⑤ 環境対応型機械・省エネ型機械の開発。ハイブリッド化。

2. 締固め機械の種類
   ① 静的な重力によって締め固める：ロードローラ・タイヤローラ
   ② 振動力によって締め固める：振動ローラ
   ③ 衝撃力によって締め固める：タンピングローラ・タンパ

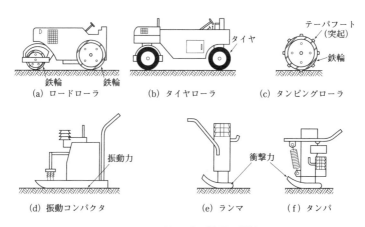

(a) ロードローラ　(b) タイヤローラ　(c) タンピングローラ

(d) 振動コンパクタ　(e) ランマ　(f) タンパ

ローラの種類と小型締固め機械

| 4-3 | 共通工学 | 機械・電気 | 電気設備 | ★★ |

フォーカス　電気の出題頻度は高くない。過去の設問内容を理解できる程度に学習しておく。

20　工事用電力設備に関する次の記述のうち，**適当なもの**はどれか。
(1)　工事現場において，電力会社と契約する電力が電灯・動力を含め 100 kW 未満のものについては，低圧の電気の供給を受ける。
(2)　工事現場に設置する自家用変電設備の位置は，一般にできるだけ負荷の中心から遠い位置を選定する。
(3)　工事現場で高圧にて受電し，現場内の自家用電気工作物に配電する場合，電力会社からは 3 kV の電圧で供給を受ける。
(4)　工事現場における電気設備の容量は，月別の電気設備の電力合計を求め，このうち最大となる負荷設備容量に対して受電容量不足をきたさないように決定する。

解答　(1)　工事現場において，電力会社と契約する電力が電灯・動力を含め 50 kW 未満のものについては，低圧の電気の供給を受ける。
(2)　工事現場に設置する自家用変電設備の位置は，一般にできるだけ負荷の中心から近い位置を選定する。
(3)　工事現場で高圧にて受電し，現場内の自家用電気工作物に配電する場合，電力会社からは 6 kV の電圧で供給を受ける。
(4)は，記述のとおり**適当である**。　　　　　　　　　　　　　　**答**　(4)

══════════ 試験によく出る重要事項 ══════════

工事現場における受電
①　工事現場において，電力会社と契約する電力が 50 kW 未満のものは，低圧の供給を受ける。
②　工事現場に設置する自家用受変電設備の位置は，できるだけ負荷の中心から近い位置を選ぶ

第5編　施工管理

　施工管理は，現場で工事目的物を，無事故で，早く・安く，よい品質で，つくるために行うものです。

　施工管理は，上記の各章に示される5分野から31問出題され，すべてを解答する必須問題です。受験者には，馴染みのない分野もありますが，全解答数65問の48%を占める分野なので，第一番目に学習して，取りこぼしのないようにしましょう。

施工管理は，第一番目に学習し，しっかり覚えましょう。

第1章　施工計画

●出題傾向分析（出題数5問）

出題事項	設問内容	出題頻度
事前調査	計画立案のための事前調査事項と調査方法	5年に3回程度
計画の作成	施工計画の目的・作成手順，立案の際の留意事項	5年に4回程度
仮設計画	仮設工の留意事項，材料・安全率，工費等の計画	5年に3回程度
施工体制台帳	施工体制台帳作成の規定，施工体系図，標識の設置	5年に4回程度
関係機関への届出	工事内容と届出先関係機関名	5年に2回程度
管理計画	原価管理・品質管理の目的，管理手法	5年に2回程度
資材・機材の計画	資材の調達，建設機械の選定・組合せ	毎年
施工管理	基礎杭の工法と特徴，コンクリートの施工管理	5年に2回程度

◎学習の指針

1. 施工計画は，施工管理の分野を初め，一般土木，法令など，幅広い分野から出題されている。
2. 施工計画の立案について，事前調査，計画の目的，作成手順，立案の際の留意事項などが，高い頻度で出題されている。
3. 仮設計画について，指定仮設・任意仮設，安全率，材料選定，検討の際の留意事項，土留め工などの仮設の特徴，留意事項などが出題されている。
4. 施工体制台帳や現場の安全衛生体制の問題が，高い頻度で出題されている。
5. 施工管理の分野から，原価管理・品質管理について目的・手順，留意事項等が，毎年出題されている。
6. 建設機械の選定，効率施工，施工速度・稼働率の説明などが，毎年出題されている。
7. 土木一般の分野と同じ内容で，コンクリート工事や杭基礎の施工管理について出題されている。
8. いずれも，各分野の基本的内容を問うもので，基礎知識で判断できるものが多い。

| 5-1 | 施工管理 | 施工計画 | 仮設計画 | ★★★ |

フォーカス　仮設計画の問題は，一般論および土留めの施工などについて，出題されている。過去の設問内容を整理して，基本事項を覚えておく。

1　仮設工事計画立案の留意事項に関する次の記述のうち，**適当でないもの**はどれか。
(1)　仮設工事計画は，本工事の工法・仕様などの変更にできるだけ追随可能な柔軟性のある計画とする。
(2)　仮設工事の材料は，一般の市販品を使用して可能な限り規格を統一し，その主要な部材については他工事にも転用できるような計画にする。
(3)　仮設工事計画では，取扱いが容易でできるだけユニット化を心がけるとともに，作業員不足を考慮し，省力化がはかれるものとする。
(4)　仮設工事計画は，仮設構造物に適用される法規制を調査し，施工時に計画変更することを前提に立案する。

解答　仮設工事計画は，仮設構造物に適用される法規制を調査し，施工時に計画変更のないように立案する。
　したがって，(4)は**適当でない**。　　　　　　　　　**答**（4）

施工管理

■■■ 試験によく出る重要事項 ■■■

仮設工事計画
　a．仮設計画：仮設工事には，仮設構造物の設置・維持から撤去・後片付けまでを含む。
　b．共通仮設：仮設には，工事用道路，山留めなどの，施工に直接関係する**直接仮設**と，現場事務所・倉庫・宿泊設備などの**共通仮設**とがある。
　c．指定仮設と任意仮設：**指定仮設**は，設計図書に構造などが定められており，設計変更の対象となる。**任意仮設**は，請負者の責任で構造などを決定し，設置する。一般に，任意仮設での契約が多い。
　d．安全率：一般に，本体構造物より若干小さく設定する。
　e．使用材料：一般の市販品を使用して規格を統一し，他工事への転用可能なものとする。

| 5-1 | 施工管理 | 施工計画 | 施工計画立案時の留意事項 | ★★★ |

フォーカス　施工計画立案の留意事項は，毎年，出題されている。常識で判断できる内容が多いので，設問を注意深く読むようにする。

2　施工計画の作成に関する次の記述のうち，**適当でないもの**はどれか。

(1)　施工計画の作成にあたっては，発注者から指示された工期が最適な工期とは限らないので，指示された工期の範囲でさらに経済的な工程を模索することも重要である。

(2)　施工計画の作成にあたっては，いくつかの代替案により，経済的に安全，品質，工程を比較検討して最良の計画を採用することに努める。

(3)　施工計画の作成にあたっては，技術の工夫改善に心がけるが，新工法や新技術は実績が少ないため採用を控え，過去の技術や実績に基づき作成する。

(4)　施工計画の作成にあたっては，事前調査の結果から工事の制約条件や課題を明らかにし，それらを基に工事の基本方針を策定する。

解答　施工計画の作成にあたっては，技術の工夫改善に心がけ，新工法や新技術に積極的に取り組む。
したがって，(3)は**適当でない**。　　　　　　　　　　　　**答**　(3)

3　施工計画の作成に関する次の記述のうち，**適当でないもの**はどれか。

(1)　施工計画の作成においては，発注者の要求品質を確保するとともに，安全を最優先にした施工を基本とした計画とする。

(2)　施工計画作成にあたっての事前調査は，工事の目的，内容に応じて必要なものをもれなく重点的に行うこととしている。

(3)　施工計画は，工事の施工にあたり与えられた契約図書に基づき，施工方法，施工順序及び資源調達方法などについて計画する。

(4)　施工計画の作成にあたっては，現場担当者が社内組織に頼らず，現場を熟知して実作業を担当する協力業者と計画書を作成する。

解答　施工計画の作成にあたっては，現場担当者に限定せず，社内組織を活用して，現場を熟知して実作業を担当する協力業者なども加え，計画書を作成する。
したがって，(4)は**適当でない**。　　　　　　　　　　　　**答**　(4)

> **4**　施工計画作成にあたっての留意事項に関する次の記述のうち，**適当でない**ものはどれか。
>
> (1)　施工計画の作成にあたっては，発注者から示された工期は，経済的な工程計画の下に検討された最適なものであるため，工程計画はこれをもとに作成しなければならない。
>
> (2)　施工計画は，発注者の要求する品質を確保するとともに，安全を最優先にした施工を基本とした計画とする。
>
> (3)　施工計画の作成にあたっては，計画は1つのみでなく，代替案を比較検討して最良の計画を採用することに努める。
>
> (4)　施工計画は，施工の管理基準となるとともに品質，工程，原価，安全の4要素を満たす管理計画でなければならない。

解答　施工計画の作成にあたっては，発注者から示された工期が経済的な工程計画の下に検討された最適なものとは限らないので，経済的な工期を検討する。

　　したがって，(1)は**適当でない**。　　　　　　　　　　　　　　　　　　**答**　(1)

施工管理

============ 試験によく出る重要事項 ============

施工計画立案の留意事項

　a．施工計画の目的：安全を最優先に，工事目的物を所定の品質で最少の費用と最短工期で建設する。

　b．新工法・新技術：従来の経験だけで満足せず，常に改良を試み，新しい工法，新しい技術に積極的に取り組む。

　c．検討立案者：関係する現場技術者に限定せず，会社内の他組織も活用して，全社的な高度の技術水準を活用するよう検討する。

　d．工　程：発注者が設定した工期が，必ずしも最適工期とは限らない。契約工期内で，経済的な工程を検討する。

　e．計画数：計画は，いくつかの代案を作り，経済性・施工性・安全性などを比較・検討して，最も適した計画を採用する。

　f．機械の組合せ：主作業の機械能力を最大限に発揮させるために，従作業の機械は，主作業の機械能力より高めとする。

5-1 施工管理 施工計画 事前調査 ★★★

フォーカス 施工計画作成の事前調査に関する問題は，隔年程度の出題である。問題をよく読めば，解ける内容がほとんどである。過去問で練習しておく。

5 施工計画立案のための事前調査に関する次の記述のうち，**適当でないもの**はどれか。

(1) 契約関係書類の調査では，工事数量や仕様などのチェックを行い，契約関係書類を正確に理解することが重要である。

(2) 現場条件の調査では，調査項目の落ちがないよう選定し，複数の人で調査をしたり，調査回数を重ねるなどにより，精度を高めることが重要である。

(3) 資機材の輸送調査では，輸送ルートの道路状況や交通規制などを把握し，不明な点がある場合は，道路管理者や労働基準監督署に相談して解決しておくことが重要である。

(4) 下請負業者の選定にあたっての調査では，技術力，過去の実績，労働力の供給，信用度，安全管理能力などについて調査することが重要である。

解答 資機材の輸送調査では，輸送ルートの道路状況や交通規制などを把握し，不明な点がある場合は，道路管理者や**警察**に相談して解決しておくことが重要である。

したがって，(3)は**適当でない**。　　　　　　　　**答** (3)

6 施工計画作成にあたっての事前に行うべき調査に関する次の記述のうち，**適当でないもの**はどれか。

(1) 事前調査は，既往資料を活用することとし，近隣地域の情報などは考慮する必要がない。

(2) 契約書類の確認は，工事内容を十分把握し，発注者の要求する品質や設計段階での仮定条件を明確に理解するために必要である。

(3) 現場条件の調査は，調査項目の脱落がないようにするためにチェックリストを作成しておくのがよい。

(4) 事前調査は，一般的に工事発注時の現場説明のときに行われるが，それだけでは不十分であるので，工事契約後現場に行って現地事前調査を行わなければならない。

解答　事前調査は，既往資料を活用するとともに，近隣地域の情報なども収集
し，検討する。
　　したがって，(1)は**適当でない**。　　　　　　　　　　　　　**答**　(1)

7　　施工計画の立案時の事前調査に関する次の記述のうち，**適当でないもの**は
どれか。
(1)　工事内容を十分把握するためには，契約書類を正確に理解し，工事数量，
仕様(規格)のチェックを行うことが必要である。
(2)　現場条件の調査は，調査項目が多いので，脱落がないようにするためにチ
ェックリストを作成しておくのがよい。
(3)　市街地の工事や既設施設物に近接した工事の事前調査では，施設物の変状
防止対策や使用空間の確保などを施工計画に反映する必要がある。
(4)　事前調査は，一般に工事発注時の現場説明において事前説明が行われるた
め，工事契約後の現地事前調査を省略することができる。

解答　事前調査は，一般に工事発注時の現場説明において事前説明が行われて
も，工事契約後の現地事前調査を省略してはいけない。
　　したがって，(4)は**適当でない**。　　　　　　　　　　　　　**答**　(4)

施工管理

===== 試験によく出る重要事項 =====

事前調査
　a．契約条件の調査：①事業損失，不可抗力による損害の取扱，②工事中止
　　による損害の取扱，③資材・労務費の変動，数量の増減の取扱，④かし担
　　保の範囲など。
　b．設計図書の調査：①図面と現場との相違，数量の違算，②図面・仕様
　　書・施工管理基準などの規格値や基準値，③現場説明事項の内容。
　c．現場条件の調査：①チェックリストの作成，②地形・地質・気象，搬入
　　および搬出道路，環境条件，③施工方法，段取り，建設機械の機種選定，
　　工期などを念頭に，過去の災害やその土地の隠れた情報などの収集。

| 5-1 | 施工管理 | 施工計画 | 施工機械の計画 | ★★★ |

フォーカス 施工機械の計画は，機械の組合せ，稼働率，ショベルの作業量の計算，締固め機械の種類と特徴などが多く出題されている。土工，道路・舗装などの分野でも出題される内容なので，一緒に学習すると効率的である。

---

8 資材・機械の調達計画立案に関する次の記述のうち，**適当でないものはど**れか。

(1) 資材計画では，各工種に使用する資材を種類別，月別にまとめ，納期，調達先，調達価格などを把握しておく。

(2) 機械計画では，機械が効率よく稼働できるよう，短期間に生じる著しい作業量のピークに合わせて，工事の変化に対応し，常に確保しなければならない。

(3) 資材計画では，特別注文品など長い納期を要する資材の調達は，施工に支障をきたすことのないよう品質や納期に注意する。

(4) 機械計画では，機械の種類，性能，調達方法のほか，機械が効率よく稼働できるよう整備や修理などのサービス体制も確認しておく。

解答 機械計画では，機械が効率よく稼働できるよう，機械台数の平準化を図る。短期間に生じる著しい作業量のピークに合わせて，工事の変化に対応し，常に確保する必要はない。

したがって，(2)は**適当でない**。　　　　**答** (2)

---

9 施工計画における建設機械に関する次の記述のうち，**適当でないものはど**れか。

(1) 施工計画においては，工事施工上の制約条件より最も適した建設機械を選定し，その機械が最大能率を発揮できる施工法を選定することが合理的かつ経済的である。

(2) 組合せ建設機械の選択においては，従作業の施工能力は主作業の施工能力と同等，あるいは幾分低めにする。

(3) 機械施工における施工単価は，機械の「運転1時間当たりの機械経費」を「運転1時間当たりの作業量」で除することによって求めることができる。

(4) 単独の建設機械又は組み合わされた一群の建設機械の作業能力は，時間当たりの平均作業量で算出するのが一般的である。

解答　組合せ建設機械の選択においては，従作業の施工能力は主作業の施工能力と同等，あるいは幾分高めにする。

したがって，(2)は**適当でない**。　　　　　　　　　　　　**答**　(2)

10　建設機械の選定に関する次の記述のうち，**適当でないもの**はどれか。

(1)　組合せ建設機械は，各建設機械の作業能力に大きな格差を生じないように建設機械の規格と台数を決めることが必要である。
(2)　締固め機械は，盛土材料の土質，工種などの施工条件と締固め機械の特性を考慮して選定するが，特に土質条件が選定上で重要なポイントになる。
(3)　掘削においては，現場の地形，掘削高さ，掘削量，掘削土の運搬方法などから，最も適した工法を見いだし，使用機械を選定する。
(4)　施工機械を選定するときは，機種・性能により適用範囲が異なり，同じ機能を持つ機械でも現場条件により施工能力が違うので，その機械の中間程度の能率を発揮できる施工法とする。

解答　施工機械を選定するときは，機種・性能により適用範囲が異なり，同じ機能を持つ機械でも現場条件により施工能力が違うので，その機械の最大能率をやや下回る程度の能率での施工法とする。

したがって，(4)は**適当でない**。　　　　　　　　　　　　**答**　(4)

施工管理

============ 試験によく出る重要事項 ============

機械計画

a．平準化：機械計画の立案は，機械が効率よく稼働できるよう，長期間の平準化を図り，所要台数を計画する。
b．組合せの能力：組み合わせた建設機械の作業能力は，構成する機械のなかで，最小の作業能力の機械に左右される。
c．主機械と従機械：主機械の能力を十分発揮できるよう，従機械は主機械より若干高い能力を有する機械を選ぶ。

調達計画

①　全体工期・工費への影響が大きいものから検討する。
②　資機材・作業量の過度の集中を避け，平準化するよう計画する。
③　繰返し作業を多くして習熟度を増し，作業効率を上げる。

| 5-1 | 施工管理 | 施工計画 | 関係機関への届出 | ★★★ |

フォーカス　関係機関への届出の問題は，安全管理の分野においても出題される。届出内容(書類)と提出先の組合せを，覚えておく。

11　工事の施工に伴い関係機関への届出及び許可に関する次の記述のうち，**適当でないもの**はどれか。

(1) ガス溶接作業において圧縮アセチレンガスを 40 kg 以上貯蔵し，又は取り扱う者は，その旨をあらかじめ都道府県知事に届け出なければならない。

(2) 型枠支保工の支柱の高さが 3.5 m 以上のコンクリート構造物の工事現場の事業者は，所轄の労働基準監督署長に計画を届け出なければならない。

(3) 特殊な車両にあたる自走式建設機械を通行させようとする者は，道路管理者に申請し特殊車両通行許可を受けなければならない。

(4) 道路上に工事用板囲，足場，詰所その他の工事用施設を設置し，継続して道路を使用する者は，道路管理者から道路占用の許可を受けなければならない。

解答　ガス溶接作業において圧縮アセチレンガスを 40 kg 以上貯蔵し，又は取り扱う者は，その旨をあらかじめ消防署長に届け出なければならない。
　　したがって，(1)は**適当でない**。　　　　　　　　　　　　　　　**答**　(1)

12　土木工事の施工に際し行う届出や許可などに関する次の記述のうち，**適当でないもの**はどれか。

(1) 道路上に工事用板囲い，足場その他の工事用施設を設置し，継続して道路を使用する場合は，道路管理者の許可が必要である。

(2) 車両の構造又は車両に積載する貨物が特殊である車両を通行させる場合は，所轄の警察署長に許可を得なければならない。

(3) つり足場又は張出し足場を一定期間設置する場合は，所轄の労働基準監督署長に機械等設置届を届出しなければならない。

(4) 掘削工事で支障となるライフラインなどの地下埋設物については，その埋設物の管理者と十分調整し，必要に応じて立会を申し入れる。

解答　車両の構造又は車両に積載する貨物が特殊である車両を通行させる場合は，道路管理者に許可を得なければならない。
　　したがって，(2)は**適当でない**。　　　　　　　　　　　　　　　**答**　(2)

═══ 試験によく出る重要事項 ═══

関係機関への届出

1. 主な届出書類と提出先等

届出等書類	提出先	根拠法令
道路使用許可申請	所管警察署長	道路交通法
道路占用許可申請	道路管理者	道路法
特殊車両通行許可申請	道路管理者	道路法
特定建設作業実施届	市町村長	騒音（振動）規制法
電気設備設置届	消防署長	消防法
危険物仮貯蔵・仮取扱申請	消防署長	消防法
電気主任技術者選任届	産業保安監督部長	電気事業法
労働保険（労働者災害補償保険[*1]と雇用保険）	労働基準監督署長 公共職業安定所長	労働保険の保険料の徴収等に関する法律

＊1　労災保険

2. 開始30日前までに厚生労働大臣へ届出る工事

① 高さ300 m以上の塔の建設

② 堤高150 m以上のダムの建設

③ 最大支間500 m（吊り橋にあっては，1,000 m）以上の橋梁の建設

④ 長さが3,000 m以上のずい道等の建設

⑤ ゲージ圧力が0.3 MPa以上の圧気工法による作業

3. 開始日の14日前までに，労働基準監督署長へ届出る工事

① 高さ31 mを超える建築物（橋梁を除く）や工作物の建設・改造・解体，または，破壊

② 最大支間50 m以上の橋梁の建設

③ 掘削の高さ，または，深さが10 m以上の地山の掘削作業（建設機械を用いる作業で，掘削面の下方に労働者が立ち入らないものは除く）

④ 圧気工法による作業を行う仕事

施工管理

| 5-1 | 施工管理 | 施工計画 | 品質管理計画 | ★★★ |

フォーカス　施工計画のなかで出題される品質管理の問題は，品質管理の目的，一般的手法などの基本的事項である。品質管理の学習をしておけば容易に解ける内容である。

13　品質管理に関する次の記述のうち，**適当でないもの**はどれか。

(1)　品質管理は，契約図書に示された品質の構造物を最も経済的に作り出すためのすべての手段の体系である。

(2)　品質管理は，公正な試験による試験値，正確な現場測定値をもとに統計的手法を活用して行うことが大切である。

(3)　品質管理は，不良箇所の発見が第一の目的であり，不良箇所が発生した場合の対応を速やかに行うものである。

(4)　施工時における品質管理は，使用材料，構造物の強度，締固め密度などの品質の管理が主要なものである。

解答　品質管理は，不良箇所の発見が第一の目的ではない。
　　したがって，(3)は**適当でない**。　　　　　　　　　　　　　　**答**　(3)

14　品質管理に関する次の記述のうち，**適当でないもの**はどれか。

(1)　品質管理の目的は，設計図書，仕様書に示された品質規格に合致する工事目的物を，経済的につくり出すための管理手法である。

(2)　測定値が規格値を満足しない場合は，品質に異常が生じたものとして，その原因を追及し，再発しないよう処置する。

(3)　通常行われる土工の品質管理は，主に盛土の締固めが中心となり，一般に施工時の乾燥密度により管理する。

(4)　品質管理の手法は，一般に，施工後に各種試験を行い，品質が所定の目標を満足しない場合には必要な措置をとり，品質の確保をはかるものである。

解答　品質管理の手法は，一般に，施工の初期に各種試験を行い，品質が所定の目標を満足しない場合には必要な措置をとり，品質の確保をはかるものである。
　　したがって，(4)は**適当でない**。　　　　　　　　　　　　　　**答**　(4)

15 品質管理に関する次の記述のうち**適当でないもの**はどれか。

(1) 品質管理の目的は，契約約款，設計図書等に示された規格を十分満足するような構造物を最も経済的に施工することである。

(2) 品質管理計画を作成するためには，共通仕様書・特記仕様書・図面等や打合せ等により発注者の要求品質を正しく把握する必要がある。

(3) 品質管理の第一の目的は，品質に不良が発生しないように，材料及び工程を管理することではなく，不良箇所の発見である。

(4) 工事中の品質保証活動は，品質に焦点をあわせて要求品質を施工段階でつくり込み達成するために，改善提案と条件変化への対応を行うことである。

解答　品質管理の第一の目的は，品質に不良が発生しないように，工事の全ての段階で材料及び工程を管理することである。

したがって，(3)は**適当でない**。　　　　　　　　　　**答**　(3)

施工管理

━━━━━ 試験によく出る重要事項 ━━━━━

品質管理

a．品質管理：買い手の要求（規格）に合った品質の品物（工事目的物）を，経済的に作り出すための手段の体系。

b．品質管理の基本：品質管理マネジメントシステムの8原則（p.311）に基づく品質マネジメントシステムを構築し，維持すること。

c．品質管理の手法：プロセスアプローチの手法を用いて行う。

d．規格値の管理：品質の規定である規格値は，ヒストグラム・工程能力図・管理図などを用いて管理する。

| 5-1 | 施工管理 | 施工計画 | 原価管理 | ★★★ |

フォーカス　施工計画での原価管理は，ほぼ毎年出題されている。原価管理・工程管理（工期）・品質管理の関係については，工程管理・品質管理の分野でも出題される。施工の三大管理について，基本的事項を覚えておく。

16　原価管理に関する次の記述のうち，**適当でないもの**はどれか。

(1)　原価管理の目的は，将来の同種工事の見積に役立たせるため，原価資料を収集・整理することが含まれる。

(2)　原価管理の目的は，発生原価と実行予算を比較して差異を見出し，これを分析・検討して適時適切な処置をとり，発生原価を実行予算より高めに設定することが含まれる。

(3)　原価管理を有効に実施するためには，あらかじめどのような手順・方法でどの程度の細かさで原価計算を行うか決めておく必要がある。

(4)　原価管理を実施する体制は，工事の規模・内容によって担当する工事の内容ならびに責任と権限を明確化し，各職場，各部門を有機的・効果的に結合させる必要がある。

解答　原価管理の目的は，発生原価と実行予算を比較して差異を見出し，これを分析・検討して適時適切な処置をとり，発生原価を実行予算より低めに設定することが含まれる。

したがって，(2)は**適当でない**。　　　　　　　　　　　　　　**答**　(2)

17　工事の原価管理に関する次の記述のうち，**適当でないもの**はどれか。

(1)　原価管理の目的には，将来の同種工事の見積りに役立たせるため，原価資料を収集・整理することが含まれる。

(2)　原価管理の目的には，実際原価と実行予算を比較してその差異を見出し，これを分析・検討して適時適切な処置をとり，実際原価を実行予算より高めに設定することが含まれる。

(3)　原価管理は，工事受注後，最も経済的な施工計画をたて，これに基づいた実行予算の作成時点から始まって，工事決算時点まで実施される。

(4)　原価を引き下げるためには，ムリ・ムダ・ムラを排除する創意工夫が重要であり，コストダウンについて誰でも参加できる提案制度をつくることが望ましい。

解 答　原価管理の目的には，実際原価と実行予算を比較してその差異を見出し，これを分析・検討して適時適切な処置をとり，実際原価を実行予算より低めに設定することが含まれる。

したがって，(2)は**適当でない**。　　　　　　　　　　　　　　**答**　(2)

18　原価管理に関する次の記述のうち，**適当でないもの**はどれか。

(1)　原価管理の目的は，実際原価と実行予算を比較して差異を見出し，これを分析，検討して適時適切な処置をとり，実際原価を実行予算まで，ないしは実行予算より低くする。

(2)　原価管理は，天災その他不可抗力による損害などの内容などについては考慮する必要はないが，条件変更など工事の変更，中止，物価，労賃の変動については考慮する必要がある。

(3)　実行予算とは，具体的な施工計画，工程計画に基づいて算出した施工に必要な事前原価である。

(4)　実行予算は，契約後に現地を詳細調査し契約図書を再度照査し直し，本格的な施工のための詳細施工計画を立て，見積りを見直して実態に即して作成する。

解 答　原価管理は，天災その他不可抗力による損害及び条件変更など工事の変更，中止，物価，労賃の変動については考慮する必要がない。

したがって，(2)は**適当でない**。　　　　　　　　　　　　　　**答**　(2)

施工管理

〓〓〓〓〓〓〓〓〓〓〓〓 試験によく出る重要事項 〓〓〓〓〓〓〓〓〓〓〓〓

原価管理

a．**予定原価**：実行予算を作成するため，施工計画に基づいて算出した費用。実施原価の評価基準になる。

b．**実行予算**：施工計画を費用の面で裏づける予算である。

c．**原価発生の抑制**：工事着手前に実行予算を基準として，①原価比率の高いもの，②原価を低減する可能性の高いもの，③実施原価が超過する傾向の高いもの，④損失項目，に注目し，原価の抑制を図る。

| 5-1 | 施工管理 | 施工計画 | 安全確保および環境保全の施工計画 | ★★ |

フォーカス　安全および環境対策は，土木事業に携わる人にとっては，基本的事項である。過去問の演習で，主要項目を確認しておく。

19　工事の安全確保及び環境保全の施工計画立案時における留意事項に関する次の記述のうち，**適当でないもの**はどれか。

(1) 公道上で掘削を行う工事の場合は，電気，ガス及び水道などの地下埋設物の保護が重要であり，施工計画段階で調査を行い，埋設物の位置，深さなどを確認する際は労働基準監督署の立会を求める。

(2) 工事の着手に当たっては，工事に先がけ現場に広報板を設置し必要に応じて地元の自治会などに挨拶や説明を行うとともに，戸別訪問による工事案内やチラシ配布を行う。

(3) 施工現場への資機材の搬入及び搬出などは，交通への影響をできるだけ減らすように，施工計画の段階で資機材の搬入経路や交通規制方法などを十分に検討し最適な計画を立てる。

(4) 建設機械の選定にあたっては，低騒音型，低振動型及び排出ガス対策型を採用するとともに，沿道環境に影響の少ない稼働時間帯を選択する。

解答　公道上で掘削を行う工事の場合は，電気，ガス及び水道などの地下埋設物の保護が重要であり，施工計画段階で調査を行い，埋設物の位置，深さなどを確認する際は，管理者の立会を求める。

したがって，(1)は誤っている。　　　　　　　　　　　　　　**答** (1)

═══════════**試験によく出る重要事項**═══════════

安全確保および環境保全対策

a. 建設機械の選定：工事条件に合った合理的・経済的な機械を選定すると共に，現場の環境保全を考慮した選定が不可欠。

b. 主な環境保全項目：騒音・振動・大気汚染・粉じんなど。

c. 粉じん対策：散水や防塵ネットが有効。

第2章 工程管理

●出題傾向分析（出題数4問）

出題事項	設問内容	出題頻度
工程計画の目的等	工程計画の目的，管理手法，工程と品質・原価の関係，最適工程	毎年
各種工程表	各種工程表の概要・特徴	毎年
ネットワーク式工程表	ネットワークの計算，用語の意味	毎年
曲線式工程表	バナナ曲線の見方。工程の管理方法	毎年

◎学習の指針

1．工程管理について，工程計画の目的，工程管理における留意事項，品質や原価と工程の関係などの基本的事項が出題されている。

2．各種の工程表について，工程表の種類と概要・特徴，工程表の比較が出題されている。

3．ネットワークの計算が，毎年出題されている。クリティカルパスの計算は，必ずできるようにしておく必要がある。

4．曲線式工程表のバナナ曲線の見方，工程管理の方法が出題されている。

5．工程管理の問題は，出題範囲が決まっている。過去問の演習で，基本的事項を覚えておく。

| 5-2 | 施工管理 | 工程管理 | 工程管理の基本 | ★★★ |

フォーカス　工程管理の基本は，PDCA のプロセスアプローチである。PDCA による管理は，品質管理においても同じである。ISO 9000 と一緒に学習すると，理解しやすい。

1　工事の工程管理に関する次の記述のうち，**適当でないもの**はどれか。

(1)　工程管理は，施工計画において品質，原価，安全など工事管理の目的とする要件を総合的に調整し，策定された基本の工程計画をもとにして実施される。
(2)　工程管理を行う場合は，常に工事の進捗状況を把握して計画と実施のずれを早期に発見し，必要な是正措置を講ずる。
(3)　横線式工程表は，横軸に日数をとるので各作業の所要日数がわかり，作業の流れが左から右へ移行しているので作業間の関連を把握することができる。
(4)　工程曲線は，一つの作業の遅れや変化が工事全体の工期にどのように影響してくるかを早く，正確に把握することに適している。

解答　工程曲線は，一つの作業の遅れや変化が工事全体の工期にどのように影響してくるかを早く，正確に把握することに適していない。
　　したがって，(4)は**適当でない**。　　　　　**答**　(4)

2　工程管理に関する下記の(イ)～(ニ)に示す作業内容について，建設工事における一般的な作業手順として，次のうち**適当なもの**はどれか。
(イ)　工事の進捗に伴い計画と実施の比較及び作業量の資料の整理とチェックを行う。
(ロ)　作業の改善，再計画などの是正措置を行う。　(ハ)　工事の指示，監督を行う。
(ニ)　施工順序，施工法などの方針により工程の手順と日程の作成を行う。

(1)　(イ)→(ニ)→(ハ)→(ロ)　　(3)　(ニ)→(ハ)→(イ)→(ロ)
(2)　(ニ)→(イ)→(ロ)→(ハ)　　(4)　(イ)→(ロ)→(ニ)→(ハ)

解答　PDCA の手順で行う。P(ニ)施工順序，施工法などの方針により工程の手順と日程の作成を行う。D(ハ)工事の指示，監督を行う。C(イ)工事の進捗に伴い計画と実施の比較及び作業量の資料の整理とチェックを行う。A(ロ)作業の改善，再計画などの是正措置を行う。
　　したがって，(3)が**適当である**。　　　　　**答**　(3)

3 工程管理における日程計画に関する次の記述のうち，**適当でないもの**はどれか。

(1) 作業可能日数の算出は，工事量に 1 日平均施工量を除して算出し，その日数が所要作業日数より多くなるようにする必要がある。

(2) 日程計画では，各種工事に要する実稼働日数を算出し，この日数が作業可能日数より少ないか等しくなるようにする必要がある。

(3) 作業可能日数は，暦日による日数から，定休日，天候その他に基づく作業不能日数を差し引いて推定する。

(4) 1 日平均施工量は，1 時間平均施工量に 1 日平均作業時間を乗じて算出する。

解答 所要作業日数の算出は，工事量に 1 日平均施工量を除して算出し，その日数が作業可能日数より少なくなるようにする必要がある。

したがって，(1)は**適当でない**。　　　　　　　　　　　　　**答** (1)

4 工事の工程管理に関する次の記述のうち，**適当でないもの**はどれか。

(1) 工程管理は，施工計画において品質，原価，安全など工事管理の目的とする要件を総合的に調整し，策定された基本の工程計画をもとにして実施される。

(2) 工程の進捗状況の把握には，工事の施工順序と進捗速度を表わすいくつかの工程表を用いるのが一般的である。

(3) 工程管理を行う場合は，常に工事の進捗状況を把握して計画と実施のずれを早期に発見し，必要な是正措置を講ずる。

(4) 工程管理の内容は，施工計画の立案・計画を施工面で実施する改善機能と，施工途中で評価などの処置を行う統制機能に大別できる。

解答 工程管理の内容は，施工計画の立案・計画を施工面で実施する統制機能と，施工途中で評価などの処置を行う改善機能に大別できる。

したがって，(4)は**適当でない**。　　　　　　　　　　　　　**答** (4)

━━━━━━ 試験によく出る重要事項 ━━━━━━

工程管理の考え方

a．**工程管理の目的**：工期内に工事目的物を所定の品質で，経済的かつ安全に完成させること。

b．**管理手順**：①計画を立てる(Plan)，②計画に基づき実施する(Do)，③計画と実施結果を比較する(Check)，④ずれがあれば是正し，必要に応じて計画を見直す(Act)。

| 5-2 | 施工管理 | 工程管理 | 工程表の種類と特徴 | ★★★ |

フォーカス　工程表に関する問題は，毎年出題されている。各工程表の特徴や問題点などを確実に覚える必要がある。

5　工程管理に用いられる各工程表の特長について(イ)～(ハ)の説明内容に該当する工程表名に関する次の組合せのうち，**適当なもの**はどれか。

(イ)　ある一つの手戻り作業の発生に伴う，全体工程に対する影響のチェックができる。

(ロ)　トンネル工事で掘進延長方向における各工種の進捗状況の把握ができる。

(ハ)　各工種の開始日から終了日の所要日数，各工種間の関連が把握できる。

| | (イ) | (ロ) | (ハ) |

(1) バーチャート工程表‥‥‥ネットワーク式工程表‥‥ガントチャート工程表
(2) ネットワーク式工程表‥‥斜線式工程表‥‥‥‥‥‥バーチャート工程表
(3) ネットワーク式工程表‥‥ガントチャート工程表‥‥バーチャート工程表
(4) 斜線式工程表‥‥‥‥‥‥ガントチャート工程表‥‥ネットワーク式工程表

解答　(イ)ネットワーク式工程表，(ロ)斜線式工程表，(ハ)バーチャート工程表
したがって，(2)が**適当である**。　　　　　　　　　　**答** (2)

6　工程管理に用いられるバーチャート工程表とネットワーク式工程表に関する次の記述のうち，**適当でないもの**はどれか。

(1)　バーチャート工程表は，簡単な工事で作業数の少ない場合に適しているが，複雑な工事では作成・変更・読取りが難しい。

(2)　バーチャート工程表は，各作業の所要日数がタイムスケールで描かれて見やすく，実施工程を書き入れることにより一目で工事の進捗状況がわかる。

(3)　ネットワーク式工程表の所要時間は，各作業の最早の経路により所要時間を決めている。

(4)　ネットワーク式工程表の結合点は，結合点に入ってくる矢線(作業)が全て終了しないと，結合点から出ていく矢線(作業)は開始できない関係を示している。

解答　ネットワーク式工程表の所要時間は，各作業の最長の経路により所要時間を決めている。
したがって，(3)は**適当でない**。　　　　　　　　　　**答** (3)

7　　工程管理に使われる工程表の種類と特徴に関する次の記述のうち，**適当で**ないものはどれか。

(1)　横線式工程表（バーチャート）は，作業の流れが左から右へ移行しているので漠然と作業間の関連はわかるが，工期に影響する作業がどれであるかはつかみにくい。

(2)　ネットワーク式工程表は，あらかじめ時間的に余裕のない経路は確認できるが，1つの作業の遅れや変化が工事全体の工期に影響するかを把握することが難しい。

(3)　斜線式工程表は，トンネル工事のように工事区間が線上に長く，しかも工事の進行方向が一定の方向にしか進捗できない工事によく用いられる。

(4)　グラフ式工程表は，予定と実績の差を直視的に比較でき，施工中の作業の進捗状況もよくわかる。

解答　ネットワーク式工程表は，あらかじめ時間的に余裕のない経路が確認でき，1つの作業の遅れや変化が工事全体の工期に影響するかを把握することができる。

　　したがって，(2)は**適当でない**。　　　　　　　　　　　　　　　　**答**　(2)

8　　工程管理に使われる工程表の種類と特徴に関する次の記述のうち，**適当で**ないものはどれか。

(1)　グラフ式工程表は，どの作業が未着手か，施工中か，完了したのか一目瞭然であり，予定と実績との差を直視的に比較するのに便利である。

(2)　斜線式工程表は，トンネル工事のように工事区間が線上に長く，しかも工事の進行方向にしか進捗できない工事に用いられる。

(3)　横線式工程表（バーチャート）は，作業の流れが左から右に移行しているので作業間の関連がわかり，工期に影響する他作業への影響や全体工期に対する影響がつかみやすい。

(4)　ネットワーク式工程表は，各作業の進捗状況及び他作業への影響や全体工期に対する影響を把握でき，どの作業を重点管理すべきか明確にできる。

解答　横線式工程表（バーチャート）は，作業の流れが左から右に移行しているので各作業の工期は明確であるが，作業の相互関係が漠然とし，工期に影響する作業は不明である。

　　したがって，(3)は**適当でない**。　　　　　　　　　　　　　　　　**答**　(3)

施工管理

━━━━━ 試験によく出る重要事項 ━━━━━

工程表の種類と特徴

工程表の要点

工　程　表			表　示	長　所	短　所
各作業用管理	横線式工程表	ガントチャート	作業名 A ▽80 100% / B ▽30 0 100% 完成率	• 進捗状況明確 • 表が作成容易	• 工期不明 • 重点管理作業不明 • 作業の相互関係不明
		バーチャート	作業名 A / B 7日 10日 工期	• 工期明確 • 表が作成容易 • 所要日数明確	• 重点管理作業不明 • 作業の相互関係がわかりにくい
	座標式工程表	グラフ式工程表	出来高 A B C 工期	• 工期明確 • 表が作成容易 • 所要日数明確	• 重点管理作業不明 • 作業の相互関係がわかりにくい
		斜線式工程表	工期 B C A 距離	• 工期明確 • 表が作成容易 • 所要日数明確	• 重点管理作業不明 • 作業の相互関係がわかりにくい
	ネットワーク式工程表	ネットワーク	A 3 ② ① B 2 ③ C 2 ④ 作業・工期	• 工期明確 • 重点管理作業明確 • 作業の相互関係明確 • 複雑な工事も管理	• 一目では，全体の出来高が不明
全体出来高用管理	曲線式工程表	出来高累計曲線	出来高 Sカーブ 工期	• 出来高専用管理 • 工程速度の良否の判断ができる	• 出来高の良否以外は不明
		工程管理曲線（バナナ曲線）	出来高 工期	• 管理の限界明確 • 出来高専用管理	• 出来高の管理以外は不明

工程表別の特徴

表　示	ガントチャート	バーチャート	ネットワーク	曲　線　式
作業の手順	不　明	漠　然	判　明	不　明
作業に必要な日数	不　明	判　明	判　明	不　明
作業進行の度合	判　明	漠　然	判　明	判　明
工期に影響する作業	不　明	不　明	判　明	不　明
図表の作成	容　易	容　易	複　雑	やや難しい
短期工事・単純工事	○	○	×	○

| 5-2 | 施工管理 | 工程管理 | 工程・品質・原価の関係 | ★★★ |

フォーカス　工程・品質・原価管理の問題は，施工管理における基本的な事項である。問題演習によって，要点を把握しておく。

9　工程管理を行う上で品質・工程・原価に関する次の記述のうち，**適当なも
のはどれか**。

(1)　品質と工程の関係は，品質のよいものは時間がかかり，施工を速めて突貫
作業をすると品質は悪くなる。

(2)　品質と原価の関係は，よい品質のものは安くできるが，悪い品質のものは
逆に原価が高くなる。

(3)　工程と原価の関係は，施工を速めると原価は段々安くなり，さらに施工速
度を速めると益々原価は安くなる。

(4)　品質・工程・原価の関係は，相反する性質があることから，それぞれ単独
の考え方で計画し，工期を守り，品質を保つように管理する。

解答　(2)　品質と原価の関係は，よい品質のものは**高く**なり，悪い品質のもの
は逆に原価が**安く**なる。

(3)　工程と原価の関係は，施工を速めると原価は段々安くなり，さらに施工
速度を速めると原価は**高く**なる。

(4)　品質・工程・原価の関係は，相反する性質があることから，**品質を保ち
ながら原価を最小とする工程**を目指す。

(1)は，記述のとおり**適当**である。　　　　　　　　　　　**答　(1)**

━━━━━━━ 試験によく出る重要事項 ━━━━━━━

工程・品質・原価の関係

①　工程を早めると原価は安くなるが，さらに早
めると上昇する。曲線 a

②　品質をよくすると，原価は高くなる。曲線 b

③　品質をよくすると工程は遅くなる。曲線 c

④　突貫工事は，費用がかかる。

⑤　原価を最小とする工程が，最適工程である。

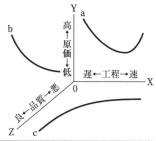

| 5-2 | 施工管理 | 工程管理 | 工程管理曲線 | ★★ |

フォーカス　工程管理曲線は，最新5年間で3回の出題である。過去問の演習
で管理の方法を学習する。

10　工程管理曲線（バナナ曲線）を用いた工程管理に関する次の記述のうち，**適
当なもの**はどれか。
(1)　予定工程曲線が許容限界からはずれるときには，一般に不合理な工程計画
と考えられるので，再検討を要する。
(2)　工程計画は，全工期に対して工程（出来高）を表す工程管理曲線の勾配が，
工期の初期→中期→後期において，急→緩→急となるようにする。
(3)　実施工程曲線が予定工程曲線の上方限界を超えたときは，工程遅延により
突貫工事となることが避けられないため，突貫工事に対して経済的な実施方
策を検討する。
(4)　実施工程曲線が予定工程曲線の下方限界に接近している場合は，一般にで
きるだけこの状態を維持するように工程を進行させる。

解答　(2)　工程計画は，全工期に対して工程（出来高）を表す工程管理曲線の勾
配が，工期の初期→中期→後期において，**緩→急→緩**となるようにする。
(3)　実施工程曲線が予定工程曲線の**下方限界**を超えたときは，工程遅延によ
り突貫工事となることが避けられないため，突貫工事に対して経済的な実
施方策を検討する。
(4)　実施工程曲線が予定工程曲線の下方限界に接近している場合は，一般に
できるだけこの状態を**改善**するように工程を進行させる。
(1)は，記述のとおり**適当である**。　　　　　　　　　　　　　**答**　(1)

11　工程管理曲線（バナナ曲線）を用いた工程管理に関する次の記述のうち，**適
当でないもの**はどれか。
(1)　予定工程曲線がバナナ曲線の許容限界からはずれる場合は，一般に不合理
な工程計画と考えられるので，再検討を要する。
(2)　実施工程曲線がバナナ曲線の下方限界を下回るときは，工程遅延により突
貫工事が不可避となるので，根本的な施工計画の再検討が必要である。
(3)　実施工程曲線がバナナ曲線の下方限界に接近している場合は，実施工程曲
線の勾配をより緩くするよう直ちに対策をとる必要がある。
(4)　予定工程曲線がバナナ曲線の上方限界と下方限界の間にある場合には，工程曲
線の中期における工程をできるだけ緩やかな勾配になるよう合理的に調整する。

解 答　実施工程曲線がバナナ曲線の下方限界に接近している場合は，実施工程曲線の勾配をより急にするよう直ちに対策をとる必要がある。

したがって，(3)は**適当でない**。　　　　　　　　　　　　　　　　　**答**　(3)

12　工程管理曲線（バナナ曲線）を用いた工程管理に関する次の記述のうち，**適当なもの**はどれか。

(1)　実施工程曲線が許容限界曲線の上方限界を超えたときは，工程が進みすぎているので，必要以上に大型機械を入れるなど，不経済となっていないかを検討する。

(2)　予定工程曲線が許容限界からはずれる場合，一般に許容限界曲線が不合理なため，位置を変更し許容限界内に入るよう調整する。

(3)　予定工程曲線が許容限界内に入っている場合は，工程の中期では，できる限り上方限界に近づけるために早めに調整する。

(4)　実施工程曲線が許容限界曲線の上方限界を上回るときは，どうしても工程が遅れることになり突貫工事が不可避となるので施工計画を再度検討する。

解 答　(2)　予定工程曲線が許容限界からはずれる場合，一般に工程計画が不合理なため，主工事を優先し許容限界内に入るよう調整する。

(3)　予定工程曲線が許容限界内に入っている場合は，工程の中期では，できる限り緩やかな勾配になるよう早めに調整する。

(4)　実施工程曲線が許容限界曲線の下方限界を下回るときは，どうしても工程が遅れることになり突貫工事が不可避となるので施工計画を再度検討する。

(1)は，記述のとおり**適当である**。　　　　　　　　　　　　　　　**答**　(1)

施工管理

━━━━━━━━━━━ 試験によく出る重要事項 ━━━━━━━━━━━

工程管理曲線

①　工程管理曲線は，工事の進捗に合わせて実際の出来高をプロットしていくことにより，その進捗状況が管理できる。図において，A点は進捗が早過ぎて不経済である。無駄をなくすために施工速度をゆるめ，工程がバナナ曲線のなかに入るようにする。B点は進捗が遅過ぎるので，突貫工事などにより，工程がバナナ曲線のなかに入るようにしなければならない。

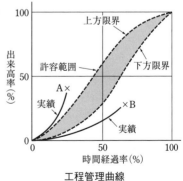

工程管理曲線

②　工程管理曲線は，工程全体の進捗状況を管理するもので，各作業の工程は管理できない。各作業の進捗を管理するバーチャートと組み合わせて使用し，工程を管理する。

5-2　施工管理　工程管理　ネットワーク式工程表の規則　★★★

フォーカス　ネットワーク式工程表の問題は，毎年出題されている。基本的用
語は，覚えておく。

13　工程管理のネットワーク式工程表に関する次の記述のうち，**適当でないも**
のはどれか。
- (1)　イベント（結合点）とは，作業と作業の結合点及び作業の開始，終了を示す
ものとしてマル（○）をつけ○の中に正整数を記入する。
- (2)　アクティビティ（作業）とは，任意のある作業のイベントから開始すべき時
刻と完了すべき時刻の差のことである。
- (3)　最遅結合点時刻とは，工期から逆算して，任意のイベントで完了する作業
のすべてが，遅くとも完了していなければならない時刻をいう。
- (4)　ダミーとは，所要時間を持たない（使用時間ゼロ）の疑似作業で，アクティ
ビティ相互の関係を示すために使われ，破線に矢印（----→）で表示される。

解答　アクティビティ（作業）とは，時間を伴う活動のこと。任意のある作業の
イベントから開始すべき時刻と完了すべき時刻の差のことは，余裕という。
したがって，(2)は**適当でない**。　　　　　　　**答**　(2)

14　ネットワーク手法に関する次の記述のうち，**適当でないものはどれか。**
- (1)　スラックが0のイベントでは，最早結合点時刻と最遅結合点時刻は等しく
ならない。
- (2)　クリティカルイベントを通る経路は，すべてクリティカルパスであるとい
うことはない。
- (3)　イベント番号は，先行結合点より後続結合点が大きいことを満足している
場合，連続番号でも飛び番号でも可能である。
- (4)　ダミーは，所要時間を持たない擬似作業で，並行する複数のアクティビテ
ィの順序関係を明確にする役割がある。

解答　スラックが0のイベントでは，最早結合点時刻と最遅結合点時刻が等し
くなる。
したがって，(1)は**適当でない**。　　　　　　　**答**　(1)

━━━━━━━━━━ 試験によく出る重要事項 ━━━━━━━━━━

ネットワーク式工程表

1. 図の用語

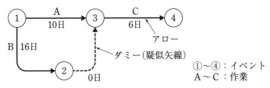

ネットワーク式工程表

① 　**パス**：経路のことで，二つ以上の作業の連なり。

② 　**アロー**：作業の進行方向を表す矢線。

③ 　**イベント**(結合点)：作業(またはダミー)と作業(またはダミー)を結合する点で，番号または記号で示す。

④ 　**スラック**：イベントにおける余裕時間。

⑤ 　**ダミー**：時間をもたない架空の作業で，擬似作業ともいう。作業の前後関係のみを表し，並列作業の関係を明確にする。

⑥ 　**アクティビティ**：ネットワークを構成する作業単位。上図の① ━━ ③の作業 A，10 日が一つのアクティビティとなる。

2. 計算に使われる用語

① 　**最早開始時刻**：作業が最も早く着手できる日。

② 　**最遅完了時刻**：遅くとも，この時刻までにその作業を終了していないと，工期が遅れる限界の時刻。

③ 　**余裕時間**(フロート)：作業を最早開始時刻で始め，最遅完了時刻で完了する場合に生じる差。

④ 　**クリティカルパス**：最初の作業から最後の作業に至る最も長い経路(パス)で，工期を左右する経路。トータルフロートは 0 である。

⑤ 　**フォローアップ**：工期が遅れるような状況に対応して，工程の修正等の操作を行うこと。

施工管理

| 5-2 | 施工管理 | 工程管理 | ネットワークの計算 | ★★★ |

フォーカス　ネットワークの計算は，毎年，出題されるので，過去問で演習し，必ずできるようにしておく。

15　下図のネットワーク式工程表に関する次の記述のうち，**適当なもの**はどれか。ただし，図中のイベント間の A～K は作業内容，日数は作業日数を表す。

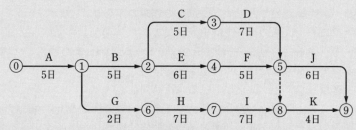

(1)　工事開始から工事完了までの必要日数（工期）は 30 日である。

(2)　クリティカルパスは，⓪→①→⑥→⑦→⑧→⑨である。

(3)　①→⑥→⑦→⑧の作業余裕日数は 1 日である。

(4)　作業 K の最早開始日は，工事開始後 26 日である。

解答　各パスを計算する。

⓪→①→②→③→⑤→⑨　　　$5 + 5 + 5 + 7 \boxed{= 22} + 6 = 28$

⓪→①→②→③→⑤→⑧→⑨　　$5 + 5 + 5 + 7 + 0 \boxed{= 22} + 4 = 26$

⓪→①→②→④→⑤→⑨　　　$5 + 5 + 6 + 5 + 6 = 27$

⓪→①→②→④→⑤→⑧→⑨　　$5 + 5 + 6 + 5 + 0 \boxed{= 21} + 4 = 25$

⓪→①→⑥→⑦→⑧→⑨　　　$5 + 2 + 7 + 7 \boxed{= 21} + 4 = 25$

(1)　工事開始から工事完了までの必要日数（工期）は 28 日である。

(2)　クリティカルパスは，⓪→①→②→③→⑤→⑨である。

(4)　作業 K の最早開始日は，工事開始後 22 日である。

(3)は，記述のとおり**適当である**。　　　　　　　　　**答**　(3)

16　下図のネットワーク式工程表に関する次の記述のうち，**適当なもの**はどれか。ただし，図中のイベント間の A～K は作業内容，日数は作業日数を表す。

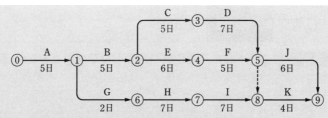

(1)　作業 K の最早開始日は，工事開始後 23 日である。

(2)　①→⑥→⑦→⑧の作業余裕日数は 4 日である。

(3)　クリティカルパスは，⓪→①→②→④→⑤→⑨である。

(4)　工事開始から工事完了までの必要日数(工期)は 27 日である。

解答　各パスを計算する。

⓪→①→②→③→⑤→⑨　　　　　$5 + 5 + 7 + 6 + 6 = 29$　クリティカルパス

⓪→①→②→④→⑤→⑨　　　　　$5 + 5 + 6 + 5 + 6 = 27$

⓪→①→②→④→⑤→⑧→⑨　　$5 + 5 + 6 + 5 + 4 = 25$

⓪→①→⑥→⑦→⑧→⑨　　　　$5 + 2 + 7 + 7 + 4 = 25$

(2)　①→⑥→⑦→⑧の作業余裕日数は **2** 日である。

　　（⑧において 23 日 − 21 日 = 2 日）

(3)　クリティカルパスは，⓪→①→②→③→⑤→⑨である。

(4)　工事開始から工事完了までの必要日数(工期)は **29** 日である。

　　(1)は，記述のとおり適当である。　　　　　　　　　　　　　**答**　(1)

施工管理

━━━━━━━━━━ 試験によく出る重要事項 ━━━━━━━━━━

ネットワーク式工程表の基本ルール

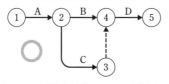 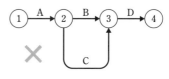

①　イベント(結合点)には，番号または記号を付す。

②　イベント番号は，同じ番号があってはならない。

③　イベント番号は，作業の進行方向に向かって大きな番号(数字)にする。
　　番号は，先行結合点より後続結合点が大きければ，連続番号である必要は
　　ない。

④　同一イベント間に二つ以上の矢線を引いてはならない

⑤　イベントに入ってくる矢線(先行作業)が全て完了しないと，イベントか
　　ら出る矢線(後続作業)は開始できない。

| 5-2 | 施工管理 | 工程管理 | 施工能率 | ★★ |

　施工能率は，工程作成の基礎となる事項である。問題演習から，標準作業量・作業時間率・作業能率・稼働率などの内容を確認する。

17　施工能率に関する次の記述のうち**適当でないもの**はどれか。

(1)　施工計画の詳細計画段階で策定された1日当たりの計画作業量は，標準作業量に稼働率と作業効率をかけて算出したものである。

(2)　作業時間率は，建設機械の運転時間に対する主目的の作業時間の割合をいい，運転時間の中には障害物の出現による機械の停止時間や段取り待ち等による時間損失が含まれる。

(3)　稼働日数率は，在籍供用日数に対する稼働日数の割合をいい，建設機械の場合には悪天候による作業の中止や機械の故障などに影響されない。

(4)　作業能率は，標準状態の条件下で達成される標準作業量に対する実作業量の比をいい，建設機械の場合には作動速度の低下や積込み容量の低下などが総合されたものと考えられる。

解答　稼働日数率は，在籍している作業員や建設機械の総数に対する，稼働人数や稼働台数の割合をいい，建設機械の場合には悪天候による作業の中止や機械の故障などに影響される。

　　したがって，(3)は**適当でない**。　　　　　　　　　　　　　　**答**　(3)

===== 試験によく出る重要事項 =====

工程計画の基準となる施工速度

　　建設機械の施工速度には，**最大施工速度・正常施工速度・平均施工速度**がある。工程計画および工事費見積りの基礎には，平均施工速度を用いる。

　　最大施工速度と正常施工速度は，建設機械の組合せを計画する場合，各工程の機械の作業能力をバランスさせるために用いる。

第3章　安全管理

●**出題傾向分析**（出題数11問）

出題事項	設問内容	出題頻度
安全衛生管理体制	各管理者の業務，教育・安全活動，健康管理対策	5年に3回程度
事業者の措置義務	特定元方事業者の措置義務，安全対策全般	5年に4回程度
労働災害統計	労働災害発生要因と順位，職業性疾病の予防	5年に2回程度
建設工事公衆災害防止対策要綱	建設工事公衆災害防止対策要綱の規定	5年に3回程度
危険防止	危険に対する事前調査と防止対策	5年に3回程度
施工体制	リース等機械の使用，責任区分	5年に3回程度
足場作業	足場の構造規定，安全作業，組立解体	5年に4回程度
土留め支保工	土留め支保工・型枠支保工の規定	5年に4回程度
移動式クレーン	移動式クレーンの安全作業，玉掛作業の規定，架空線近接工事	5年に4回程度
掘削作業	明り掘削の安全規定，急傾斜地掘削，ずい道工事	毎年
土石流	土石流への安全対策，異常気象の対策	5年に2回程度
車両系建設機械	車両系建設機械の安全作業，資格	5年に4回程度
危険有害業務	酸素欠乏作業，危険有害業務の対策	5年に2回程度
保護具	保護具の種類と使用の規定，親綱・ワイヤロープ・ネットの規定	5年に3回程度

◎学習の指針

1. 安全管理の問題は，労働安全衛生法，労働安全衛生規則およびクレーン等安全規則などの法令や，これらをまとめて編集した建設工事公衆災害防止対策要綱の条文から出題されている。主なものは以下のとおり。

2. 土留め支保工，足場，明り掘削，移動式クレーン作業の安全の問題が，毎年のように出題されている。

3. 特定元方事業者としての措置義務，車両系建設機械の安全作業，酸素欠乏対策・危険有害業務，保護具などが，高い頻度で出題されている。

4. リース機械使用の責任区分，土石流，ずい道，現場溶接の安全対策について，数年おきに出題されている。

5. 出題数が多いので，解答できなければ影響が大きい。基礎知識があれば常識で判断できる問題も多いので，過去問の演習で判断力をつけておく。

5-3　施工管理　安全管理　安全衛生管理体制　★★★

フォーカス　安全衛生管理体制は，隔年程度で出題されている。安全管理者・衛生管理者・作業主任者の種類と役割，設置基準などを覚えておく。

1　建設業の安全衛生管理体制に関する次の記述のうち，労働安全衛生法令上，誤っているものはどれか。
- (1) 総括安全衛生管理者が統括管理する業務には，安全衛生に関する計画の作成，実施，評価及び改善が含まれる。
- (2) 安全管理者の職務は，総括安全衛生管理者の業務のうち安全に関する技術的な具体的事項について管理することである。
- (3) 統括安全衛生責任者は，当該場所においてその事業の実施を統括管理する者が充たり，元方安全衛生管理者の指揮を行う。
- (4) 衛生管理者の職務は，総括安全衛生管理者の業務のうち衛生に関する事務的な具体的事項について管理することである。

解答　衛生管理者の職務は，総括安全衛生管理者の業務のうち衛生に関する技術的な具体的事項について管理することである。
　したがって，(4)は誤っている。　　　　　　　　　　　　　　**答**　(4)

2　建設業の安全衛生管理体制に関する次の記述のうち，労働安全衛生法上，正しいものはどれか。
- (1) 事業者は，コンクリート破砕器を使う破砕の作業について，コンクリート破砕器作業主任者の特別教育を受けた者から作業主任者を選任する。
- (2) 特定元方事業者は，労働災害を防止するために統括安全衛生責任者と安全衛生責任者を選任する。
- (3) 事業者は，常時20人の労働者を使用する事業場に該当している場合には，安全管理者を選任する。
- (4) 特定元方事業者は，その労働者及びその関係請負人の労働者を合わせた数が常時70人程度である場合には，統括安全衛生責任者を選任する。

解答　(1)　事業者は，コンクリート破砕器を使う破砕の作業について，コンクリート破砕器作業主任者の技能講習を受けた者から作業主任者を選任する。

(2)　特定元方事業者は，労働災害を防止するために統括安全衛生責任者を選任する。同時に安全衛生責任者は選任しない。

(3)　事業者は，常時 50 人の労働者を使用する事業場に該当している場合には，安全管理者を選任する。

(4)は，記述のとおり**正しい**。　　　　　　　　　　　　　　　　**答**　(4)

══════════════ 試験によく出る重要事項 ══════════════

安全衛生管理体制

a．**統括安全衛生責任者**：下請を含む，常時，50 人以上の事業場は，統括安全衛生責任者を選任する。この場合，元方安全衛生管理者を選任して，技術的事項を担当させる。

b．**総括安全衛生管理者**：常時，100 人以上の労働者を使用する事業場は，総括安全衛生管理者を選任する。

c．**安全管理者**：常時，50 人以上の労働者を使用する事業場は，安全管理者を選任する。

d．**作業主任者**：地山の掘削作業，土止め支保工作業，型枠支保工の組立等作業などを行う場合には，作業主任者を選任し，作業の指揮などを行わせなければならない。

e．**作業主任者の職務**：作業方法の決定，作業の直接指揮，材料の欠陥，器具・工具・安全帯・保護帽の点検と不良品の排除，安全帯・保護帽の使用状況の監視。

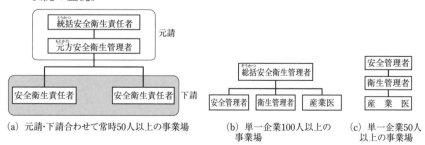

(a) 元請・下請合わせて常時50人以上の事業場　　(b) 単一企業100人以上の事業場　　(c) 単一企業50人以上の事業場

安全衛生管理体制

| 5-3 | 施工管理 | 安全管理 | 特定元方事業者の措置義務 | ★★★ |

フォーカス　労働安全衛生法に規定されている特定元方事業者が，労働災害を防止するために講じる措置，および，安全管理体制の問題は，毎年，出題されている。過去問の演習で，責任範囲・主要規定など，要点を整理しておく。

3　下図に示す施工体制の現場において，A社がB社に組み立てさせた作業足場でB社，C社，D社が作業を行い，E社はC社が持ち込んだ移動式足場で作業を行うこととなった。特定事業の仕事を行う注文者として積載荷重の表示，点検等の安全措置義務に関する次の記述のうち，労働安全衛生法令上，正しいものはどれか。

```
発注者 ───── 特定元方事業者A社 ─┬─ 一次下請B社
                              └─ 一次下請C社 ─┬─ 二次下請D社
                                             └─ 二次下請E社
```

(1)　A社は，作業足場について，B社，C社，D社の労働者に対し注文者としての安全措置義務を負わない。

(2)　B社は，自社が組み立てた作業足場について，D社の労働者に対し注文者としての安全措置義務を負う。

(3)　A社は，C社が持ち込んだ移動式足場について，E社の労働者に対し注文者としての安全措置義務を負わない。

(4)　C社は，移動式足場について，事業者としての必要措置を行わなければならないが，注文者としての安全措置義務も負う。

解答　(1)　A社は，作業足場について，B社，C社，D社の労働者に対し注文者としての安全措置義務を**負う**。

(2)　B社は，自社が組み立てた作業足場について，D社の労働者に対し注文者としての安全措置義務を**負わない**。

(3)　A社は，C社が持ち込んだ移動式足場について，E社の労働者に対し注文者としての安全措置義務を**負う**。

(4)は，記述のとおり**正しい**。　　　　　　　　　　　　　　　**答　(4)**

4 建設工事の労働災害の防止対策に関する次の記述のうち，労働安全衛生法上，**誤っているもの**はどれか。

(1) 請負人は，注文者が現場に設置した足場について，足場の基準に適合しないものであることを知ったときは，速やかにその旨を注文者に申し出なければならない。

(2) 事業者は，ドラグショベルによりクレーンモードでつり上げ作業を行う場合，車両系建設機械の運転資格者に特別教育や技能講習を省略して作業をさせることができる。

(3) 特定元方事業者は，関係請負人が行う労働者の安全又は衛生のための教育に対する指導及び援助を行わなければならない。

(4) 事業者は，アーク溶接機を用いて行う金属の溶接，溶断等の業務を行う者に対しては，安全のための特別教育を行って作業をさせることができる。

解 答 事業者は，ドラグショベルによりクレーンモードでつり上げ作業を行う場合，車両系建設機械の運転資格者に特別教育や技能講習を**受けさせて**作業をさせることができる。

したがって，(2)は誤っている。 **答** (2)

縦書き：施工管理

━━━━━━ 試験によく出る重要事項 ━━━━━━

特定元方事業者の行うべき措置

① 協議組織の設置および運営。
② 作業間の連絡および調整。
③ 作業場所の巡視（毎作業日に最低1回）。
④ 関係請負人が行う安全衛生教育に対する指導および援助。
⑤ 仕事の工程に関する計画，および，作業場所における機械や設備などの配置に関する計画の作成。機械や設備などを使用する作業に関する指導（建設業の特定元方事業者に限る）。

| 5-3 | 施工管理 | 安全管理 | 安全・衛生活動 | ★★ |

労働安全衛生法に基づく，労働者を労働災害から防止するための安全・衛生活動の問題は，毎年，異なったテーマで出題されている。常識的な判断で解答できる内容なので，過去問の演習で判断力を養っておく。

5 労働者の健康管理のために事業者が講じるべき措置に関する次の記述のうち，労働安全衛生法令上，**誤っているもの**はどれか。

(1) 事業者は，原則として常時使用する労働者に対し，1 年以内ごとに 1 回，定期に，医師による健康診断を行わなければならない。

(2) 休憩時間を除き 1 週間当たり 40 時間を超えて労働させた場合におけるその超えた時間が 1 月当たり 100 時間を超え，かつ，疲労の蓄積が認められる労働者の申出により，保健所のカウンセラーによる面接指導を行わなければならない。

(3) 一定の危険性・有害性が確認されている化学物質を取り扱う場合には，事業場におけるリスクアセスメントが義務づけられている。

(4) 事業者は，常時特定粉じん作業に係る業務に労働者を就かせるときは，粉じんの発散防止及び作業場所の換気方法，呼吸用保護具の使用方法等について特別の教育を行わなければならない。

解答 休憩時間を除き 1 週間当たり 40 時間を超えて労働させた場合におけるその超えた時間が 1 月当たり 100 時間を超え，かつ，疲労の蓄積が認められる労働者の申出により，**医師**による面接指導を行わなければならない。

したがって，(2)は**誤っている**。　　　　　　　　　　**答**　(2)

6 建設工事現場の新規入場者への教育に関する次の記述のうち，労働安全衛生法令上，**誤っているもの**はどれか。

(1) 事業者が，作業の開始に先立ち，従事する労働者に法令に基づく特別教育を行った場合には，受講者，科目等の記録を作成するとともに，これを定められた期間保存しておかなければならない。

(2) 事業者は，労働者を雇い入れたときは，安全又は衛生のための教育を実施する必要があり，当該作業に十分な知識及び技能を有していると認められる者についても，これらの教育を省略してはならない。

(3) 事業者は，新たに作業を行うこととなった職長その他の作業中の労働者を

監督する立場の者に対し，作業手順の決定，労働者の配置や指導，異常時の措置等について，所定時間以上の教育を行わなければならない。
(4) 事業者は，労働者の作業内容を変更したときは，遅滞なく，当該労働者が従事する業務に関する安全又は衛生のための教育を行わなければならない。

解　答　事業者は，労働者を雇い入れたときは，安全又は衛生のための教育を実施する必要があり，当該作業に十分な知識及び技能を有していると認められる者については，これらの教育を省略することができる。
　　したがって，(2)は誤っている。　　　　　　　　　　　　　　　　**答**　(2)

======== 試験によく出る重要事項 ========

安全・衛生活動

　a．**教育・講習**：事業者は，安全管理者・衛生管理者などの労働災害の防止業務に従事する者に対し，教育・講習などを行い，または，これらを受ける機会を与えるように努めなければならない。

　b．**指導および援助**：特定元方事業者は，関係請負人が行う労働者の安全または衛生のための教育に対する指導および援助を行う。

　c．**新規雇入れ時の教育**：事業者は，労働者を雇い入れ，または，労働者の作業内容を変更したときは，遅滞なく，教育を行わなければならない。

　d．**報告制度**：指定事業場などにおける安全衛生教育の計画および実施結果について，事業者は，4 月 1 日から翌年 3 月 31 日までに行った安全または衛生のための教育の実施結果を，毎年 4 月 30 日までに，所轄労働基準監督署長へ報告しなければならない。

　e．**4S**：整理・整頓・清潔・清掃を表す。

　f．**安全朝礼**：気持を切り替えるのに有効であり，同時に，作業者の健康状態についても確認することが重要である。

　g．**指差し呼称**：作業者の錯覚・誤判断・誤操作などを防止し，作業の安全性を高める。

　h．**危険予知(KY)活動**：災害発生要因を先取りし，現場や作業に潜む危険性・有害性を自主的に発見し，その問題点を解決する活動で，小集団で行われる。

　i．**ヒヤリ・ハット事例報告制度**：「ヒヤリとした」，「ハットした」ことを職場の全員に周知・徹底し，今後の作業の安全確保に役立てる制度。

施工管理

| 5-3 | 施工管理 | 安全管理 | 安全対策器具・用具 | ★★★ |

フォーカス　保護帽，安全靴，安全帯などの，安全用具の基本的事項を覚えておく。

7　建設工事現場における保護具の使用に関する次の記述のうち，**適当なもの**はどれか。

(1) 保護帽の材質は，PC，PE，ABS などの熱可塑性樹脂製のものは使用できる期間が決められているが，FRP などの熱硬化性樹脂製のものは決められていない。

(2) 保護帽の着装体(ハンモック，ヘッドバンド，環ひも)を交換するときは，同一メーカーの同一形式の部品を使用しなくてもよい。

(3) 安全靴は，作業区分による種類に応じたものを使用し，つま先部に大きな衝撃を受けた場合は外観のいかんにかかわらず，速やかに交換する。

(4) 防毒マスク及び防じんマスクは，酸素濃度不足が予想される酸素欠乏危険作業で用いなければならない。

解答　(1) 保護帽の材質は，PC，PE，ABS などの熱可塑性樹脂製のもの及びFRP などの熱硬化性樹脂製のものも使用できる期間が決められている。

(2) 保護帽の着装体(ハンモック，ヘッドバンド，環ひも)を交換するときは，同一メーカーの同一形式の部品を使用する。

(4) 酸素濃度不足が予想される酸素欠乏危険作業では酸素の送気マスクを用いなければならない。

(3)は，記述のとおり**適当である**。　　　　　　　　　　　　　**答**　(3)

8　保護具の使用に関する次の記述のうち，**適当でないもの**はどれか。

(1) 保護帽は，着装体のヘッドバンドで頭部に適合するように調節し，事故のとき脱げないようにあごひもは正しく締めて着用する。

(2) 防毒マスク及び防じんマスクは，酸素欠乏症の防止には全く効力がなく，酸素欠乏危険作業に用いてはならない。

(3) 手袋は，作業区分をもとに用途や職場環境に応じたものを使用するが，ボール盤等の回転する刃物に手などが巻き込まれるおそれがある作業の場合は使用してはならない。

(4) 安全靴は，作業区分をもとに用途や職場環境に応じたものを使用し，つま先部に大きな衝撃を受けた場合は，損傷の有無を確認して使用する。

解答　安全靴は，作業区分をもとに用途や職場環境に応じたものを使用し，つま先部に大きな衝撃を受けた場合は，使用しない。

したがって，(4)は**適当でない**。　　　　　　　　　　**答**　(4)

9　墜落による危険を防止するための安全ネットの設置に関する次の記述のうち，**適当でないもの**はどれか。

(1)　人体又はこれと同等以上の重さを有する落下衝撃を受けた安全ネットは，入念に点検した後に使用する。

(2)　安全ネットの支持点の間隔は，ネット周辺からの墜落による危険がないものでなければならない。

(3)　安全ネットには，製造者名・製造年月・仕立寸法等を見やすい箇所に表示しておく。

(4)　溶接や溶断の火花，破れ等で破損した安全ネットは，その破損部分が補修されていない限り使用しない。

解答　人体又はこれと同等以上の重さを有する落下衝撃を受けた安全ネットは，使用しない。

したがって，(1)は**適当でない**。　　　　　　　　　　**答**　(1)

施工管理

=== 試験によく出る重要事項 ===

主な安全保護具

a．保護帽：建設現場では，保護帽の着用が義務づけられている。

b．安全帯：2 m 以上の高所作業では，墜落などの危険を防止する措置(手すりの設置または，安全帯の使用など)が義務づけられている。

c．安全靴：安全靴の点検が義務づけられている。

　①甲被(甲革)に破れはないか。

　②底表面が著しく摩耗していないか。

　③底表面を曲げてみて，細かい亀裂が入るような劣化が生じていないか。

d．手袋：用途や職場環境に応じた適切なものを使用する。ただし，ボール盤などの回転する刃物に巻き込まれる恐れがある場合は，使用しない。

e．呼吸用保護具(通称，マスク)

　①防塵マスク：浮遊する粒子状物質(ダスト，ミスト，ヒュームなど)が対象。

　②防毒マスク：有毒ガス，蒸気が対象。

f．眼保護具(保護メガネ)

| 5-3 | 施工管理 | 安全管理 | 建設機械の取扱い | ★★★ |

フォーカス 建設機械の取り扱いに関する問題は，隔年程度の頻度で出題されている。責任区分，機械の性能，能力の把握，点検などについて，基本的な規定を覚えておく。

---

10 労働安全衛生法令上，技能講習を修了した者を**就業させる必要がある業務**は，次のうちどれか。

(1) 作業床の高さが 10 m 未満の能力の高所作業車の運転の業務(道路上を走行させる運転を除く)

(2) 機体重量が 3 t 以上の解体用機械(ブレーカ)の運転の業務(道路上を走行させる運転を除く)

(3) コンクリートポンプ車の作業装置の操作の業務

(4) 締固め機械(ローラ)の運転の業務(道路上を走行させる運転を除く)

解答 (1)(3)(4)は，特別教育を受けた者を就業させる。
(2)は，技能講習を修了した者を**就業させる必要がある**。　　**答** (2)

---

11 建設工事で使用される貸与機械の取扱いに関する次の記述のうち，**適当な**ものはどれか。

(1) 貸与機械の貸与者は，貸与前に当該機械を点検し，異常を認めたときは補修その他必要な整備の方法を使用者に指導する。

(2) 建設機械・車両を運転者付きで貸与を受け使用開始する場合，一般の新規入場者と同様の新規入場時教育を行う必要はないが，当該機械の操作に熟練した運転者とする。

(3) 貸与機械の貸与者は，貸与する大型ブレーカ付き車両系建設機械を使用して特定建設作業を行う場合には，実施の届出を申請しなければならない。

(4) 運転の資格に規制のない貸与機械の取扱い者については，作業の実態に応じた特別教育を現場の状況により実施する。

解答 (1) 貸与機械の貸与者は，貸与前に当該機械を点検し，異常を認めたときは補修その他必要な整備を行って使用者に貸与する。
(2) 建設機械・車両を運転者付きで貸与を受け使用開始する場合，一般の新

規入場者と同様の新規入場時教育を行い，当該機械の操作に熟練した運転者とする。

(3)　貸与機械の**使用者**は，貸与する大型ブレーカ付き車両系建設機械を使用して特定建設作業を行う場合には，実施の届出を申請しなければならない。

(4)は，記述のとおり**適当**である。　　　　　　　　　　　　　　**答**　(4)

━━━━━━━ 試験によく出る重要事項 ━━━━━━━

車両系建設機械

a．**作業計画**：特定元方事業者は，機械・設備などの配置に関する計画を作成する。関係請負人の指導を行う。

b．**貸与**：機械を貸与する者は，機械の能力，使用上の注意などを記載した書面を，貸与を受ける者に交付する。

c．**使用者**：貸与を受けた者(使用する者)は，作業内容，指揮系統，連絡・合図の方法，操作に当たって労働災害を防止する方法などを周知する。

d．**検査**：検査済みの車両系建設機械には，検査済標章を貼り付けておく。

e．**指揮者**：車両系建設機械の組立・解体，修理・点検などを行うときは，作業を指揮する者を定め，その者に作業手順を決定させ，作業を指揮させる。

f．**検査項目・頻度**

検査項目	頻度
ブレーキ・クラッチの機能	作業開始前（始業・日常点検）
ブレーキ・クラッチ・操縦装置・作業装置の異常，ワイヤロープ・チェーン・バケット・ジッパなどの損傷の有無	1か月以内ごとに1回（月例点検）
原動機・動力伝達装置・走行装置・操縦装置・ブレーキ・作業装置・油圧装置・電気系統・車体関係	1年以内ごとに1回（年次点検，特定自主検査）

注．自主検査の記録は，3年間の保存が義務づけられている。

| 5-3 | 施工管理 | 安全管理 | 掘削・積込み機械の安全作業 | ★★★ |

フォーカス　車両系建設機械の安全作業は，毎年出題されている。機械の種類は多いが，安全対策の基本は同じなので，要点を整理し把握することで，解答できる。

12　車両系建設機械の災害防止のために事業者が講じるべき措置に関する次の記述のうち，労働安全衛生法令上，**誤っているもの**はどれか。

(1) 車両系建設機械の運転者が運転位置を離れるときは，バケット等の作業装置を地上に下ろすか，又は，原動機を止めて走行ブレーキをかけ，逸走防止をはからなければならない。

(2) 車両系建設機械は，路肩や傾斜地における転倒又は転落に備え，転倒からの保護構造とシートベルトの双方を装備した機種以外を使用しないよう努めなければならない。

(3) 車両系建設機械を用いて作業を行うときは，乗車席以外の箇所に労働者を乗せてはならない。

(4) 車両系建設機械のブーム・アーム等を上げ，その下で修理や点検作業を行うときは，不意な降下防止のため，安全支柱や安全ブロックを使用させなければならない。

解答　車両系建設機械の運転者が運転位置を離れるときは，バケット等の作業装置を地上に下ろし，原動機を止めて走行ブレーキをかけ，逸走防止をはからなければならない。
　　したがって，(1)は**誤っている**。　　　　　　　　　　　　　　**答**　(1)

13　車両系建設機械を用いて事業者が作業等を行う場合の安全管理に関する次の記述のうち，労働安全衛生規則上，**誤っているもの**はどれか。

(1) 建設機械の転落，地山の崩壊等による労働者の危険を防止するため，あらかじめ当該作業に係る場所について，地形，地質の状態等を調査し，その結果を記録しておかなければならない。

(2) 路肩，傾斜地等で作業を行う場合において，建設機械の転倒又は転落により労働者に危険が生ずるおそれがあるときは，誘導員を配置し，その者に当該建設機械を誘導させなければならない。

(3) 建設機械の転倒又は転落により運転者に危険が生ずるおそれのある場所に

　　おいては，転倒時保護構造を有するか，又は，シートベルトを備えた建設機
　　械の使用に努めなければならない。
　(4)　建設機械を用いて作業を行うときは，運転中の建設機械に接触することに
　　より労働者に危険が生ずるおそれのある箇所に労働者を立ち入らせてはなら
　　ないが，誘導者を配置し，その者に当該建設機械を誘導させるときは，この
　　限りではない。

解 答　建設機械の転倒又は転落により運転者に危険が生ずるおそれのある場所
においては，転倒時保護構造を有し，かつ，シートベルトを備えた建設機械
の使用に努めなければならない。
　したがって，(3)は誤っている。　　　　　　　　　　　　　　　**答**　(3)

施工管理

===== 試験によく出る重要事項 =====

車両系建設機械の安全作業

　a．**車両系建設機械**：動力を用いて不特定の場所に走行できる建設機械。ブ
　　ルドーザ・パワーショベル・ローラなど。
　b．**制限速度**：最高速度が 10 km/h を超える作業をするときは，予め，地
　　形・地質に応じた適正な制限速度を定める。
　c．**運転者の離席**：バケット・ジッパなどの作業装置を地上におろし，原動
　　機を止め，走行ブレーキをかける。
　d．**路肩・急傾斜地作業**：機械の前進方向を常に山側に向ける。クローラは
　　法肩と直角にする。
　e．**旋回**：バックホウのバケットを，ダンプトラックの運転席の上を通過さ
　　せない。旋回角度はできるだけ小さくする。
　f．**立入禁止**：機械に接触の恐れがある場所や作業範囲に，労働者を立入ら
　　せない。作業区域は，ロープ柵・赤旗などで表示する。
　g．**巡視**：事業者は，運転者，作業手順などを，巡視により確認する。

| 5-3 | 施工管理 | 安全管理 | 型枠支保工 | ★★ |

フォーカス　型枠支保工の安全に関する問題は，隔年以上の頻度で出題されている。型枠支保工については，コンクリート工でも出題されるので，コンクリート工と一緒に学習すると，効率的である。

14　型わく支保工に関する次の記述のうち，事業者が講じなければならない措置として，労働安全衛生法令上，**誤っているもの**はどれか。
- (1) 型わく支保工を組み立てるときは，支柱，はり，つなぎ，筋かい等の部材の配置，接合の方法及び寸法が示されている組立図を作成し，かつ，当該組立図により組み立てなければならない。
- (2) コンクリートの打設の作業を行なうときは，打設を開始した後，速やかに，当該作業箇所に係る型わく支保工について点検し，異状を認めたときは，補修する。
- (3) 強風，大雨，大雪等の悪天候のため，作業の実施について危険が予想されるときは，型わく支保工の組立て等の作業に労働者を従事させない。
- (4) 型わく支保工の組立ての作業においては，支柱の脚部の固定，根がらみの取付け等の脚部の滑動を防止するための措置を講じる。

解答　コンクリートの打設の作業を行なうときは，打設を開始する前及び打込み中，速やかに，当該作業箇所に係る型わく支保工について点検し，異状を認めたときは，補修する。
　　したがって，(2)は**誤っている**。　　　　　　　　　　　　　　　**答**　(2)

15　型わく支保工に関する次の記述のうち，労働安全衛生法令上，**誤っているもの**はどれか。
- (1) 型わく支保工は，あらかじめ作成した組立図にしたがい，支柱の沈下や滑動を防止するため，敷角の使用，根がらみの取付け等の措置を講ずる。
- (2) 型わく支保工で鋼管枠を支柱として用いる場合は，鋼管枠と鋼管枠との間に交差筋かいを設ける。
- (3) コンクリートの打設にあたっては，当該箇所の型わく支保工についてあらかじめ点検し，異常が認められたときは補修を行うとともに，打設中に異常が認められた際の作業中止のための措置を講じておく。
- (4) 型わく支保工の支柱の継手は，重ね継手とし，鋼材と鋼材との接合部及び交差部は，ボルト，クランプ等の金具で緊結する。

解答　型わく支保工の支柱の継手は，突合せ継手または差込み継手とし，鋼材と鋼材との接合部及び交差部は，ボルト，クランプ等の金具で緊結する。したがって，(4)は誤っている。　　　　　　　　　　　**答**　(4)

━━━━━━━━━ 試験によく出る重要事項 ━━━━━━━━━

型枠支保工

1.　組立・解体

① 組み立てるときは，組立図を作成する。

② 鋼材の許容応力度は，降伏強さの$\frac{2}{3}$以下。水平方向の荷重は，鋼管枠の場合は設計荷重の$\frac{2.5}{100}$，鋼管枠以外は$\frac{5}{100}$。

③ 材料・工具などの上げ・下げは，吊り網や吊り袋を使用する。

2.　鋼管(単管)支柱による型枠支保工

① 高さ2m以内ごとに，2方向に水平つなぎを設ける(a図ア)。

② 単管の接続部は，ボルト・クランプなどの専用金具を用いて緊結する。

③ 支柱の継手は，突合せか差込みとする(a図イ)。

3.　パイプサポート支柱による型枠支保工

① パイプサポートを，3本以上継いで用いてはならない(b図ウ)。

② 継ぎ部は，4個以上のボルト，または，専用の金具を用いる(b図エ)。

③ 高さが3.5mを超えるときは，2m以内ごとに2方向に水平つなぎを設ける(b図オ)。また，水平つなぎの変形を防ぐため，斜材を設ける。

④ 部材の交差部は，ボルト・クランプなどの専用金具を用いて緊結する。

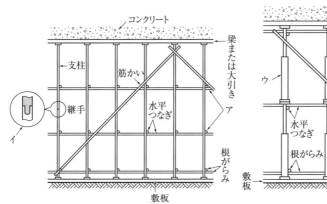
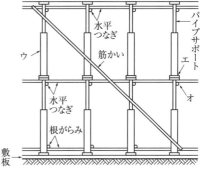

(a) 鋼管(単管)支柱による支保工　　　(b) パイプサポート支柱による支保工

| 5-3 | 施工管理 | 安全管理 | 玉掛け作業 | ★★★ |

フォーカス　玉掛けについては，現場における点検や注意事項が出題されている。ロープの安全規定や合図などは，確実に覚えておく。

16 　移動式クレーンでの玉掛作業に関する次の記述のうち，**適当でないもの**はどれか。

(1) ワイヤロープ及びフックにより吊り上げ作業を行う場合には，ワイヤロープ及びフックはいずれも安全係数5を満たしたものを使用する。

(2) 重心の片寄った荷を吊り上げる場合は，事前にそれぞれのロープにかかる荷重を計算して，安全を確認する。

(3) 玉掛用具であるフックを用いて作業する場合には，フックの位置を吊り荷の重心に誘導し，吊り角度と水平面とのなす角度を60°以内に確保して作業を行う。

(4) 作業を開始する前にワイヤロープやフック，リングの異常がないかどうかの点検を行い，異常があった場合には直ちに交換や補修をしてから使用する。

解答　ワイヤロープ及びフックにより吊り上げ作業を行う場合には，ワイヤロープは安全係数6，フックは安全係数5を満たしたものを使用する。
　したがって，(1)は**適当でない**。　　　　　　　　　　　　　**答**　(1)

17 　移動式クレーンに係る玉掛け作業時の労働災害を防止するための作業分担に関する次の記述のうち，**適当でないもの**はどれか。

(1) 事業者は，作業標準の作成及び関係労働者の作業配置の決定をするほか，作業責任者に作業前打合せの実施を行わせなければならない。

(2) 玉掛け作業責任者は，クレーンの据付け状況及び運搬経路を含む作業範囲内の状況を確認し，必要な場合は障害物の除去を行う。

(3) 合図者は，クレーン運転者及び玉掛け者が視認できる場所に位置し，玉掛け者からの合図を受けた際は，関係労働者の退避状況と第三者の立入りがないことを確認して，クレーン運転者に合図を行う。

(4) 玉掛け者は，作業開始前に，使用するクレーンにかかわる点検を行い，据付け地盤の状況を確認し，必要な場合は地盤の補強等の措置を要請する。

解答　クレーン運転者は，作業開始前に，使用するクレーンにかかわる点検を行い，据付け地盤の状況を確認し，(後略)。

　　　　したがって，(4)は**適当でない**。　　　　　　**答**　(4)

18　玉掛用具及び玉掛作業に関する次の記述のうち，**適当でないもの**はどれか。

(1)　玉掛用ワイヤロープの安全係数は，クレーン等安全規則により，6以上と定められている。

(2)　労働安全衛生規則において，使用してはならないつりチェーンは，リンク断面直径の減少が当該チェーン製造時と比べ，10パーセントをこえるものと定められている。

(3)　移動式クレーンのフックは，吊り荷の重心に誘導し，吊り角度と水平面とのなす角度は，原則として60度以下とする。

(4)　労働安全衛生規則において，使用してはならない玉掛用ワイヤロープは，1よりの間で素線(フィラ線を除く。)の数の5パーセント以上の断線があるものと定められている。

解答　労働安全衛生規則において，使用してはならない玉掛用ワイヤロープは，1よりの間で素線(フィラ線を除く。)の数の10パーセント以上の断線があるものと定められている。

　　　　したがって，(4)は**適当でない**。　　　　　　**答**　(4)

施工管理

=== 試験によく出る重要事項 ===

玉掛け作業

①　移動式クレーンのフックは，吊り荷の重心に誘導し，吊り角度は，水平と60度以内にする。

②　ワイヤロープの安全係数は6以上，1よりの間において，素線(フィラ線を除く)の破断しているものが10%未満であること。

③　吊りチェーンは，リンクの直径の減少が10%以下であること。

④　クレーンなどの能力が1t以上の場合の玉掛けは，玉掛技能講習の修了者が望ましい。

⑤　ノギスによる直径の測り方：外接円の直径を測る。

⑥　クリップ止め：引張力の強い側にUボルトのナットを当てる。

⑦　くさび止め：引張力の大きい側が直線となるようにする。

ノギスによる測り方　クリップ止め　　　　くさび止め

| 5-3 | 施工管理 | 安全管理 | 足場・作業床 | ★★★ |

フォーカス　足場の組立てや構造の規定は，高い頻度で出題されている。構造については，数字を覚える必要があるが，常識で判断できる問題も多いので，過去問を整理し，要点を覚えておく。

19　足場，作業床の組立て等に関する次の記述のうち，労働安全衛生法令上，**誤っているもの**はどれか。

(1) 足場高さ2m以上の作業場所に設ける作業床の床材(つり足場を除く)は，原則として転位し，又は脱落しないように2以上の支持物に取り付けなければならない。

(2) 足場高さ2m以上の作業場所に設ける作業床で，作業のため物体が落下し労働者に危険を及ぼすおそれのあるときは，原則として高さ10cm以上の幅木，メッシュシート若しくは防網を設けなければならない。

(3) 高さ2m以上の足場の組立て等の作業で，足場材の緊結，取り外し，受渡し等を行うときは，原則として幅40cm以上の作業床を設け，安全帯を使用させる等の墜落防止措置を講じなければならない。

(4) 足場高さ2m以上の作業場所に設ける作業床(つり足場を除く)は，原則として床材間の隙間5cm以下，床材と建地との隙間15cm未満としなければならない。

解答　足場高さ2m以上の作業場所に設ける作業床(つり足場を除く)は，原則として床材間の隙間**3cm以下**，床材と建地との隙間**12cm未満**としなければならない。

　したがって，(4)は誤っている。　　　　　　　　　　　　　　　　**答**　(4)

20　足場に関する次の記述のうち，労働安全衛生法令上，**誤っているもの**はどれか。

(1) 足場の組立て等作業主任者は，作業を行う労働者の配置や作業状況，保護具装着の監視のみでなく，材料の不良品を取り除く職務も負う。

(2) 移動式足場に労働者を乗せて移動する際は，足場上の労働者が手すりに確実に安全帯を掛けた姿勢等を十分に確認したうえで移動する。

(3) 足場の組立て，一部解体若しくは変更を行った場合は，床材・建地・幅木等の点検を行い，その記録を，当該足場を使用する作業が終了するまで保存しなければならない。

> (4) 足場の作業床には，その構造及び使用材料に応じて最大積載荷重を定め，かつ，その最大荷重を超えて積載をしてはならない。

解 答 移動式足場に労働者を乗せて移動してはならない。
したがって，(2)は誤っている。 **答** (2)

━━━━━━━ 試験によく出る重要事項 ━━━━━━━

足場の構造

a．作業床：高さ 2 m 以上での作業は，作業床を設置する。作業床は，幅 40 cm 以上，足場板の幅 20 cm 以上，隙間 3 cm 以下とする。

b．足場の構造：①建地の間隔は，桁行方向 1.85 m 以下，梁間方向 1.5 m 以下，②第一の布は，地上から 2 m 以下，③建地間の積載荷重は，400 kg 以下，④枠組み足場は，交叉筋かい，および，高さ 15 cm 以上の幅木または下さんを取り付ける。⑤枠組み足場以外の足場は，高さ 85 cm 以上の手すり・中さんなどを設置する。物体の落下防止のため，高さ 10 cm 以上の幅木などを取り付ける。

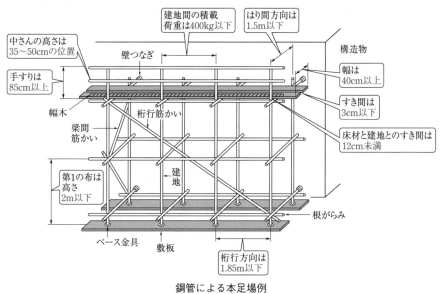

鋼管による本足場例

施工管理

| 5-3 | 施工管理 | 安全管理 | 足場の安全対策 | ★★★ |

フォーカス　建設業において，墜落による死亡災害が多い状況から，足場作業の安全対策が高い頻度で出題されている。常識で解答できるものも多いので，過去問から要点を覚えておく。

21　墜落，飛来又は落下災害の防止のための安全管理に関する次の記述のうち，**適当でないもの**はどれか。

(1) 高さが2m以上の作業床の端，開口部等で墜落により労働者に危険を及ぼすおそれのある箇所には，囲い，手すり，覆(おお)い等を設けなければならない。

(2) 安全帯のフックは，万一の墜落の際の衝撃を軽減させるため，腰より低い位置に掛けるようにする。

(3) 他の労働者がその上方で作業を行っているところで作業を行うときは，物体の飛来又は落下による労働者の危険を防止するため，保護帽を着用させなければならない。

(4) 安全帯のフックを掛ける親綱は，支柱スパンを10m以下とし，このスパンで複数の労働者が同時に親綱に安全帯フックを掛けるような作業をさせないようにする。

解答　安全帯のフックは，万一の墜落の際の衝撃を軽減させるため，腰より高い位置に掛けるようにする。
　　　したがって，(2)は**適当でない**。　　　　　　　　　　　　　　　　**答**　(2)

22　事業者が高さ2m以上の箇所に設置した足場を協力会社の関係請負人が使用する場合，労働災害を防止するため各者が行うべき次の記述のうち，労働安全衛生法令上，**誤っているもの**はどれか。

(1) 事業者は，注文者として大雨等の悪天候後は足場にかかる作業を開始する前に足場を点検し，危険防止のための必要な措置を速やかに行わなければならない。

(2) 事業者は，作業開始前の足場点検等，足場使用時の安全確保について，関係請負人には責任が無いため必要な措置をすべて行わなければならない。

(3) 関係請負人は，自らの都合で手すりわくを取りはずした場合，事業者として安全帯の使用等労働者の安全を確保するための措置を行わなければならない。

(4)　事業者は，関係請負人が幅木等を無断で取りはずした場合，その者に対し，安全を確保するために定められた規定に違反しないように指導を行わなければならない。

解答　関係請負人も，作業開始前の足場点検等，足場使用時の安全確保について点検し，問題等があれば必要な措置を行わなければならない。

したがって，(2)は誤っている。　　　　　　　　　　　　　　　**答**　(2)

═══════════ 試験によく出る重要事項 ═══════════

足場の安全

a．**作業床**：高さ2 m以上で作業を行う場合，設ける。

b．**昇降設備**：高さまたは深さが1.5 mを超える箇所は昇降設備を設ける。

c．**作業主任者**：高さ5 m以上の足場・吊り足場・張出し足場の組立・解体には，作業主任者を選任する。

d．**安全点検**：強風・大雨・大雪などの悪天候の後，中震以上の地震の後，足場を一部解体または変更したとき，および，吊り足場の作業前は点検を行う。点検は，事業者が指名した者が行う。

e．**足場板**：足場材の緊結・取外し・受渡しなどの作業をするとき，足場板は3箇所以上で支持する。足場板は，幅20 cm以上，長さ3.6 m以上，重ねは20 cm以上とする。

f．**要求性能墜落制止用器具**：作業時は、要求性能墜落制止用器具（安全帯）を使用する。

g．**足場計画の届出**：高さ10 m以上，設置期間60日以上の足場は，労働基準監督署へ仕事開始日の30日前までに届け出る。ただし，吊り足場・張り出し足場を除く。

5-3　施工管理　安全管理　土止め支保工　★★★

フォーカス　土止め支保工は，単独または明り掘削と組み合わせて，高い頻度
で出題されている。安全点検や構造の規定を整理し，覚えておく。

23　土止め支保工の作業にあたり事業者が遵守しなければならない事項に関する次の記述のうち，労働安全衛生法令上，**誤っているもの**はどれか。

(1)　切りばり及び腹おこしは，脱落を防止するため，矢板，くい等に確実に取り付け，中間支持柱を備えた土止め支保工では，切りばりを当該中間支持柱に確実に取り付ける。

(2)　火打ちを除く圧縮材の継手は，重ね継手とし，切りばり又は火打ちの接続部及び切りばりと切りばりの交さ部は，当て板をあててボルトにより緊結し，溶接により接合する等の方法により堅固なものとする。

(3)　土止め支保工作業主任者には，土止め支保工の作業方法を決定し，作業の直接指揮にあたらせるとともに，使用材料の欠点の有無並びに器具や工具を点検し，不良品を取り除く職務も担わせる。

(4)　切りばり又は腹おこしの取付け又は取り外しの作業を行なう箇所には，関係労働者以外の労働者の立入禁止措置を講じ，材料，器具又は工具を上げ，又はおろすときは，つり綱，つり袋等を使用させる。

解答　火打ちを除く圧縮材の継手は，突合せ継手とし，切りばり又は火打ちの接続部及び切りばりと切りばりの交さ部は，当て板をあててボルトにより緊結し，溶接により接合する等の方法により堅固なものとする。
　したがって，(2)は誤っている。　　　　　　　　　　**答**　(2)

24　土止め支保工の安全作業に関する次の記述のうち，労働安全衛生法上，**誤っているもの**はどれか。

(1)　土止め支保工の切りばりや腹おこしの取付け又は取りはずしの作業を行う箇所には，関係労働者以外の労働者が立ち入らないようにしなければならない。

(2)　土止め支保工の材料，器具や工具を上げ，又はおろすときは，つり綱，つり袋等を労働者に使用させなければならない。

(3)　中間支持柱を備えた土止め支保工は，切りばりを当該中間支持柱に確実に取り付けなければならない。

(4)　土止め支保工を設けたときは，異常の発見の有無に係わらず10日をこえない期間ごとに，点検を行わなければならない。

解答 土止め支保工を設けたときは，異常の発見の有無に係わらず設置後7日をこえない期間ごとに，点検を行わなければならない。

したがって，(4)は誤っている。 **答** (4)

━━━━━ ▓▓▓ 試験によく出る重要事項 ▓▓▓ ━━━━━

土止め支保工

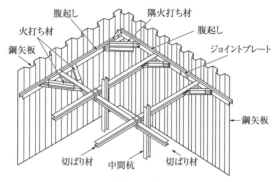

鋼矢板工法

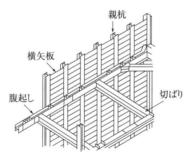

親杭横矢板工法

a．作業主任者：土止め支保工の取付け・取外しは，土止め支保工作業主任者を選任し，作業主任者が直接指揮する。

b．圧縮材の継手：火打ちを除き，突合せ継手とする。

c．切ばりと土止め壁の空間の処置：モルタルまたはコンクリートを充填し，くさびを打って密着する。

d．掘削した開口部の処置：防護網の準備ができるまで，転落しないように移動さくを連続して設置する。

e．点検：点検者を指名して，設置後7日を超えない期間ごとや，中震以上の地震の後などに，部材の損傷・変形・脱落などを点検する。

5-3 施工管理 | 安全管理 | 明り掘削 ★★★

フォーカス 明り掘削は，隔年以上の頻度で出題されている。掘削の高さ・勾配の制限，埋設物の保全対策，土留め支保工などについて，基本事項を確実に覚えておく。

25 土工工事における明り掘削作業にあたり事業者が遵守しなければならない事項に関する次の記述のうち，労働安全衛生法令上，**正しいもの**はどれか。

(1) 土止め支保工を設けるときは，掘削状況等の日々の進捗に合わせて，その都度，その組立図を作成し組み立てなければならない。

(2) ガス導管や地中電線路等の地下工作物の損壊で労働者に危険を及ぼすおそれがある場合は，掘削機械，積込機械及び運搬機械を十分注意して使用しなければならない。

(3) 明り掘削作業を行う場所については，十分な明るさが確保できるので，照度確保のための照明設備等について特に考慮しなくてもよい。

(4) 地山の崩壊又は土石の落下による危険防止のため，点検者を指名し，その日の作業開始前，大雨や中震以上の地震の後，浮石及びき裂や湧水の状態等を点検させる。

解答 (1) 土止め支保工を設けるときは，事前に組立図を作成し組み立てなければならない。

(2) ガス導管や地中電線路等の地下工作物の損壊で労働者に危険を及ぼすおそれがある場合は，**機械掘りではなく手掘りで行う**。

(3) 明り掘削作業を行う場所については，**安全に作業ができる十分な明るさが確保できるよう**，照度確保のための照明設備等について**考慮する**。

(4)は，記述のとおり正しい。 **答** (4)

26 土工工事における明り掘削作業にあたり事業者が遵守しなければならない事項に関する次の記述のうち，労働安全衛生法令上，**誤っているもの**はどれか。

(1) 掘削機械等の使用によるガス導管等地下に在する工作物の損壊により労働者に危険を及ぼすおそれのあるときは，誘導員を配置し，その監視のもとに作業を行わなければならない。

(2) 明り掘削の作業を行う場所については，当該作業を安全に行うため必要な

照度を保持しなければならない。

(3) 明り掘削の作業では，地山の崩壊，土石の落下等による危険を防止するため，あらかじめ，土止め支保工や防護網の設置，労働者の立入禁止等の措置を講じなければならない。

(4) 明り掘削の作業を行う際には，あらかじめ，運搬機械等の運行経路や土石の積卸し場所への出入りの方法を定め，これを関係労働者に周知させなければならない。

解答 掘削機械等の使用によるガス導管等地下に在する工作物の損壊により労働者に危険を及ぼすおそれのあるときは，指揮する者を指名し，また，これらの機械を使用しない。

したがって，(1)は誤っている。　　　　　　　　　　　　　**答** (1)

━━━━━━━━ 試験によく出る重要事項 ━━━━━━━━

明り掘削の留意事項

a．**作業点検**：点検者を指名して，その日の作業前，大雨および中震(震度階級4)以上の地震のとき，発破の後は点検する。

b．**埋設物**：ガス導管が露出した場合，作業指揮者を指名し，その者の指揮で防護作業を行う。防護は，吊り防護・受け防護または移設を行う。

c．**危険防止**：埋設物・ブロック塀・擁壁などの建設物に近接して掘削を行う場合は，移設や補強などの危険防止の措置を行う。

d．**作業主任者**：高さ2m以上の掘削は，地山の掘削作業主任者を選任する。

e．**手掘り掘削の制限事項**

地山の種類	掘削面の高さ	掘削面の勾配	備考
岩盤または硬い粘土からなる地山	5m未満 5m以上	90°以下 75°以下	
その他の地山	2m未満 2〜5m未満 5m以上	90°以下 75°以下 60°以下	掘削面とは，2m以上の水平段に区切られるそれぞれの掘削面をいう。
砂からなる地山	5m未満または35°以下		
発破などにより崩壊しやすい状態の地山	2m未満または45°以下		

注．硬い粘土とは，標準貫入試験における N 値が8以上の粘土をいう。

| 5-3 | 施工管理 | 安全管理 | 急傾斜斜面の掘削 | ★★ |

フォーカス　斜面掘削は，危険性が大きい。安全な工事のための基本事項を確実に覚えておく。

27　急傾斜地での掘削及び法面防護等のロープ高所作業にあたり，事業者が危険防止のために講じるべき措置に関する次の記述のうち，労働安全衛生法令上，**誤っているもの**はどれか。

(1)　地山の崩壊又は土石の落下により労働者に危険を及ぼすおそれがあるときは，地山を安全なこう配とし，落下のおそれのある土石を取り除く等の措置を講ずる。

(2)　作業のため物体が落下することにより労働者に危険を及ぼすおそれがあるときは，手すりを設け，立入区域を設定する。

(3)　ロープ高所作業では，身体保持器具を取り付けたメインロープ以外に，要求性能墜落制止用器具（安全帯）を取り付けるためのライフラインを設ける。

(4)　突起物等でメインロープやライフラインが切断のおそれがある箇所では，覆いを設ける等切断を防止するための措置を講ずる。

解答　作業のため物体が落下することにより労働者に危険を及ぼすおそれがあるときは，落下防止ネット等を設け，立入区域を設定する。
　したがって，(2)は誤っている。　　　　　　　　　　　　　　**答**　(2)

28　急傾斜地での斜面掘削作業に関する次の記述のうち，**適当でないもの**はどれか。

(1)　斜面の切り落とし作業は，原則として上部から下部へ切り落とすこととし，すかし掘りは絶対に行わない。

(2)　斜面の最下部に擁壁を築造する際は，崩落の危険を防止するため，擁壁の延長方向に長い距離を連続して掘削し擁壁の区割り施工は行わない。

(3)　斜面の岩盤に節理などの岩の目があり，法面の方向と一致している流れ盤である場合，岩盤は，この目に沿ってすべりやすいので注意する。

(4)　浮石や湧水などの毎日の地山点検は，指名された点検者が行い，危険箇所には，立入禁止の措置をする。

解答　斜面の最下部に擁壁を築造する際は，崩落の危険を防止するため，擁壁の延長方向に長い距離を連続して掘削せず，擁壁の区割り施工を行なわなければならない。

したがって，(2)は**適当でない**。　　　　　　　　　　　**答**　(2)

━━━━━ 試験によく出る重要事項 ━━━━━

急傾斜地における作業

1. 急傾斜地における掘削の留意事項

① 落下の恐れのある土石は取り除く。すかし掘りは絶対に行わない。

② 法面が長くなる場合は，数段に区切って掘削する。

③ 崩落などの原因となる雨水・地下水を排除する。

④ 防護網(柵)を設置する。

⑤ 下方に通路等を設けない。法尻付近では休息・食事などをしない。

⑥ 年少者には，法尻付近など，土砂が崩壊する恐れのある場所で作業させない。

2. 人力掘削の留意事項

① すかし掘りは，絶対に行わない。

② 2名以上で同時に掘削作業を行うときは，相互に十分な間隔を保つ。

③ 浮き石を割ったり起こしたりするときは，石の安定と転がる方向をよく見定めて作業する。

④ つるはしやシャベルなどを，てこに使わない。

⑤ 湧水のある場合は，これを処理してから掘削を行う。

⑥ 斜面で作業するときは，削岩機にロープをつけ，落下を防ぐとともに，オペレータは安全帯を使用する。

| 5-3 | 施工管理 | 安全管理 | コンクリートポンプ車 | ★ |

フォーカス　コンクリートポンプ車の問題は，5年に1回程度の出題である。右ページに掲載した「試験によく出る重要事項」で，安全作業の基本を覚えておく。

29　コンクリートポンプ車で作業を行う場合の安全管理に関する次の記述のうち，労働安全衛生規則上，**誤っているもの**はどれか。

(1) コンクリート打込みにおいて高所作業で墜落の危険のおそれがある場合は，安全帯の使用，手すりや防護網の設置等，墜落及び落下防止の措置を講じる。

(2) コンクリートポンプ車の圧送等の装置の操作の業務は，コンクリートポンプ車の運転免許取得者がこれを行う。

(3) 輸送管の組立又は解体は，作業の方法と手順を定め，これらを労働者に周知させるとともに，指名した作業指揮者の直接指揮の下に作業を行わせる。

(4) 圧送等の装置の操作を行う者とホースの先端部を保持する者との連絡を確実にするため，電話や電鈴等を設置するか一定の合図を定め，その電話等の使用や合図は指名した者に行わせる。

解答　コンクリートポンプ車の圧送等の装置の操作の業務は，コンクリート圧送施工技能士の資格取得者がこれを行う。

したがって，(2)は**誤っている**。　　　　　　　　　　　　　　　　**答**　(2)

30　コンクリートポンプ車の安全作業に関する次の記述のうち，**適当なもの**はどれか。

(1) コンクリートポンプ車のブーム長よりも遠方にコンクリート打設する場合には，ブーム先端の絞り管から，さらに輸送管を複数接続して行う。

(2) コンクリート圧送中は，筒先側からの指示(合図)により運転・停止・吐出量の調整などの操作を行う。

(3) コンクリートポンプ車のアウトリガは，完全に張り出せれば，ロックピンを装着しなくてもよい。

(4) コンクリートポンプ車のブームに使用する直管や曲り管は，一般の配管より堅固であるので，ブームの下での作業を行ってもよい。

解答　(1) コンクリートポンプ車のブーム長よりも遠方にコンクリート打設する場合でも，ブーム先端の絞り管から，さらに輸送管を接続してはならない。

(3)　コンクリートポンプ車のアウトリガは，完全に張り出して，ロックピンを装着する。

(4)　コンクリートポンプ車のブームの下での作業は，行ってはならない。

　(2)は，記述のとおり**適当である**。　　　　　　　　　　　　**答**　(2)

===== 試験によく出る重要事項 =====

コンクリートポンプ車操作上の注意

①　輸送管は，継手金具で接続する。

②　ホースの脱落や振れを防止するため，堅固な建設物に固定する。

③　ホースの先端部と作業装置操作部との間に，電話・電鈴を設置する。合図を定め，操作を行う者，合図を行う者をそれぞれ指名して操作をさせる。

④　コンクリートの吹出しによって危険が生じる箇所に，労働者を立入らせない。

⑤　コンクリートが詰まった場合にホースなどを切り離すときは，管内の圧力を減少させてコンクリートの吹出しを防止する。

⑥　洗浄ボールで管内を洗浄するときは，ボールの飛出しを防止するための器具を先端部に取り付ける。

⑦　ブーム先端は，中間ホース＋絞り管＋先端ホースで構成されており，先端ホースの長さは規定されている。余分のホースなどを接続してはならない。

⑧　アウトリガーは完全に張り出し，ロックピンで固定する。

⑨　ブーム下や運転中の機械に接触するような場所に，作業員を立入らせない。

| 5-3 | 施工管理 | 安全管理 | 移動式クレーン | ★★★ |

フォーカス 移動式クレーンの問題は,据付・点検,定格荷重,つり荷の規定を中心に,毎年,出題されている。過去問から要点を整理し,覚えておく。

31 移動式クレーンの作業を行う場合,事業者が安全対策について講じるべき措置に関する次の記述のうち,クレーン等安全規則上,正しいものはどれか。

(1) クレーンを用いて作業を行なうときは,クレーンの運転者が単独で作業する場合を除き,クレーンの運転について一定の合図を定め,あらかじめ指名した者に合図を行なわせなければならない。

(2) 旋回範囲の立入禁止措置や架空支障物の有無等を把握するためには,つり荷をつったままで,運転者自身を運転席から降ろし,直接,確認させるのがよい。

(3) クレーンの運転者及び玉掛けをする者が当該クレーンのつり荷重を常時知ることができるよう,表示その他の措置を講じなければならない。

(4) クレーン機能付き油圧ショベルを小型移動式クレーンとして使用する場合,車両系建設機械運転技能講習を修了している者であれば,クレーン作業の運転者として従事させてよい。

解答 (2) 旋回範囲の立入禁止措置や架空支障物の有無等を把握するためでも,つり荷をつったままで,運転者は運転席を離れてはいけない。

(3) クレーンの運転者及び玉掛けをする者が当該クレーンの定格荷重を常時知ることができるよう,表示その他の措置を講じなければならない。

(4) クレーン機能付き油圧ショベルを小型移動式クレーンとして使用する場合,車両系建設機械運転と移動式クレーン双方の資格がある者であれば,クレーン作業の運転者として従事させてよい。

(1)は,記述のとおり正しい。 **答** (1)

32 移動式クレーンの安全確保に関する次の記述のうち,クレーン等安全規則上,誤っているものはどれか。

(1) アウトリガーは,移動式クレーンに掛ける荷重が当該移動式クレーンのアウトリガーの張り出し幅に応じた定格荷重を下回ることが確実に見込まれる場合を除き,最大限に張り出すようにする。

(2) 巻過防止装置は,フック,グラブバケット等のつり具等の上面に接触するおそれのある物の下面との所定の間隔を確保できるように調整する。

(3) 定格荷重は，つり上げ荷重にフック等のつり具の重量を加えた荷重で，作業半径やブーム長さにより変化する。

(4) 作業の性質上やむを得ない場合は，労働者に安全帯などを使用し，移動式クレーンのつり具に専用のとう乗設備を設けて労働者を乗せることができる。

解答 定格荷重は，つり上げ荷重からフック等のつり具の重量を差し引いた荷重で，作業半径やブーム長さにより変化する。

したがって，(3)は誤っている。 答 (3)

================ 試験によく出る重要事項 ================

移動式クレーン

a．定格荷重：ブームの傾斜角および長さ，または，ジブの上におけるトロリの位置に応じて，負荷させることができる最大の荷重から，フック・グラブバケットなどの吊り具の重量に相当する荷重を差し引いた荷重のこと。定格荷重は，ジブの長さ・傾斜角によって異なる。

b．定格総荷重：定格荷重に吊り具の重量を加えたもの。

c．運転資格：吊り上げ荷重 5 t 以上はクレーン運転士免許所得者，1〜5 t 未満(小型移動式クレーン)は技能講習修了者，0.5〜1 t 未満は特別教育受講者。0.5 t 未満は，なし。

d．作業中の離席：運転者は，吊り荷を行ったまま運転席を離れてはならない。離れるときは，吊り荷を地上へ降ろしてからとする。地盤状況の確認は，クレーン運転者の仕事。

e．運転上の留意事項

① 強風時は，作業を中止し，転倒防止を図る。

② 単独で運転するときは，合図を定めなくてよい。

③ アウトリガーは，最大限に張り出す。

④ 1箇月に一度，自主点検を行う。

| 5-3 | 施工管理 | 安全管理 | 建設工事公衆災害防止対策要綱等 | ★★★ |

フォーカス　建設工事公衆災害防止対策要綱（土木工事編）は，高い頻度で出題
されている。市街地の工事における交通対策・埋設物対策などについて，過
去問の演習で要点を整理しておく。

33　建設工事における埋設物ならびに架空線の防護に関する次の記述のうち，
適当でないものはどれか。

(1) 埋設物に近接する箇所で明り掘削作業を行う場合は，埋設物の損壊などに
より労働者に危険を及ぼすおそれのあるときには，当該作業と同時に埋設物
の補強を行わなければならない。

(2) 明り掘削で露出したガス導管の防護の作業については，当該作業を指揮す
る者を指名して，その者の直接の指揮のもとに作業を行わなければならない。

(3) 工事現場における架空線等上空施設については，施工に先立ち，種類・場
所・高さ・管理者等を現地調査により事前確認する。

(4) 架空線等上空施設に近接した工事の施工にあたっては，架空線等と機械，
工具，材料等について安全な離隔を確保する。

解答　埋設物に近接する箇所で明り掘削作業を行う場合は，埋設物の損壊など
により労働者に危険を及ぼすおそれのあるときには，**事前に**埋設物の補強を
行わなければならない。

したがって，(1)は**適当でない**。　　　　　　　　　　　　　　　**答**　(1)

34　埋設物並びに架空線に近接して行う工事の安全管理に関する次の記述のう
ち，**適当でないもの**はどれか。

(1) 事業者は，明り掘削作業により露出したガス導管の防護の作業については，
当該作業の見張り員の指揮のもとに作業を行わせなければならない。

(2) 架空線の近接作業では，建設機械の運転手へ架空線の種類や位置について
連絡し，ブーム旋回，立入禁止区域等の留意事項について周知徹底を行う。

(3) 掘削機械，積込機械及び運搬機械の使用によるガス導管や地中電線路等の
損壊により労働者に危険を及ぼすおそれがある場合は，これらの機械を使用
してはならない。

(4) 建設機械のブーム，ダンプトラックのダンプアップ等により架空線の接
触・切断のおそれがある場合は，防護カバー・現場出入口での高さ制限装
置・看板の設置等を行う。

解答　事業者は，明り掘削作業により露出したガス導管の防護の作業については，当該作業を指揮する者を指名して，その直接指揮のもとに作業を行わせなければならない。

　　したがって，(1)は**適当でない。**　　　　　　　　　　　　　**答**　(1)

━━━━━━━━━━━ 試験によく出る重要事項 ━━━━━━━━━━━

建設工事公衆災害防止対策要綱

　a．**作業場を示すさく**：固定さくの高さは，1.2 m以上とする。移動さくは，高さ0.8 ～ 1.0 m，長さ1.0 ～ 1.5 mとする。

　b．**作業場への車両の出入**：交通流に対して背面からの出入とする。

　c．**道路標識・掲示板**：工事箇所を明示するため，保安灯・道路標識・標示版・回転灯を設置する。工事箇所の前方50 ～ 500 m間の視認しやすい路側または中央帯に設置する。

　d．**保安灯**：高さ1 m程度，夜間150 m前方から視認できる光度のものを設置する。

　e．**歩行者用仮設道路**：幅は0.75 m。特に歩行者の多い箇所は1.5 mとする。

　f．**埋設物の確認**：2 m程度の探針および試掘で行う。埋設物が確認されたときは布掘り，または，つぼ掘りで露出させる。

　g．**露出した埋設物**：名称，保安上の注意事項，連絡先などを記載した標識を取り付ける。

　h．**土留め工**：掘削の深さが1.5 m以上は，土留め工を設置する。掘削の深さが4 mを超える場合には，親杭横矢板・鋼矢板Ⅲ型以上を使用した土留め工を設置する。

　i．**迂回路の標示**：迂回路の入口，および，迷い込む恐れがない小分岐を除く，迂回路の途中の各交差点に設定する。

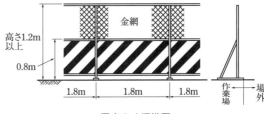

固定さく標準図

| 5-3 | 施工管理 | 安全管理 | 酸素欠乏症等の防止 | ★★★ |

フォーカス　酸素欠乏症等の防止の問題は，数年おきの頻度で出題されている。酸素欠乏症等の定義，作業主任者の職務，作業に当たっての留意事項などについて，問題演習から要点を整理し，覚えておく。

35　酸素欠乏等のおそれのある汚水マンホールの改修工事を行う場合，事業者の行う措置に関する次の記述のうち，酸素欠乏症等防止規則上，**誤っている**ものはどれか。

(1)　酸素欠乏・硫化水素危険作業主任者技能講習を修了した者のうちから酸素欠乏危険作業主任者を選任する。

(2)　労働者が酸素欠乏症等にかかって転落するおそれがあるときは，労働者に安全帯等を使用させる。

(3)　当該箇所は，硫化水素の発生のおそれがある箇所なので，酸素濃度に代わり硫化水素濃度を測定した上で作業に着手させる。

(4)　作業を開始するにあたり，当該作業場における空気中の酸素濃度などを測定するため必要な測定器具を準備する。

解答　当該箇所は，硫化水素の発生のおそれがある箇所なので，酸素濃度および硫化水素濃度を測定した上で作業に着手させる。
　したがって，(3)は誤っている。　　　　　　　　　　　　　　　　**答**　(3)

36　酸素欠乏症等防止規則に関する次の記述のうち，**適当な**ものはどれか。

(1)　酸素欠乏症等は，空気中の酸素濃度が18%未満で起こる酸素欠乏症のことで，空気中の硫化水素濃度が10 ppmを超える状態で起こる硫化水素中毒症状は含まれていない。

(2)　酸素欠乏危険作業主任者の職務は酸素欠乏危険場所で，作業員が酸素欠乏や酸素欠乏等の空気を吸入しないように，作業の方法を決定し，指揮することで，空気中の酸素濃度等の測定は含まれていない。

(3)　事業者は，法令で定められている酸素欠乏危険のおそれのある場所で工事を実施する場合は，作業を開始する前に調査をしておかなければならない。

(4)　事業者は，酸素濃度等の異常が発生し，作業を中断した後，作業開始する場合，酸素欠乏症の発生するおそれのあるところは空気中の酸素濃度を測定

> し，また硫化水素中毒症の発生するおそれのある箇所は硫化水素濃度を測定
> し，許容値以下であることを確認しなければならない。

解答 (1) 酸素欠乏症等は，空気中の酸素濃度が18%未満で起こる酸素欠乏症
とともに，空気中の硫化水素濃度が10 ppmを超える状態で起こる硫化水
素中毒症状も含まれる。

(2) 酸素欠乏危険作業主任者の職務は(中略)，空気中の酸素濃度等の測定も含
まれている。

(4) 事業者は，(中略)酸素濃度と硫化水素濃度を測定し，酸素濃度は18%以
上，硫化水素濃度は10 ppm以下であることを確認しなければならない。

(3)は，記述のとおり**適当**である。 **答** (3)

═══════ 試験によく出る重要事項 ═══════

酸素欠乏症等の防止

a．**酸素欠乏症等**：空気中の酸素濃度が18%未満，および，硫化水素濃度が
10 ppmを超える空気の吸入による酸素欠乏症または硫化水素中毒の状態。

b．**作業主任者**：酸素欠乏危険場所での作業には，酸素欠乏危険作業主任者
を選任する。

c．**作業主任者の職務**

① 作業の方法を決定し，指揮する。

② 空気中の酸素・硫化水素濃度を測定する。測定は，㋐その日の作業開
始前，㋑作業員が作業を行う場所を離れた後，再び作業を開始する前，
㋒作業員の身体，換気装置などに異常があったとき，行う。

③ 測定器具・換気装置などの器具・設備の点検。

④ 空気呼吸器などの使用状況の監視。

d．**立入り禁止**：酸素欠乏危険場所には，関係者以外の者の立入りを禁止し，
その旨を見やすい箇所に表示する。

e．**換気**：空気中の酸素濃度を18%以上(第2種酸素欠乏危険作業に係わる
作業場では，硫化水素の濃度を10 ppm以下)に保つよう換気する。換気に
は，爆発火災や酸素中毒を予防するために，純酸素を用いない。

f．**人員点検**：当該場所に入場・退場する人員を点検する。

| 5-3 | 施工管理 | 安全管理 | 異常気象時の安全管理 | ★★ |

フォーカス　悪天候などの後の点検作業は，安全衛生法令上の義務である。悪天候の定義などの基礎知識は知っておく必要がある。

37　事業者が土石流危険河川において建設工事の作業を行うとき，土石流による労働者の危険防止に関する次の記述のうち，労働安全衛生法令上，**誤っているもの**はどれか。

(1) あらかじめ作業場所から上流の河川の形状，河床勾配や土砂崩壊等が発生するおそれのある場所における崩壊地の状況などを調査し，その結果を記録しておかなければならない。

(2) 土石流が発生したときに備えるため，関係労働者に対し工事開始後遅滞なく1回，及びその後6ヶ月以内ごとに1回避難訓練を行う。

(3) 降雨があったことにより土石流が発生するおそれのあるときは，原則として監視人の配置等土石流の発生を早期に把握するための措置を講じなければならない。

(4) 作業開始時にあっては当該作業開始前日の雨量を，作業開始後にあっては1時間ごとの降雨量を把握し，かつ記録しておかなければならない。

解 答　作業開始時にあっては当該作業開始前24時間の雨量を，作業開始後にあっては1時間ごとの降雨量を把握し，かつ記録しておかなければならない。したがって，(4)は誤っている。　　　　　　　　　　　　　　　**答**　(4)

━━━━━ 試験によく出る重要事項 ━━━━━

法令で定める悪天候等の定義

① 10分間の平均風速で毎秒10 m以上の強風
② 1回の降雨量が50 mm以上の大雨
③ 1回の降雪量が25 cm以上の大雪
④ 震度階級4(中震)以上の地震

第4章 品質管理

●出題傾向分析（出題数7問）

出題事項	設問内容	出題頻度
ISO9000	ISO9000，マネジメントシステム	5年に1回程度
品質管理図	ヒストグラム，$\bar{x}$-R管理図，品質管理手法	5年に2回程度
品質管理全般	管理手順，試験頻度，品質特性，用語	毎年
コンクリートの品質管理	管理基準，受入検査，施工における管理	毎年
アスファルトの品質管理	アスファルト・路床の品質管理，プルーフローリング試験	5年に3回程度
道路舗装の品質	品質特性と試験の組合せ	5年に4回程度
鉄筋品質管理	鉄筋の継手の規定，加工・組立の規定，検査基準	5年に4回程度
コンクリートの非破壊試験，劣化対策	非破壊試験方法と検査項目，劣化対策	5年に4回程度
盛土工	盛土の品質管理方法	毎年

◎学習の指針

1．ISO9000シリーズは，品質管理の基本である。マネジメントシステム，PDCAサイクルに関する基礎知識を学習しておく。

2．品質管理図や統計的手法を用いた管理，管理手順，品質特性などの問題が，高い頻度で出題されている。

3．レディーミクストコンクリート，アスファルト舗装・アスファルト混合物，盛土の締固め，鉄筋の加工・組立など，個別の作業や材料について，品質管理の項目，管理の方法，品質基準，検査の許容差などの問題が，高い頻度で出題されている。盛土やアスファルト舗装，鉄筋の品質管理は，土木一般や専門土木でも出題される事項である。土工，道路・舗装，コンクリート工と一緒に学習すると，効果的である。

4．コンクリートの非破壊試験の概要と特徴，劣化対策の問題が，高い頻度で出題されている。劣化要因とともに覚えておく。

| 5-4 | 施工管理 | 品質管理 | 品質マネジメントシステム，ISO 9000 | ★★★ |

フォーカス　土木工事の品質管理は，ISO 9000 のマネジメントシステムの考え方を基に実施される。ISO 9000 は，品質管理を初め，施行管理の基礎になっている。できるだけ体系的に学習することが，理解への近道である。

1　品質マネジメントシステム（ISO 9000 ファミリー）で用いられる文書の説明に関する次の記述のうち，**適当でないもの**はどれか。

(1) 組織の品質マネジメントシステムに関する一貫性のある情報を，組織の内外に提供する文書を品質マニュアルという。

(2) 推奨又は提言を記述した文書を指針という。

(3) 要求事項を記述した文書を仕様書という。

(4) 品質マネジメントシステムが特定の製品，プロジェクト又は契約に，どのように適用されるかを記述した文書を報告書という。

解答　品質マネジメントシステムが特定の製品，プロジェクト又は契約に，どのように適用されるかを記述した文書を**品質計画書**という。

したがって，(4)は**適当でない**。　　　　　　　　　　　　　　　**答**　(4)

2　ISO 9001 品質マネジメントシステムにおける組織が実施する一般要求事項に関する次の記述のうち，**適当でないもの**はどれか。

(1) 品質マネジメントシステムに必要なプロセス及びそれらの組織への適用を明確にする。

(2) 品質マネジメントシステムに必要なプロセスの運用及び管理のいずれもが効果的であることを確実にするために必要な判断基準及び方法を明確にする。

(3) 品質マネジメントシステムに必要なプロセスについて，計画どおりの結果を得るため，かつ，継続的改善を達成するために必要な処置をとる。

(4) 要求事項に対する製品の適合性に影響を与えるプロセスをアウトソースした場合にプロセスに適用される管理の方式及び程度は，組織の品質マネジメントシステムから除外する。

解答　要求事項に対する製品の適合性に影響を与えるプロセスをアウトソースした場合にプロセスに適用される管理の方式及び程度は，組織の品質マネジメントシステムで定めておかなければならない。

したがって，(4)は**適当でない**。　　　　　　　　　　　　　　　**答**　(4)

═════════════ 試験によく出る重要事項 ═════════════

ISO 9000 ファミリー

1. **ISO 9000 ファミリー規格の品質マネジメントシステム**：規格を満足する製品(工事目的物)を安定的に供給(建設)する仕組み(マネジメントシステム)を確立し，その有効性(建設工程・品質管理体制など)を継続的に維持し，さらに改善するために，供給者(組織)へ要求する事項を規定したもの。

2. **品質管理マネジメントシステムの8原則**：マネジメントシステムを実施・運営するうえでの原則となる八つの基本定義である。

   ① **顧客重視**：つねに顧客のほうに目を向けて組織を運営する。

   ② **リーダーシップ**：トップがリーダーシップを発揮し，組織を引っ張る。

   ③ **人々の参画**：組織構成員の全員が参加することが重要である。

   ④ **プロセスアプローチ**：相互に関連する活動を一つのプロセスとして，運営・管理し，効率よく結果を達成する。

   　　プロセスアプローチは，PDCA サイクルで行う。

   Plan：組織の品質方針及び品質目標を設定する。→ Do：品質目標の達成に必要なプロセス及び責任を明確にする。→ Check：各プロセスの有効性及び効率を測定する方法を設定する。→ Act：品質マネジメントシステムの継続的改善のためのプロセスを確立し，適用する。

   ⑤ **マネジメントへのシステムアプローチ**：相互に関連するプロセスを一つのシステムとして運営・管理することで，組織目標を効率よく達成する。

   ⑥ **継続的改善**：現状に満足せず，つねに改善しようと努力する。

   ⑦ **意思決定への事実に基づくアプローチ**：データや情報分析に基づく的確な状況把握による次の行動の決定。

   ⑧ **供給者との互恵関係**：供給者(下請け者など)はパートナーであり，両者の互恵関係で価値を高める。

3. **トップマネジメントの役割**

   ① 組織および顧客などの要求事項を満たし，品質目標を達成するための適切なプロセスの実施を確実にする。

   ② 認識や動機付け，および，参画を高めるために，品質方針や品質目標を組織全体に周知徹底させる。

   ③ 品質目標の達成のために，効果的で効率的な品質マネジメントシステムの確立・実施・維持を確実にする。

   ④ 品質マネジメントシステム改善の処置を決定する。

施工管理

| 5-4 | 施工管理 | 品質管理 | 品質特性 | ★★★ |

フォーカス　品質特性の問題は，隔年程度の頻度で出題されている。品質特性（管理項目）選定の条件や PDCA サイクルに基づく管理手順などについて整理し，覚えておく。

3　品質管理に関する次の記述のうち，**適当でないもの**はどれか。

(1) 品質管理は，施工計画立案の段階で管理特性を検討し，それを施工段階でつくり込むプロセス管理の考え方である。

(2) 品質特性の選定にあたっては，工程の状態を総合的に表すことができ，工程に対して処置をとりやすい特性のものを選ぶことに留意する。

(3) 品質特性の選定にあたっては，構造物の品質に及ぼす影響が小さく，測定しやすい特性のものを選ぶことに留意する。

(4) 施工段階においては，問題が発生してから対策をとるのではなく，小さな変化の兆しから問題を事前に予見し，手を打っていくことが原価低減や品質確保につながる。

解答　品質特性の選定にあたっては，構造物の品質に及ぼす影響が大きく，測定しやすい特性のものを選ぶことに留意する。

したがって，(3)は**適当でない**。　　　　　　　　　　　　　　　**答**　(3)

4　品質管理に関する次の記述のうち，**適当でないもの**はどれか。

(1) 品質管理を進めるうえで大切なことは，目標を定めて，その目標に最も早く近づくための合理的な計画を立て，それを実行に移すことである。

(2) 品質標準とは，現場施工の際に実施しようとする品質の目標であり，設計値を十分満足するような品質を実現するためには，ばらつきの度合いを考慮して，余裕を持った品質を目標とする。

(3) 品質特性の選定は，工程の状態を総合的に表すもの及び品質に影響の小さいもので，測定しやすい特性のものとする。

(4) 構造物に要求される品質は，一般に設計図書に規定されており，この品質を満たすためには，何を品質管理の対象項目とするかを決める必要がある。

解答　品質特性の選定は，工程の状態を総合的に表すもの及び品質に影響の大きなもので，測定しやすい特性のものとする。

したがって，(3)は**適当でない**。　　　　　　　　　　　　　　　**答**　(3)

---

5 品質管理に関する次の記述のうち，**適当でないもの**はどれか。

(1) 品質管理の目的は，契約約款，設計図書などに示された規格を満足するような構造物を最も経済的に施工することである。

(2) 品質標準では，設計値を満たすような品質を実現するため，バラツキの度合いを考慮して余裕を持った品質を目標としなければならない。

(3) 品質特性は，工程に左右されない独自の特性を表すもので，構造物の品質に重要な影響を及ぼすものであることに留意して決定する。

(4) 作業標準は，品質標準を実現するための各段階の作業での具体的な管理方法や試験方法を決めるものである。

解答 品質特性は，工程(作業)の状態を総合的に表すもので，構造物の品質に重要な影響を及ぼすものであることに留意して決定する。

したがって，(3)は**適当でない**。 **答** (3)

═══════════ 試験によく出る重要事項 ═══════════

品質特性

1. 品質特性(Quality Characteristics)とは

製品やサービスの品質を構成する要素のこと。工事目的物に要求されている品質や規格を満足させるために，管理すべき対象となる品質特性(管理項目)を選定しなければならない。

2. 品質特性の選定条件

① 工程(作業)の状態を総合的に表すもの。

② 最終の品質に重要な影響を及ぼし，出来上がりを左右するようなもの。

③ 早期に結果が出るもの。 ④ 測定しやすいもの。

⑤ 工程に対して，処置が容易にできるもの。

⑥ 真の特性の代わりに代用特性や工程要因を用いる場合は，真の特性との関係が明確であること。

PDCA サイクル

PDCA サイクルは，計画(**P**lan)・実行(**D**o)・評価(**C**heck)・改善(**A**ct)のプロセスを順に実施し，このプロセスをらせん状に繰り返すことによって，品質の維持・向上，および，継続的な業務改善活動を推進するマネジメント手法である。

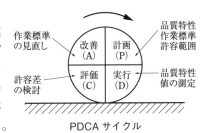

PDCA サイクル

施工管理

| 5-4 | 施工管理 | 品質管理 | レディーミクストコンクリートの受入れ検査 | ★★★ |

フォーカス　レディーミクストコンクリートの受入れ検査については，隔年程度の頻度で出題されている。スランプ・強度・空気量・塩化物含有量の4項目について，許容値を覚えておく。

6　レディーミクストコンクリート(JIS A 5308，普通コンクリート，粗骨材の最大寸法25 mm，スランプ8 cm，呼び強度24)の荷卸し地点での圧縮強度の品質規定を**満足する**ものは次のうちどれか。

(1) ロット No.1
(2) ロット No.2
(3) ロット No.3
(4) ロット No.4

ロット No.	圧縮強度		
	1回目の圧縮強度 (N/mm^2)	2回目の圧縮強度 (N/mm^2)	3回目の圧縮強度 (N/mm^2)
1	20	25	27
2	22	26	22
3	24	20	23
4	22	24	28

解答　品質規定は，どの1回の強度試験の結果も，呼び強度の85%（24×0.85 =20.4）以上であり，かつ，3回の強度試験の結果の平均が呼び強度以上でなければならない。この条件を**満たす**のはロット No.4である。　**答**　(4)

7　JIS A 5308 レディーミクストコンクリートの受入れ検査に関する次の記述のうち，**適当なもの**はどれか。

(1) フレッシュコンクリートのスランプは，レディーミクストコンクリートのスランプの設定値によらず±3.0 cmの範囲にあれば合格と判定してよい。
(2) フレッシュコンクリートの空気量は，レディーミクストコンクリートの空気量の設定値によらず，±3.0%の範囲にあれば合格と判定してよい。
(3) アルカリ骨材反応については，配合計画書に示されるコンクリート中のアルカリ総量の計算結果が3.0 kg/m^{3}以下であれば，対策がとられていると判定してよい。
(4) 塩化物イオン量については，フレッシュコンクリート中の水の塩化物イオン濃度試験方法の結果から計算される塩化物イオン含有量が3.0 kg/m^{3}以下であれば，合格と判定してよい。

解答　(1) フレッシュコンクリートのスランプは，レディーミクストコンクリートのスランプの設定値により**許容差が異なり**，規定の範囲にあれば合格

　と判定してよい。

(2)　フレッシュコンクリートの空気量は，レディーミクストコンクリートの空気量の設定値によらず，±1.5％の範囲にあれば合格と判定してよい。

(4)　塩化物イオン量については，フレッシュコンクリート中の塩化物含有量試験の結果から計算される塩化物イオン含有量が 0.3 kg/m³ 以下であれば，合格と判定してよい。

(3)は，記述のとおり**適当である**。　　　　　　　　　　　　　　**答**　(3)

━━━━━━━━━━━ 試験によく出る重要事項 ━━━━━━━━━━━

受入れ検査

a．**試料採取**：トラックアジテータを 30 秒間高速撹拌し，最初の 50 〜 100 *l* を除いて一定間隔で 3 回行う。

b．**検査項目**：強度・スランプ・空気量・塩化物含有量の 4 項目。

c．**検査場所**：現場荷卸地点。塩化物含有量は，出荷時に工場で検査することが認められている。

d．**強度検査**：一般に，標準養生を行った円柱供試体の材齢 28 日における圧縮強度を標準とする。

　① 試験は 3 回行い，3 回のうち，どの 1 回の試験の結果も，**購入者が指定した呼び強度の値の 85％以上**であること。

　② かつ，3 回の試験の平均値は，**購入者が指定した呼び強度の値以上**であること。

e．**スランプ検査**：現場におけるコンクリートの軟らかさ，および，均等質なコンクリートかどうかを判断する。粗骨材の最大寸法の検査と合わせてワーカビリティも判定できる。

f．**空気量検査**：空気量は，コンクリートのワーカビリティ，強度・耐久性，凍結融解作用に対する抵抗性に影響を与える。

スランプ値（単位：cm）

スランプ	スランプの許容差
2.5	± 1
5 および 6.5 [*1]	± 1.5
8 以上 18 以下	± 2.5
21	± 1.5 [*2]

*1　標準示方書では「5 以上 8 未満」
2　呼び強度 27 以上で，高性能 AE 減水剤を使用する場合は，±2 とする。

空気量（単位：％）

コンクリートの種類	空気量	空気量の許容差
普通コンクリート	4.5	± 1.5
軽量コンクリート	5.0	
舗装コンクリート	4.5	
高強度コンクリート	4.5	

g．**塩化物イオン量**：塩化物含有量試験で定め，許容上限は塩化物イオン量が 0.3 kg/m³ 以下である。

| 5-4 | 施工管理 | 品質管理 | コンクリート用骨材の規格 | ★★★ |

フォーカス コンクリート用骨材については，土木一般のコンクリート工を含め，毎年出題されている。コンクリート工と一緒に学習すると，効率的である。

---

8 JIS A 5308 に従うレディーミクストコンクリートにおいて，その**使用が認められていない骨材**はどれか。なお，それぞれの骨材について対応する JIS 規格が存在する場合は，それらの規格を満足していることを前提とする。

(1) 電気炉酸化スラグ骨材　　　(2) 再生骨材 M

(3) アルカリシリカ反応性試験の結果が "無害でない" と判定される砕石

(4) 人工軽量骨材

解答 (1)〜(4)のうち，レディーミクストコンクリートにおいて使用が認められていない骨材は，**再生骨材 M** である。再生骨材 H 適合品は，使用できる。

したがって，(2)は**認められなていない**。　　　　　　　　　**答** (2)

---

9 JIS に規定されている工事材料に関する次の記述のうち，**適当でないもの**はどれか。

(1) 硫酸ナトリウムによる骨材の安定性試験方法は，骨材が硫酸イオンと化学反応を起こし劣化することに対する安定性を調べるものである。

(2) 異形棒鋼 SD 295 A は，SD 295 B と異なり，降伏点又は 0.2%耐力の上限値が規定されていない。

(3) レディーミクストコンクリートの荷おろし地点での塩化物イオン量は，原則として 0.30 kg/m^3 以下とし，購入者の承認を受けた場合は 0.60 kg/m^3 以下としてよい。

(4) レディーミクストコンクリートに含まれるアルカリ総量を計算する場合は，セメント及び混和材料中に含まれるアルカリ量だけでなく，骨材に含まれるアルカリ量も考慮する。

解答 硫酸ナトリウムによる骨材の安定性試験方法は，骨材の凍結融解に対する抵抗性を調べるものである。

したがって，(1)は**適当でない**。　　　　　　　　　**答** (1)

=== 試験によく出る重要事項 ===

骨材の品質

a．**副産骨材**：製鉄過程などからの産業副産物として発生するスラグなどを，コンクリート用骨材として有効利用するもの。

　① **高炉スラグ骨材**：銑鉄製造工程で発生する溶融スラグを砕いたもの。高炉徐冷スラグは JIS A 5011-1「コンクリート用スラグ骨材」として規定されている。

　② **電炉スラグ骨材**：電気炉による製鋼過程で発生するスラグを砕いたもので，酸化スラグ骨材と還元スラグ骨材とがある。

　③ **銅スラグ細骨材**：銅製錬における副産物であり，コンクリート用細骨材として JIS A 5011-3 に規定されている。

b．**再生骨材**：コンクリート構造物を解体したコンクリート塊を，破砕・磨砕・分級などの処理をして，コンクリート用骨材としたもの。処理の程度により，H，M，L に区分され，JIS A 5021，5022，5023 に規定されている。

　レディーミクストコンクリートには「コンクリート用再生骨材 H」に適合したものを使用できる。

　再生骨材 M を使用したコンクリートは，耐久性の面で懸念があるため，乾燥収縮や凍結融解を受けにくい部材への適用に限定される。

c．**人工軽量骨材**：膨張頁岩などを人工的に焼成・発泡して得られるコンクリートの骨材で，内部に空隙を保有し，表面が緻密なガラスで覆われた，軽くて強い骨材である。

　人工軽量骨材を用いたコンクリートが**軽量コンクリート**である。

施工管理

| 5-4 | 施工管理 | 品質管理 | レディーミクストコンクリートの品質 | ★★★ |

フォーカス　レディーミクストコンクリートについては，強度試験の方法や合格の判定基準を覚えておく。

---

10 レディーミクストコンクリートの受入れ検査に関する次の記述のうち，**適当でないもの**はどれか。

(1) アルカリシリカ反応対策について，配合計画書の確認により対策が取られていたため合格と判定した。

(2) フレッシュコンクリートの状態の良否の確認を行ったところ，均質で打込みや締固めなどの作業に適するワーカビリティーを有しているため合格と判定した。

(3) 塩化物イオン量試験を行ったところ，$0.2 \, kg/m^3$ であったため合格と判定した。

(4) スランプ試験を行ったところ，12 cm の指定に対して 3 cm の差であったため合格と判定した。

解答　スランプ試験を行ったところ，12 cm の指定に対して 3 cm の差であったため**不合格**と判定した。許容値は ±2.5 cm。

したがって，(4)は**適当でない**。　　　　　　　　　　　　　　**答**　(4)

---

11 JIS A 5308 に規定されるレディーミクストコンクリートに関する次の記述のうち，**適当でないもの**はどれか。

(1) 呼び強度が 36 以下の普通コンクリートには，JIS に適合するスラッジ水を練混ぜ水に用いてもよい。

(2) 呼び強度が 36 以下の普通コンクリートには，JIS に規定される再生骨材 M を用いてもよい。

(3) 高強度コンクリート以外であれば，JIS に規定されるスラグ骨材を用いてもよい。

(4) 高強度コンクリート以外であれば，JIS に規定される普通エコセメントを用いてもよい。

解答　呼び強度が 36 以下の普通コンクリートには，JIS に規定される再生骨材 H を用いてもよい。

したがって，(2)は**適当でない**。　　　　　　　　　　　　　　**答**　(2)

12 　コンクリートの品質管理に関する次の記述のうち，**適当でないもの**はどれか。

(1)　コンクリートの強度試験は，硬化コンクリートの品質を確かめるために必要であるが，結果が出るのに長時間を要するため，品質管理に用いるのは一般的に不向きである。

(2)　フレッシュコンクリートの品質管理は，打込み時に行うのがよいが，荷卸しから打込み終了までの品質変化が把握できている場合には，荷卸し地点で確認してもよい。

(3)　スランプは，試験値のみならず，スランプコーン引抜き後に振動を与えるなどして変形したコンクリートの形状に着目することで，品質の変化が明確になる場合がある。

(4)　フレッシュコンクリートのワーカビリティーの良否の判定は，配合計画書（配合表）によって行う。

解 答　フレッシュコンクリートのワーカビリティーの良否の判定は，スランプ試験によって行う。

　　　したがって，(4)は**適当でない**。 **答** (4)

施工管理

━━━ 試験によく出る重要事項 ━━━

レディーミクストコンクリート購入における指定

　JIS に定められたコンクリートの配合表から，コンクリートの種類，粗骨材の最大寸法，スランプ（スランプフロー）値，呼び強度を指定して購入する。次のように指定する。

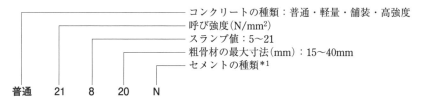

コンクリートの種類：普通・軽量・舗装・高強度
呼び強度(N/mm^2)
スランプ値：5〜21
粗骨材の最大寸法(mm)：15〜40mm
セメントの種類*1

普通　　21　　8　　20　　N

＊1.　N：普通ボルトランドセメント，H：早強ボルトランドセメント，B：高炉セメントA種(BA)，B種(BB)，C種(BC)，F：フライアッシュセメントA種(FA)，M：中庸熱ボルトランドセメントなど。

| 5-4 | 施工管理 | 品質管理 | アスファルト舗装の品質管理 | ★★★ |

フォーカス　アスファルト舗装工事における品質管理の試験について，過去問から，管理項目（品質特性），試験方法，試験機器などを覚えておく。

13　建設工事の品質管理における「工種」，「品質特性」及び「試験方法」に関する次の組合せのうち，**適当なもの**はどれか。

　　　　[工種]　　　　　　　　　[品質特性]　　　　　[試験方法]
　(1)　コンクリート工…………スランプ……………圧縮強度試験
　(2)　路盤工………………支持力…………CBR試験
　(3)　アスファルト舗装工………安定度…………平坦性試験
　(4)　土工………………たわみ量………平板載荷試験

解答　(1)　コンクリート工……………スランプ………スランプ試験
　　　(3)　アスファルト舗装工…………安定度…………マーシャル安定度試験
　　　(4)　土工………………支持力値………平板載荷試験
　(2)は，記述のとおり**適当である**。　　　　　　　　　**答　(2)**

14　道路舗装の品質管理に関する工種と品質特性と試験方法の次の組合せのうち，**適当でないもの**はどれか。

　　　　[工種]　　　　　　　[品質特性]　　[試験方法]
　(1)　アスファルト舗装工………平たん性………ベンケルマンビームによる測定
　(2)　路盤工…………………支持力値………平板載荷試験
　(3)　アスファルト舗装工………たわみ量………FWDによる測定
　(4)　路床工……………………締固め度………RIによる密度測定

解答　アスファルト舗装工の平たん性は，3mプロフィルメータなどの平たん性試験によって行う。ベンケルマンビームはたわみ量の測定。
　したがって，(1)は**適当でない**。　　　　　　　　**答　(1)**

15　道路舗装工事の品質管理における品質特性と試験機器との組合せのうち，**適当でないもの**はどれか。

　　　　[品質特性]　　　　　[試験機器]
　(1)　浸透水量……………現場透水量試験器
　(2)　耐流動性……………回転式すべり抵抗測定器

(3)　耐摩耗性 ……………… ラベリング試験機

(4)　平坦性 ………………… 3 m プロフィルメータ

解答　耐流動性は，**ホイールトラッキング試験**などで試験する。回転式すべり
抵抗測定器は，動的摩擦係数の測定に用いる。

したがって，(2)は**適当でない**。　　　　　　　　　　　　　**答**　(2)

═══════════════ 試験によく出る重要事項 ═══════════════

アスファルト舗装の試験

管理項目（品質特性）	試験名，試験方法，試験器具
平たん性	3 m プロフィルメータ，
たわみ量	プルーフローリング試験，ベンケルマンビームによる測定 FWD（フォーリングウェイトデフレクトメータ）による測定
耐摩耗性	ラベリング試験機
耐流動性	ホイールトラッキング試験
アスファルトの硬さ	針入度試験
アスファルト混合物の配合	マーシャル安定度試験
動的摩擦係数	回転式すべり抵抗測定器

a．**プルーフローリング試験**：施工時に用いた転圧機械と同等以上の締固め
効果を有するタイヤローラやトラックを走行させて行う。

b．**上層路盤の製造**：材料は中央混合方式で製造するのが一般的。

c．**上層路盤の骨材の最大粒径**：40 mm 以下で，かつ，1層の仕上り厚の$\frac{1}{2}$
以下。

| 5-4 | 施工管理 | 品質管理 | 舗装工事の品質管理 | ★★★ |

フォーカス　品質管理の基本である PDCA サイクルを覚える。路床については土工の分野と一緒に学習すると理解しやすい。

16　道路のアスファルト舗装における各工種の品質管理に関する次の記述のうち，**適当でないもの**はどれか。
(1)　構築路床の品質管理には，締固め度，飽和度及び強度特性などによる方法の他に，締固め機械の機種と転圧回数による方法がある。
(2)　下層路盤の締固め度は，試験施工あるいは工程の初期におけるデータから，必要な転圧回数が求められた場合には，転圧回数で管理することができる。
(3)　セメント安定処理路盤のセメント量は，定量試験又は使用量により管理する。
(4)　表層及び基層の締固め度をコア採取により管理する場合は，工程の初期はコア採取の頻度を少なくし，工程の中期では頻度を多くして管理する。

解答　表層及び基層の締固め度をコア採取により管理する場合は，工程の初期はコア採取の頻度を**多く**し，工程の中期では頻度を**少なく**して管理する。
　したがって，(4)は**適当でない**。　　　　　　　　　　　　　　　　**答**　(4)

17　アスファルト舗装の品質管理にあたっての留意事項に関する次の記述のうち，**適当なもの**はどれか。
(1)　各工程の初期においては，品質管理の各項目に関して試験頻度を変えて，その時点の作業員や施工機械などの組合せによる作業工程を把握する。
(2)　各工程の進捗にともない，管理の限界を十分満足できることが明確でも品質管理の各項目に関して試験頻度を変えてはならない。
(3)　作業員や施工機械などの組合せを変更するときは，試験頻度を変えずに，新たな組合せによる品質の確認を行う。
(4)　管理結果を工程能力図にプロットし，それが一方に片寄っている状況が続く場合は，試験頻度を変えずに異常の有無を確認する。

解答　(2)　各工程の進捗にともない，管理の限界を十分満足できることが明確なら品質管理の各項目に関して試験頻度を**減らす**。
(3)　作業員や施工機械などの組合せを変更するときは，試験頻度を**増やして**，新たな組合せによる品質の確認を行う。
(4)　管理結果を工程能力図にプロットし，それが一方に片寄っている状況が

続く場合は，試験頻度を増やして異常の有無を確認する。

(1)は，記述のとおり**適当である**。　　　　　　　　　　　**答　(1)**

━━━━━━━━ 試験によく出る重要事項 ━━━━━━━━

アスファルト舗装の構成

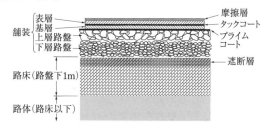

アスファルト舗装

路床・路盤の品質管理項目と試験方法

工種	区分	管理項目（品質特性）	試験方法
路床盛土 （土工）	材料	最大乾燥密度・最適含水比 自然含水比・圧密係数	締固め試験 含水比試験・圧密試験
	施工	施工含水比 締固め度 CBR たわみ量 支持力値	含水比試験 現場密度の測定 現場 CBR 試験 たわみ量測定 平板載荷試験
路盤工	材料	粒度 含水比 最大乾燥密度・最適含水比 CBR	ふるい分け試験 含水比試験 締固め試験 CBR 試験
	施工	締固め度 支持力	現場密度の測定 平板載荷試験・CBR 試験

| 5-4 | 施工管理 | 品質管理 | 品質管理手法 | ★★★ |

フォーカス　品質管理に用いるヒストグラム・工程能力図・管理図などの統計的管理図表の問題は，品質管理のほか，施工計画でも出題される。各管理図表の作成ができるように学習しておく。

18　品質管理に関する次の記述のうち，**適当でないもの**はどれか。

(1)　品質管理は，品質特性や品質規格を決め，作業標準に従って実施し，できるだけ早期に異常を見つけ品質の安定をはかるために行う。

(2)　品質管理は，施工者自らが必要と判断されるものを選択し実施すればよいが，発注者から示された設計図書など事前に確認し，品質管理計画に反映させるとよい。

(3)　品質管理に用いられる $\bar{x}-R$ 管理図は，中心線から等間隔に品質特性に対する上・下限許容値線を引き，得られた試験値を記入することで，品質変動が判定しやすく早期にわかる。

(4)　品質管理に用いられるヒストグラムは，品質の分布を表すのに便利であり，規格値を記入することで，合否の割合や規格値に対する余裕の程度が判定できる。

解答　品質管理に用いられる $\bar{x}-R$ 管理図は，中心線から等間隔に品質特性に対する上方管理限界線・下方管理限界線を引き，得られた平均値を記入することで，品質変動が判定しやすく早期にわかる。

したがって，(3)は適当でない。　　　　　　　　　　　　　　　　**答**　(3)

19　品質管理に使用される下図のようなヒストグラム及び $\bar{x}-R$ 管理図に関する次の記述のうち，**適当でないもの**はどれか。

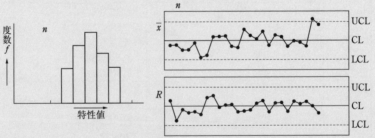

(1)　ヒストグラムは，データの存在する範囲をいくつかの区間に分け，それぞれの区間に入るデータの数を度数として高さに表した図である。

(2)　ヒストグラムは，規格値に対してどのような割合で規格の中に入っている

か，規格値に対してどの程度ゆとりがあるかを判定できる。

(3) $\bar{x}$–R 管理図は，中心線(CL)と上方管理限界線(UCL)及び下方管理限界線 (LCL)で表した図である。

(4) $\bar{x}$–R 管理図では，$\bar{x}$ は群の範囲，R は群の平均を表し，$\bar{x}$ 管理図では分布を 管理し，R 管理図では平均値の変化を管理するものである。

解答 $\bar{x}$–R 管理図では，$\bar{x}$ は群の**平均**，R は群の**範囲**を表し，$\bar{x}$ 管理図では**平均 値**を管理し，R 管理図では**バラツキ**の変化を管理するものである。

したがって，(4)は適当でない。　　　　　　　　　　　　　　　　**答** (4)

━━━━━━━━━━━ 試験によく出る重要事項 ━━━━━━━━━━━

管理図表

1．品質管理用図表

a．**ヒストグラム**：横軸に品質特性値，縦軸に度数をとり，データを度数分 布に分けて表した柱状図。規格値との関係を読み取り，工程の状態を判定 する。個々の製品(データ)の時間的変化や変動は読み取れない。

b．**工程能力図**：横軸に時間を，縦軸に品質特性値をとり，製品の品質の時 間的変動を表す。データが規格値を満足しているかどうかは判断できるが， 工程に異常があるかないかなどはわからない。

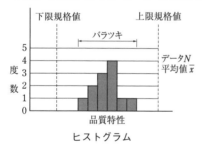

ヒストグラム

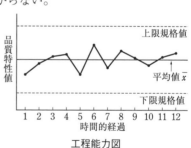

工程能力図

2．品質管理における測定

a．**各工程の初期**：各項目に関する試験頻度を増やし，作業員や施工機械な どの組合せによる作業能力を速やかに把握する。

b．**作業中**：作業員や施工機械などの組合せに変更が生じた場合は，試験頻 度を増やし，新たな組合せによる作業能力を速やかに把握する。

c．**作業の安定**：作業の進捗に伴い，管理の限界を満足できることを把握す れば，それ以降の試験頻度は減らしてもよい。

d．**異常値の発生**：測定値が管理の限界値をはずれた，あるいは，一方に片寄 っているなどの場合は，ただちに試験頻度を増やし，異常の有無を確かめる。

e．**試料の採取位置**：原則として，無作為とする。

| 5-4 | 施工管理 | 品質管理 | アスファルト混合物の施工管理 | ★★★ |

フォーカス　舗装に対するニーズの多様化により，耐流動性・耐摩耗性・耐剥離性などの舗装が求められてきている。アスファルト混合物の性能試験などについて，基本的事項は把握しておく。

20　　アスファルト混合物の性能の改善のために実施する対策に関する次の記述のうち，**適当でないもの**はどれか。

(1)　大型車交通量の多い道路に必要なアスファルト混合物の耐流動対策は，ホイールトラッキング試験で得られる動的安定度(DS)によって，その塑性変形抵抗性を評価することにより行う。

(2)　耐流動対策としてのアスファルト混合物の配合設計においては，骨材の粒度は粒度範囲の中央値以下を目標とし，75 μm ふるい通過質量百分率は小さめにする。

(3)　アスファルトと骨材のはく離防止対策としては，針入度の大きい(80～100)アスファルトを用いる。

(4)　冬期のタイヤチェーンなどによる路面の耐摩耗対策としては，アスファルト量が多い混合物を表層に使用すると効果的であるが，夏期の耐流動性についても考慮しておく必要がある。

解答　アスファルトと骨材のはく離防止対策としては，針入度の小さい(40～60)アスファルトを用いる。
　　したがって，(3)は**適当でない**。　　　　　　　　　　　　　　　**答**　(3)

21　　道路のアスファルト舗装の仕上げにおいて，「転圧作業中に起こる欠陥」と，その「原因」との組合せとして，次のうち**適当でないもの**はどれか。

　　　　[転圧作業中に起こる欠陥]　　　　　　　[原因]

(1)　基層上における表層滑動 ················ ローラーの重量過大

(2)　ローラーマークがつく ···················· 転圧不十分

(3)　細いクラックが多い ······················ 転圧時の混合物温度の高過ぎ

(4)　大きい長いクラック ······················ 転圧時の混合物温度の低過ぎ

解答　大きい長いクラックは，基層のコールドジョイント，切土盛土の施工不良など，下の層が原因となって発生する。転圧時の混合物温度の低過ぎは，ヘアクラックを生じる。
　　したがって，(4)は**適当でない**。　　　　　　　　　　　　　　　**答**　(4)

━━━━━━ 試験によく出る重要事項 ━━━━━━

アスファルト混合物の施工

1. 剥離防止対策

針入度の小さいアスファルトを用いる。針入度は 40 〜 60 がよい。

2. 重交通道路における耐流動対策

交通量から，わだち掘れ量を推定し，補修のサイクル，建設費・維持費・補修費，工事渋滞に係わる時間損失費用などを総合的に考慮して，動的安定度(Dynamic Stability)を設定する。

① 骨材の粒度は中央値以下，75 μm ふるい通過百分率は，小さめにする。

② アスファルト量は，共通範囲の中央値か，それ以下を目標とする。

③ マーシャル安定度は，75 回突固めで 7.35 kN 以上，安定度／フロー値は，2,500 kN/m 以上を目標とする。

3. 耐摩耗対策

① アスファルト量が多いほど，耐摩耗性は向上する。耐摩耗性の改善を目的とした混合物は，アスファルト量が多くなる傾向にあるため，夏期の耐流動性についても考慮しておく。

② 配合設計で得られた配合の混合物については，必要に応じてラベリング試験を行い，他の混合物との相対比較などにより，耐摩耗性の検討を行う。

③ 特殊工法：耐摩耗対策の舗装としては，ロールドアスファルト舗装・砕石マスチック舗装・大粒径アスファルト舗装がある。

施工管理

| 5-4 | 施工管理 | 品質管理 | 鉄筋の加工・組立規格 | ★★★ |

フォーカス　鉄筋の加工・組立などの問題は，ほぼ，毎年出題されている。検
査・判定基準などについて，コンクリート工と一緒に学習すると，効率的である。

22　現場打ちのコンクリート構造物に適用する鉄筋の各種継手工法の検査に関
する次の記述のうち，**適当でないもの**はどれか。

(1) フレア溶接継手では，重ね継手やガス圧接継手に比べて安定した品質が得
やすく，継手の非破壊検査も容易である。

(2) 熱間押抜ガス圧接継手部では，圧接部の膨らみの長さ，オーバーヒートに
よる表面不整，膨らみを押し抜いた後の圧接面に対応する位置の圧接部表面
の割れ，へこみなどの外観検査を行う。

(3) ねじ節鉄筋継手部では，カプラーに有害な損傷がないこと，挿入マークが
施されていること及びカプラー端が挿入マークの所定の位置にあることなど
の外観検査を行う。

(4) モルタル充てん継手部では，原則として抜き取り検査法とし，鉄筋の挿入
長さの超音波測定検査を行い，プロセス管理や外観検査が適正に行われてい
るか否かを確認する。

解答　フレア溶接継手では，重ね継手やガス圧接継手に比べて安定した品質が
得にくく，継手の非破壊検査もむずかしい。
　　したがって，(1)は**適当でない**。　　　　　　　　　　　　　　　　**答**　(1)

23　鉄筋の継手に関する次の記述のうち，**適当なもの**はどれか。

(1) 鉄筋ガス圧接継手は，接合端面同士を突き合わせ，軸方向に圧縮力をか
けながら接合端面を高温で溶かし，接合するものである。

(2) ねじ節鉄筋継手には，カプラー内の鉄筋のねじ節とカプラーのねじとのす
きまにグラウトを充てん硬化させて固定する方法とカプラー両側に配置され
たロックボルトにトルクを与えて締め付けて固定する方法がある。

(3) 機械式継手には，ねじ節鉄筋継手，モルタル充てん継手などの方法があり，
その施工上の制約は，適用鉄筋径，雨天時施工，必要電源の確保，養生方法
などがある。

(4) 鉄筋ガス圧接継手部の超音波探傷試験による検査では，送信探触子から超
音波を発信した際，圧接面で反射して受信探触子で受信される反射波の強さ
が，一定以上大きくなる場合に合格と判定される。

解答 (1)　鉄筋ガス圧接継手は，接合端面同士を突き合わせ，軸方向に圧縮力をかけながら接合端面を高温で溶かすことなく，接合するものである。

(2)　ねじ節鉄筋継手には，カプラー内の鉄筋のねじ節とカプラーのねじとのすきまにグラウトを充てん硬化させて固定する方法とカプラー両側に配置されたナットにトルクを与えて締め付けて固定する方法がある。

(4)　鉄筋ガス圧接継手部の超音波探傷試験による検査では，送信探触子から超音波を発信した際，圧接面で反射して受信探触子で受信される反射波の強さが，一定以上小さくなる場合に合格と判定される。

(3)は，記述のとおり適当である。　　　　　　　　　　　　　　　**答** (3)

━━━━━━━━━━ 試験によく出る重要事項 ━━━━━━━━━━

一般的なコンクリート構造物の許容誤差

1. 加工・組立

項目	判定基準	検査方法	時期・回数
鉄筋の種類・径・数量	設計図書どおりであること	製造会社の試験成績表による目視確認，径の測定	加工後
鉄筋の加工寸法	所定の許容誤差以内	寸法測定	
スペーサの種類・数量	床版・梁などで $1\,m^2$ 当たり 4 個以上，柱で $1\,m^2$ 当たり 2 個以上	目視	組立後および組立後長期間経過したとき
鉄筋の固定方法	コンクリートの打込みで，変形・移動の恐れがないこと	目視	

2. 組み立てた鉄筋の配置

項目	判定基準	検査方法	時期・回数
継手および定着の位置・長さ	設計図書どおりであること	スケールなどによる測定および目視	組立後および組立後長期間経過したとき
かぶり	継手を含め，全ての位置で耐久性照査時で設定したかぶり以上あること		
有効高さ	許容誤差：設計寸法の ± 3 % または ± 30 mm のうち，小さいほうの値（標準）		
中心間隔	許容誤差： ± 20 mm（標準）		

3. 鉄筋の加工寸法の許容誤差

鉄筋の種類		許容誤差(mm)
スターラップ・帯鉄筋・らせん鉄筋		± 5
その他の鉄筋	径 28 mm 以下の丸鋼，$D25$ 以下の異形鉄筋	± 15
	径 32 mm 以下の丸鋼，$D29$ 以上 $D32$ 以下の異形鉄筋	± 20
加工後の全長		± 20

| 5-4 | 施工管理 | 品質管理 | コンクリートの非破壊検査 | ★★★ |

フォーカス　コンクリート構造物の非破壊検査は，ほぼ，毎年出題されている。検査方法と検査項目との関係を覚えておく。特に反発度法は，検査手順なども覚えておく。

24　コンクリート構造物の品質や健全度を推定するための試験に関する次の記述のうち，**適当でないもの**はどれか。
(1)　コンクリート構造物から採取したコアの圧縮強度試験結果は，コア供試体の高さhと直径dの比の影響を受けるため，高さと直径との比を用いた補正係数を用いている。
(2)　リバウンドハンマによるコンクリート表層の反発度は，コンクリートの含水状態や中性化の影響を受けるので，反発度の測定結果のみでコンクリートの圧縮強度を精度高く推定することは困難である。
(3)　超音波法は，コンクリート中を伝播する超音波の伝播特性を測定し，コンクリートの品質やひび割れ深さなどを把握する方法である。
(4)　電磁誘導を利用する試験方法は，コンクリートの圧縮強度及び鋼材の位置，径，かぶりを非破壊的に調査するのに適している。

解答　電磁誘導を利用する試験方法は，コンクリートの圧縮強度は測定できない。鋼材の位置，径，かぶりを非破壊的に調査するのには適している。
したがって，(4)は**適当でない**。　　　　　　　　　　　　　　　**答**　(4)

25　鉄筋コンクリート構造物におけるコンクリート中の鉄筋位置を推定する次の試験方法のうち，**適当でないもの**はどれか。
(1)　電磁波レーダー法　　　(3)　X線法
(2)　分極抵抗法　　　　　　(4)　電磁誘導法

解答　分極抵抗法は，鉄筋の腐食速度を推定する試験方法。
したがって，(2)は**適当でない**。　　　　　　　　　　　　　　　**答**　(2)

26　リバウンドハンマ（JIS A 1155）を用いて既設コンクリートの強度を推定するための測定方法に関する次の記述のうち，**適当でないもの**はどれか。
(1)　測定器の点検は，テストアンビルを用いて測定の前，一連の測定の後及び定められた打撃回数ごとに行う。
(2)　1箇所の測定は，測定箇所の間隔を互いに25 mm ～ 50 mm 確保して9点

　　測定する。

(3)　測定面は，仕上げ層や上塗り層がある場合はこれを取り除かないでその状態で測定する。

(4)　1 箇所の測定で測定した測定値の偏差が平均値の 20 ％以上になる値があれば，その反発度を捨て，これに変わる測定値を補うものとする。

解答　測定面は，仕上げ層や上塗り層がある場合はこれを取り除いて測定する。したがって，(3)は適当でない。　　　　　　　　　　　　　　　　**答**　(3)

27　鉄筋コンクリート構造物の非破壊試験方法のうち，鉄筋の位置を推定するのに適したものは，次のうちどれか。

(1)　電磁誘導を利用する方法　　　(3)　弾性波を利用する方法

(2)　反発度に基づく方法　　　　　(4)　電気化学的方法

解答　(2)　反発度に基づく方法は，コンクリート強度の推定。

(3)　弾性波を利用する方法は，コンクリートの劣化の推定。

(4)　電気化学的方法は，鉄筋の腐食状況などの調査。

(1)　鉄筋の位置の推定は，電磁誘導を利用する方法を用いる。　　**答**　(1)

施工管理

━━━━━━ 試験によく出る重要事項 ━━━━━━

非破壊検査

1. 反発度法（テストハンマ）による測定

①　検査前に，専用アンビルでハンマの精度を確認する。

②　測定場所は，20×20 cm 以上の平滑面を選ぶ。

③　測定点は，出隅から 3 cm 以上内側の場所で，各測定点間の距離は 3 cm 以上離す。

④ 測定面は，カーボンランダムストーンなどで平滑にする。コンクリート表面上に仕上げ層や塗装などが施されている場合は，これを除去してコンクリート表面を露出し，平滑にする。

⑤ コンクリート表面が濡れている，または，湿っている場合は，同じコンクリートを気乾状態で測定した場合と比較すると，反発が小さくなる。濡れていたり，湿っている場合は，測定を避ける。

⑥ 測定面に垂直に打点する。 ⑦ 一般的には，1か所の測定場所における(20 cm×20 cm 以上)20点の平均値を求める。平均値より±20％を超える数値は，異常値とみなして削除し，残りの測定値で評価する。

2. 非破壊検査法

検査項目	検査法
強度・弾性係数	反発度法（テストハンマ法）・衝撃弾性波法・超音波法・引抜法
ひび割れ	超音波法・AE法・X線法
空隙・剥離	衝撃弾性波法・超音波法・打音法・赤外線法（サーモグラフィ法）・電磁波レーダ法・X線法
鉄筋腐食	自然電位法(電気化学的方法)・X線法・分極抵抗法
鉄筋かぶり・径	電磁誘導法・電磁波レーダ法

3. 主な非破壊検査方法の概要

a．**反発度法**：バネまたは振り子の力を利用したテストハンマでコンクリート表面を打撃し，反発程度から硬度を測定し，コンクリートの強度を推定する。

b．**赤外線法**：コンクリートにひび割れ・剥離・空隙があれば，熱伝導率が異なる。そのことを利用して，コンクリート表面から放射される赤外線を放射温度計で測定し，その強さの分布を映像化する。

c．**X線法**：X線で透過像を撮影する。鉄筋の位置・径・かぶり，コンクリートの空隙など，コンクリート内部の変化状態が，ほぼ，原寸大でわかる。厚さ400 mm程度までが，一般的な利用範囲である。

d．**電磁誘導法**：コイルに交流電流を流して交番磁界を発生させ，コンクリート中に渦電流を発生させて磁性体である鉄筋を検知する。コンクリート中の鉄筋の平面的な位置・径・かぶりを検知する。鉄筋が密になると，測定がむずかしい。

e．**自然電位法**：鉄筋が腐食している場合は，鉄イオンが周辺コンクリート中に溶け出る酸化反応が起こっている。腐食箇所では，鉄原子が電子を失い，電位はマイナスに変化するので，これを検出し，鉄筋の腐食の進行程度を判定する。

第5章　環境保全，建設副産物，他

●出題傾向分析(出題数4問)

出題事項	設問内容	出題頻度
環境保全対策	工事に伴う騒音・振動対策	毎年
水質対策，他	発生汚濁水対策，説明会	5年に4回程度
建設副産物	建設リサイクル，特定建設資材，指定副産物，再生資源利用	毎年
産業廃棄物処理	産業廃棄物処理・処分方法，マニフェスト	毎年

◎学習の指針

1. 環境保全では，工事に伴う騒音対策・振動対策が，毎年出題されている。また，汚濁水の対策，工事事前説明会や全体の環境対策についての問題が，高い頻度で出題されている。
2. 建設副産物について，特定建設資材，再生資源利用計画，分別解体など，建設リサイクルについての問題が毎年出題されている。
3. 産業廃棄物処理では，適正処理を実施するための廃棄物管理表(マニフェスト)の取扱い，最終処分場の概要などが，毎年のように出題されている。
4. 騒音防止対策や建設リサイクルの問題は基本的内容で，常識で判断できるものが多い。廃棄物処理についても，マニフェストによる産業廃棄物の処理の基礎的事項を知っていれば，解ける問題である。
5. いずれも，基本的な問題なので，過去問の演習で要点を覚えておく。

| 5-5 | 施工管理 | 環境保全,他 | 建設工事に伴う環境保全対策 | ★★★ |

フォーカス　工事における環境保全対策については，毎年出題されている。常識的な内容なので，よく読んで解答する。

1　建設工事の騒音防止対策に関する次の記述のうち，**適当でないもの**はどれか。

(1)　騒音防止対策は，音源対策が基本だが，伝搬経路対策及び受音側対策をバランスよく行うことが重要である。

(2)　遮音壁は，音が直進する性質を利用して騒音低減をはかるもので，遮音壁の長さに関係なく効果が期待できる。

(3)　騒音防止対策の方法には，圧入工法のように施工法自体を大幅に変更した技術と発動発電機のようにエンクロージャによりエンジン音などを防音した技術がある。

(4)　建設機械の内燃機関が音源となって発生する騒音は，音の有無と作業の効率にあまり関係なく，機械の性能を損なうことがないので，低騒音型の機械との入れ替えができる。

解答　遮音壁は，音が直進する性質を利用して騒音低減をはかるもので，遮音壁の長さは長いほうが効果が期待できる。

したがって，(2)は**適当でない**。　　　　　　　　　　　**答**　(2)

2　建設工事に伴う環境保全対策に関する次の記述のうち，**適当でないもの**はどれか。

(1)　建設工事にあたっては，事前に地域住民に対して工事の目的，内容，環境保全対策などについて説明を行い，工事の実施に協力が得られるよう努める。

(2)　工事による騒音・振動問題は，発生することが予見されても事前の対策ができないため，地域住民から苦情が寄せられた場合は臨機な対応を行う。

(3)　土砂を運搬する時は，飛散を防止するために荷台のシートかけを行うとともに，作業場から公道に出る際にはタイヤに付着した土の除去などを行う。

(4)　作業場の内外は，常に整理整頓し建設工事のイメージアップをはかるとともに，塵あいなどにより周辺に迷惑がおよぶことのないように努める。

解答　工事による騒音・振動問題は，発生することが予見されているなら，事前の対策を行う。

したがって，(2)は**適当でない**。　　　　　　　　　　　**答**　(2)

---

3 建設工事施工に伴う地盤振動の防止，軽減対策に関する次の記述のうち，**適当でないもの**はどれか。

(1) 建設工事に伴う地盤振動に対する防止対策は，発生源，伝搬経路，受振対象における各対策に分類することができる。

(2) 建設工事に伴う地盤振動に対する防止対策は，振動エネルギーが拡散した状態となる受振対象で実施することが一般に小規模で済むことから効果的である。

(3) 建設工事に伴う地盤振動は，施工方法や建設機械の種類によって大きく異なることから，発生振動レベル値の小さい機械や工法を選定する。

(4) 建設工事に伴う地盤振動は，建設機械の運転操作や走行速度によって振動の発生量が異なるため，不必要な機械操作や走行は避ける。

解答 建設工事に伴う地盤振動に対する防止対策は，振動エネルギーが**発生する発生源**を対象に実施することが一般に小規模で済むことから効果的である。したがって，(2)は**適当でない**。　　　　　　　　　　**答** (2)

施工管理

═══════ 試験によく出る重要事項 ═══════

建設工事に伴う環境保全対策

① **夜間工事**：夜間の騒音や振動は，より大きく感じる。夜間工事は，できるだけ避ける。

② **施工機械**：低騒音・低振動工法や施工機械を選択し，用いるようにする。

③ **低減対策**：音や振動が発生するものは，居住地より遠ざけて設置する。防音シートや防音壁・防振溝や防振幕を用いて騒音と振動を軽減する。

④ **近隣環境の保全**：近隣環境の保全に留意する。工事用車両による沿道障害，掘削等による近隣建物などへの影響，耕地の踏み荒し，日照，土砂および排水の流出，地下水の水質，井戸枯れ，電波障害などを発生させないようにする。

| 5-5 | 施工管理 | 環境保全, 他 | 濁水の処理 | ★★★ |

フォーカス 環境保全のうち，濁水管理は3年に一度程度の出題である。水処理に関する常識的な内容の問題なので，よく読んで解答する。

---

4 建設工事における水質汚濁対策に関する次の記述のうち，**適当なもの**はどれか。

(1) pH測定には，浸漬形と流通形の2種類があり，浸漬形はパイプラインに組み込むタイプである。

(2) 水質汚濁処理技術には，粒子の沈降，かくはん処理，中和処理，脱水処理がある。

(3) 濁水処理設備は，濁水中の諸成分(SS，pH，油分，重金属類，その他有害物質など)を河川又は下水の放流基準値以下まで下げるための設備である。

(4) 中和処理では，中和剤として硫酸，塩酸又は炭酸ガスが使用され，炭酸ガスを過剰供給すると強酸性となり危険である。

解答 (1) pH測定には，浸漬形と流通形の2種類があり，**流通形**はパイプラインに組み込むタイプである。

(2) 水質汚濁処理技術には，粒子の沈降，かくはん処理，中和処理，がある。脱水処理は含まない。

(4) 中和処理では，中和剤として硫酸，塩酸又は炭酸ガスが使用され，**硫酸**を過剰供給すると強酸性となり危険である。

(3)は，記述のとおり**適当である**。　　　　　　　　　　　　**答** (3)

---

5 建設工事に伴い発生する濁水に関する次の記述のうち，**適当でないもの**はどれか。

(1) 建設工事に伴って発生する濁水に対して処理が必要になる場合には，工事に先立って経済的で効果的な濁水処理装置を設置しなければならない。

(2) コンクリート吹付機の洗浄排水は，セメント成分を多量に含むためアルカリ化することから濁水処理装置で濁りの除去を行った後，炭酸ガスなどでpH調整を行って放流する。

(3) 濁水は，切土面や盛土面の表流水として発生することが多いことから，他の条件が許す限り，できるだけ切土面や盛土面の面積が大きくなるよう計画する。

(4) 降雨の際に濁水が発生するような未舗装道路では，適切な間隔に流速抑制のための小盛土などを施しておき，流速を低下させる。

解　答　濁水は，切土面や盛土面の表流水として発生することが多いことから，他の条件が許す限り，できるだけ切土面や盛土面の面積が小さくなるよう計画する。

　　したがって，(3)は**適当でない**。　　　　　　　　　　　　　**答**　(3)

6　建設工事に伴う水質汚濁対策に関する次の記述のうち，**適当でないもの**はどれか。

(1)　建設工事からの排出水は，一時的なものであっても明らかに河川，湖沼，海域などの公共水域を汚濁するものならば，水質汚濁防止法に基づく排水基準に従って濁水を処理して放流しなければならない。

(2)　建設工事に伴って発生する濁水に対して処理が必要な場合は，濁水の放流水域の調査，水質汚濁防止法に基づく排水基準に関する調査，濁水の性質の調査などをあらかじめ実施する必要がある。

(3)　橋梁工事などで，底泥まき上げなど河川の水を直接濁水化してしまう作業への対策は，汚濁防止膜で作業範囲を囲い濁水の拡散を防ぐとともに，汚濁成分を河川の水により希釈し速やかに放流するのが一般的な対策である。

(4)　大規模な切土工事で行うコンクリート吹付け，法面侵食防止剤の散布，種子吹付けなどは，濁水の発生防止や表面崩落の防止に効果的であり，できるだけ早期に行う。

解　答　橋梁工事などで，底泥まき上げなど河川の水を直接濁水化してしまう作業への対策は，汚濁防止膜で作業範囲を囲い濁水の拡散を防ぐとともに，汚濁成分を**処理プラント**などで**浄化処理して放流**するのが一般的な対策である。

　　したがって，(3)は**適当でない**。　　　　　　　　　　　　　**答**　(3)

施工管理

===== 試験によく出る重要事項 =====

濁水の排水基準

　　土木工事から発生する濁水で，排水基準を超える恐れがある項目は，水素イオン濃度(pH)，浮遊物質(SS)，油分である。

　　処理方式は，凝集沈殿が主流である。

| 5-5 | 施工管理 | 環境保全,他 | 廃棄物の処理・処分 | ★★★ |

フォーカス　廃棄物の処理・処分については,「廃棄物の処理及び清掃に関する法律」の目的,主要規定,および,最終処分場について,遮断型処分場・管理型処分場・安定型処分場などの違いを覚えておく。

7　建設工事で発生する建設副産物の有効利用の促進に関する次の記述のうち,**適当でないもの**はどれか。

(1)　元請業者は,分別解体等を適正に実施するとともに,排出事業者として建設廃棄物の再資源化等及び処理を適正に実施するよう努めなければならない。

(2)　元請業者は,建設工事の施工にあたり,適切な工法の選択により,建設発生土の発生の抑制に努め,建設発生土は全て現場外に搬出するよう努めなければならない。

(3)　下請負人は,建設副産物対策に自ら積極的に取り組むよう努め,元請業者の指示及び指導等に従わなければならない。

(4)　元請業者は,対象建設工事において,事前調査の結果に基づき,適切な分別解体等の計画を作成しなければならない。

解答　元請業者は,建設工事の施工にあたり,適切な工法の選択により,建設発生土の発生の抑制に努め,建設発生土は**再利用**するよう努めなければならない。

　したがって,(2)は**適当でない**。　　　　　　　　　　　　　**答**　(2)

8　「廃棄物の処理及び清掃に関する法律」に関する次の記述のうち,**誤っているもの**はどれか。

(1)　産業廃棄物とは,事業活動に伴って生じた廃棄物のうち,燃え殻,汚泥,廃油,廃酸,廃アルカリ,廃プラスチック類その他政令で定める廃棄物である。

(2)　産業廃棄物の収集又は運搬を業として行おうとする者は,専ら再生利用目的となる産業廃棄物のみの収集又は運搬を業として行う者を除き,当該業を行おうとする区域を管轄する地方環境事務所長の許可を受けなければならない。

(3)　産業廃棄物の運搬を他人に委託する場合には,他人の産業廃棄物の運搬を業として行うことができる者であって,委託しようとする産業廃棄物の運搬がその事業の範囲に含まれるものに委託することが必要である。

(4)　産業廃棄物の運搬にあたっては,運搬に伴う悪臭・騒音又は振動によって生活環境の保全上支障が生じないように必要な措置を講ずることが必要である。

解答　産業廃棄物の収集又は運搬を業として行おうとする者は，専ら再生利用目的となる産業廃棄物のみの収集又は運搬を業として行う者を除き，当該業を行おうとする区域を管轄する都道府県知事の許可を受けなければならない。

　　したがって，(2)は誤っている。　　　　　　　　　　　　　　　　**答**　(2)

9　建設工事に伴い生ずる廃棄物の最終処分場に関する次の記述のうち，廃棄物の処理及び清掃に関する法律上，**誤っているもの**はどれか。

(1)　最終処分場の設置にあたっては，規模の大小に関わらず都道府県知事及び指定都市の長等の許可が必要である。

(2)　安定型最終処分場では，木くずが混入した建設混合廃棄物を埋立処分できる。

(3)　遮断型最終処分場では，環境省令で定める判定基準を超える有害物質を含む燃え殻，ばいじん，汚泥を埋立処分できる。

(4)　管理型最終処分場では，工作物の新築，改築，除却に伴って生ずる紙くず，繊維くず，廃油(タールピッチ類に限る)を埋立処分できる。

解答　安定型最終処分場では，木くずが混入した建設混合廃棄物を埋立処分できない。

　　したがって，(2)は誤っている。　　　　　　　　　　　　　　　　**答**　(2)

施工管理

=== 試験によく出る重要事項 ===

最終処分場の形式と処分できる廃棄物

処分場の形式	廃棄物の区分（性質）	処分できる廃棄物の例
安定型処分場	公共の水域および地下水を汚染する恐れのない廃棄物	廃プラスチック類・ゴム屑・金属屑・ガラス屑・陶磁器屑・がれき類
管理型処分場	公共の水域および地下水を汚染する恐れのある廃棄物	ボード，動植物性残渣，動物の糞尿，動物の死体など，木屑，基準に適合した燃えがら，煤塵，汚泥，鉱滓
遮断型処分場	有害な廃棄物	基準に適合しない燃えがら，煤塵・汚泥・鉱滓

| 5-5 | 施工管理 | 環境保全,他 | 産業廃棄物の運搬・処分 | ★★★ |

フォーカス　産業廃棄物管理票(マニフェスト)は,産業廃棄物適正処理の基礎である。マニフェストの流れや記載事項などを覚えておく。

10　建設工事にともなう産業廃棄物(特別管理産業廃棄物を除く)の処理に関する次の記述のうち,廃棄物の処理及び清掃に関する法令上,**誤っているもの**はどれか。

(1)　産業廃棄物の収集又は運搬時の帳簿には,収集又は運搬年月日,受入先での受入量,運搬方法及び最も多い運搬先の運搬量を記載しなければならない。

(2)　産業廃棄物収集運搬業者は,産業廃棄物が飛散し,及び流出し,並びに悪臭が漏れるおそれのない運搬車,運搬船,運搬容器その他の運搬施設を保有しなければならない。

(3)　産業廃棄物の運搬を委託するにあたっては,他人の産業廃棄物の運搬を業として行うことができる者に委託しなければならない。

(4)　産業廃棄物の運搬を受託した者は,当該運搬を終了したときは,交付された産業廃棄物管理票に定める事項を記入し,産業廃棄物管理票を交付した者にその写しを送付しなければならない。

解答　産業廃棄物の収集又は運搬時の帳簿には,収集又は運搬年月日,受入先での受入量,運搬方法及びすべての運搬先の運搬量を記載しなければならない。

したがって,(1)は誤っている。　　　　　　　　　　　　　　　　**答**　(1)

11　建設工事等から生ずる廃棄物の適正処理に際しての排出事業者に関する次の記述のうち,**適当でないもの**はどれか。

(1)　排出事業者は,原則として発注者から直接工事を請け負った元請業者が該当する。

(2)　排出事業者は,廃棄物の取扱い処理を委託した下請業者に建設廃棄物の処理を任せ,処理実績等を整理,記録,保存させる。

(3)　排出事業者は,建設廃棄物の処理を他人に委託する場合は,収集運搬業者及び中間処理業者又は最終処分業者とそれぞれ事前に委託契約を書面にて行う。

(4)　排出事業者は,建設廃棄物の最終処分量を減らし,建設廃棄物を適正に処理するため,施工計画時に発生抑制,再生利用等の減量化や処分方法並びに分別方法について具体的な処理計画を立てる。

解答　排出事業者は，廃棄物の取扱い処理を委託した下請業者が建設廃棄物の
処理を終了したことを確認し，処理実績等を整理，記録，保存する。
したがって，(2)は**適当でない**。　　　　　　　　　　　　　　**答**　(2)

━━━━━━━━ 試験によく出る重要事項 ━━━━━━━━

産業廃棄物管理票(マニフェスト)

a．事業者は，産業廃棄物の運搬または処分を受託した者に対して，当該産
業廃棄物の種類・数量，受託した者の氏名を記載した**産業廃棄物管理票(マ
ニフェスト)**を産業廃棄物の量にかかわらず交付しなければならない。

b．事業者は，産業廃棄物管理票を，産業廃棄物の種類ごとに，産業廃棄物
を引き渡すときに，受託者に交付しなければならない。

c．事業者は，産業廃棄物管理票の写しを，運搬または処分の終了後に最終
処分地の所在などを記入して送付し，返される管理票 A 票と D 票を照合
して保管しなければならない。

d．産業廃棄物管理票交付者(事業者)は，当該管理票に関する報告を都道府
県知事に年 1 回提出しなければならない。

e．産業廃棄物管理票の写しを送付された事業者・運搬受託者・処分受託者
の 3 者は，この写しを 5 年間保存しなければならない。

f．**産業廃棄物処理業**：産業廃棄物の運搬または処分を業として行うときは，
当該区域を管轄する都道府県知事の許可を受けなければならない。許可の
更新は 5 年である。

| 5-5 | 施工管理 | 環境保全, 他 | 建設リサイクル法 | ★★★ |

フォーカス　建設リサイクル法は，毎年出題されている。法律の目的，建設副産物の種類，再資源化の方法，分別解体の規定，届け出などを覚えておく。

12　「建設工事に係る資材の再資源化等に関する法律」(建設リサイクル法)に関する次の記述のうち，**誤っているもの**はどれか。

(1) 対象建設工事の元請業者は，当該工事に係る特定建設資材廃棄物の再資源化等が完了したときは，その旨を当該工事の発注者に口頭で報告しなければならない。

(2) 対象建設工事の発注者又は自主施工者は，解体工事では，解体する建築物等の構造，新築工事等では，使用する特定建設資材の種類等を工事着手前に都道府県知事に届け出なければならない。

(3) 対象建設工事の元請業者は，各下請負人が自ら施工する建設工事の施工に伴って生じる特定建設資材廃棄物の再資源化等を適切に行うよう，各下請負人の指導に努めなければならない。

(4) 対象建設工事受注者又は自主施工者は，正当な理由がある場合を除き，分別解体等をしなければならない。

解答　対象建設工事の元請業者は，当該工事に係る特定建設資材廃棄物の再資源化等が完了したときは，その旨を当該工事の発注者に**書面で**報告しなければならない。

したがって，(1)は誤っている。　　　　　　　　　　　　　　**答**　(1)

13　「建設工事に係る資材の再資源化等に関する法律」(建設リサイクル法)に関する次の記述のうち，**誤っているもの**はどれか。

(1) 特定建設資材を用いた建築物等に係る解体工事又はその施工に特定建設資材を使用する新築工事等における対象建設工事の受注者又は自主施工者は，正当な理由がある場合を除き，分別解体等をしなければならない。

(2) 分別解体等を実施する対象建設工事の発注者又は自主施工者は，分別解体等の計画などを工事完了までに都道府県知事に届け出なければならない。

(3) 建設業を営む者は，建設資材の選択や施工方法等の工夫により，建設資材廃棄物の発生を抑制するとともに，分別解体等及び建設資材廃棄物の再資源化等に要する費用を低減するよう努めなければならない。

(4) 解体工事業者は，工事現場における解体工事の施工に関する技術上の管理をつかさどる技術管理者を選任しなければならない。

解答　分別解体等を実施する対象建設工事の発注者又は自主施工者は，分別解体等の計画などを工事着手の 7 日前までに都道府県知事に届け出なければならない。

したがって，(2)は誤っている。　　　　　　　　　　　　　　**答**　(2)

14　建設工事に係る資材の再資源化等に関する法律(建設リサイクル法)に関する次の記述のうち，**誤っているもの**はどれか。

(1)　対象建設工事の元請業者は，当該工事に係る特定建設資材廃棄物の再資源化等に着手する前に，その旨を当該工事の発注者に書面で報告しなければならない。

(2)　特定建設資材を用いた建築物等に係る解体工事のうち，その建設工事の規模が基準以上のものは，正当な理由がある場合を除き，分別解体等をしなければならない。

(3)　特定建設資材は，コンクリート，コンクリート及び鉄から成る建設資材，木材，アスファルト・コンクリートの品目が定められている。

(4)　建設業を営む者は，建築物等の設計及びこれに用いる建設資材の選択，建設工事の施工方法等を工夫することにより，建設資材廃棄物の発生を抑制するよう努めなければならない。

解答　対象建設工事の元請業者は，当該工事に係る特定建設資材廃棄物の再資源化等が完了した後，その旨を当該工事の発注者に書面で報告しなければならない。

したがって，(1)は誤っている。　　　　　　　　　　　　　　**答**　(1)

━━━━━━ 試験によく出る重要事項 ━━━━━━

建設リサイクル法

1. **特定建設資材**：再資源化を促進しなければならない廃棄物のことで，コンクリート，コンクリートおよび鉄からなる建設資材，アスファルト・コンクリート，木材(建設発生木材)の4品目をいう。

2. 建設副産物の構成

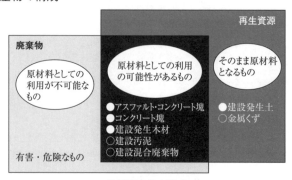

建設副産物の構成

届け出工事

1. **分別解体等及び再資源化等が義務付けられる工事**(届出対象建設工事)

　　分別解体等および再資源化等が義務づけられている対象建設工事は，特定建設資材を用いた，下表の四つの工事である。

　　ただし，廃木材は，工事現場から最も近い再資源化施設までの距離が50kmを超える場合など，経済性等の制約が大きい場合には，再資源化に代えて縮減(焼却)を行うこともできる。

工事の種類	規模の基準
①建築物の解体	80㎡以上 (床面積)
②建築物の新築・増設	500㎡以上 (床面積)
③建築物の修繕，模様替 (リフォームなど)	1億円以上 (請負代金)
④その他の工作物に関する工事 (土木工事など)	500万円以上 (請負代金)

第6編　施工経験記述

　　1級土木施工管理技士検定実地試験は，施工経験記述と学科記述とで構成されている。

　　このうち，施工経験記述は「問題1」として必ず解答しなければならない必須問題として出題される。

　　文章を書くことに慣れていない受験者も多く，1級土木施工管理技士試験の難関の一つになっている。

　　施工経験記述は，必ず事前に書いて準備しておきましょう。

I．施工経験記述

1．施工経験記述の目的

①　実務経験の判定：受験者が工事監督者として，現場経験があるかどうかを判定する。

受験者に実務経験がないと判断された場合は，不合格になる。

②　技術力と文章での説明力の判定：受験者が1級土木施工管理技士としてふさわしい技術的知識・経験・判断力があるかどうかを評価する。

2．施工経験記述問題の出題形式

施工経験記述は，問題1として出題され，必ず解答しなければならない必須問題である。内容は，課題が変わる以外は，毎年同じような形式である。

ただし，問題1で，

①　設問1の解答が無記載または記述漏れがある場合，

②　設問2の解答が無記載または設問で求められている内容以外の記述の場合，

どちらの場合も，問題2以降は採点の対象とならない。

【問題1】　あなたが経験した土木工事の現場において，その現場状況から特に留意した○○管理に関して，次の〔設問1〕，〔設問2〕に答えなさい。

〔注意〕　あなたが経験した工事でないことが判明した場合は失格となります。

〔設問1〕　あなたが経験した土木工事に関し，次の事項について解答欄に明確に記述しなさい。

〔注意〕「経験した土木工事」は，あなたが工事請負者の技術者の場合は，あなたの所属会社が受注した工事内容について記述してください。従って，あなたの所属会社が二次下請業者の場合は，発注者名は一次下請業者名となります。

なお，あなたの所属が発注機関の場合の発注者名は，所属機関名となります。

(1)　工事名

(2)　工事の内容

①　発注者名　　②　工事場所　　③　工期　　④　主な工種　　⑤　施工量

(3)　工事現場における施工管理上のあなたの立場

〔設問2〕　上記工事の現場状況から特に留意した○○管理に関し，次の事項について解答欄に具体的に記述しなさい。

(1) 具体的な**現場状況**と特に留意した**技術的課題**
(2) 技術的課題を解決するために検討した**項目と検討理由及び検討内容**
(3) 上記検討の結果，**現場で実施した対応処置とその評価**

　設問2の課題である「特に留意した○○管理」については，品質管理・安全管理・工程管理・出来形管理等のなかから毎年一つが指定されている。

3. 施工経験記述の学習
(1) 経験記述の学習方法
　　施工経験記述は，準備なしで試験会場で書くことは不可能なので，**必ず準備しておく。**
　① 少なくとも**3課題（品質管理・安全管理・工程管理）は準備**しておく。
　② 文章は，採点者に読んでもらい，内容を理解してもらう必要がある。
　③ そのためには，必ず**他人にみてもらい，批評・添削を受ける**ことが大切。

(2) 文章を書く場合の注意事項
　① 文章の書き出しは1字下げとし，2字目から書き出す。
　② 文章の大きな区切りは**改行する**。次の文章の書き出しは1字下げる。
　③ 文章の終りには「。」必要な箇所には「，」をつけて**読みやすく**する。
　④ 文字は，採点者が読みやすいよう，**ていねいに**書く。
　⑤ 誤字・脱字のないよう注意する。
　⑥ **1行25〜30字程度**を目安に，極端に小さな，または，大きな文字で書かない。
　⑦ 練習では，空白行を残さないように，**最後の行まで埋める。**
　⑧ 文章は簡潔・明瞭に，かつ，具体的に書く。
　⑨ 書き終えたら，最初から読み直して全体を確認する。

4.【問題1】の出題傾向
　① 〔設問1〕の工事概要の記入項目は，毎年同じである。
　② 〔設問2〕の施工管理の課題は，安全管理・品質管理・工程管理・環境保全・建設副産物のうちから，毎年一つが指定されている。
　③ 経験した土木工事の現場状況から，特に留意した○○管理（○○は指定される）について，解答欄へ具体的に記述せよ。という出題である。

Ⅱ. 施工経験記述の書き方と注意事項

1.〔設問1〕 経験した土木工事の概要

(1)「工事名」記入の注意事項

工事名	

a. 土木工事であること。

　土木工事として認められる工事の種類や業務は，試験機関（一般財団法人　全国建設研修センター）から公表されている。

　特殊な工事や，土木工事かどうか判定しにくいものは避けたほうがよい。

b. その工事が現実に実施され，どこで（場所），何の工事（工事の種類）だったのかを特定できるように書くこと。

　工事時期（年度）は，工期の欄に記入しているので，書かなくてもよい。

　工事の種類は，できるだけ具体的に書く（道路工事ではなく**舗装工事**等，河川工事ではなく**護岸工事**等）

> 【例】　県道○○号線△△交差点改良工事
>
> 　　　　横浜モノレール（○○川地区）P1～P5橋脚補強工事

c. 記入欄をはみ出すような長い工事名は，工事内容がわかる範囲で削除する。

> 【例】　△△地区から~~○○地区~~県道○○号線~~第1工区～第3工区，~~歩道拡
>
> 　　　　幅・舗装打ち換え工事~~（その1の3）~~

d. 発注者固有の記号・符号などは，できる限りわかりやすく書きなおす。

e. できるだけ新しい工事を選定する。

f. あまり小規模の工事や短期間の工事は「1級土木施工管理技士の資格対象としてふさわしくない」と判定されるおそれがある。**ある程度の規模の工事を選定する。**

(2)「工事の内容」記入の注意事項

①	発注者名	

a. 官庁発注の場合は役所名，民開発注の場合は会社名を記入

b. 所属が二次下請業者の場合は，発注者名は一次下請業者となる。

> 【例】　東京都○○局○○建設事務所
>
> 　　　　国土交通省中部地方整備局○○国道事務所
>
> 　　　　株式会社○○建設

| ② | 工事場所 | |

a. 都道府県名，市町村名，番地まで記入する。**場所が特定できること。**

【例】　○○県□□郡△△町○○地先
　　　　○○県□□市△△町○○番地

| ③ | 工期 | |

a. 終了している工事（工期）であること。
b. 工事契約書のとおり，日まで記入する。

【例】　令和○年○月○日～令和△年△月△日

注意：工期と施工量の関係が適切であること。
　　　（大規模工事なのに，工期が短すぎる。など）

| ④ | 主な工種 | |

a. [設問2] の技術的課題に取り上げる工種を含めて，3～5工種程度を記入する。
b. 工事の全体像が把握できるような工種を選定する。
c. [設問2] で記述する内容と一致していること。
d. ○○工事ではなく，○○工と書く。

【例】　盛土工　　　　　　　　　　　　　　（注意：盛土工事とは書かない）

| ⑤ | 施工量 | |

a. 施工量は，主な工種に対応させて枠内に収まる程度で記入する。
b. 施工量の数量は，規模がわかるよう単位をつけて記入する。

【例】　盛土工→盛土量 5,000㎥

c. 鋼管杭・鋼矢板のように，サイズや型式があるものは，それも記入する。

【例】　鋼管杭（φ 1000 × 20m）　　　打設：20 本

d. 工期との整合性に注意する。
e. [設問2] の技術的課題に取り上げる工種は，施工（作業）規模や概要がわかるような数量を書く。

(3)　「工事現場における施工管理上のあなたの立場」記入の注意事項

立場	

a．施工管理についての指導・監督者であること。

【例】　現場監督員，現場監督，現場主任，現場代理人，発注者側監督員
　　　など

b．「督」の文字を，間違えずに正しく書く。

2.〔設問2〕　技術的課題と検討内容・対応処置

◎書き方をパターン化する

　〔設問2〕は，例年，問題1の「上記工事（設問1の工事）の現場状況から特に留意した○○管理に関し，次の事項について解答欄に具体的に記述しなさい。」という文章を受けて，以下の3項目に解答する形式の出題である。

① 　具体的な**現場状況**と特に**留意した技術的課題**（7行）

② 　技術的課題を解決するために検討した**項目**と検討**理由**および検討**内容**（10行）

③ 　上記検討の結果，現場で実施した**対応処置**とその**評価**（10行）

　施工管理（工事の着工から完成までのあいだの管理）の課題は，安全管理・品質管理・工程管理・環境保全・建設副産物のうちから一つ指定される。解答にあたっては，できるだけパターン化して記述するとよい。

　次に，パターン化の例を示す。

(1)　**具体的な現場状況と特に留意した技術的課題**（7行）

(2行程度)	工事概要	①工事概要は何のための，どのような工事なのかがわかるよう，工事目的・工事規模などを入れる。 ②設問1を踏まえて，重複しないよう簡潔に記述する。
(5行程度)	技術的課題の抽出・提示。課題を具体的に，明確に提示する	①現場状況は，この現場の周辺環境や地理的・地質的・施工的な条件などが背景・要因となって課題が生じた，ということがわかるように書く。 ②課題は，具体的に記述する。数値などで説明するとよい。 　施工にあたり…　○○を課題とした。

(2) 技術的な課題を解決するために検討した項目と検討理由および検討内容(10 行)

(1 行程度) 前文	○○するため，以下を検討した。
(9行程度) 検討項目と検討理由および内容を記入	①検討項目は 2 ～ 4 項目とする。多すぎないよう注意する。 ②箇条書きを活用する。 ③検討目的があると，説得力が増す。 ④検討理由は検討項目ごとに書く。 ⑤現場状況を踏まえて，なぜ検討項目としたか，何のために何を検討したかを具体的かつ簡潔・明瞭に書く。できるだけ数値等を活用する。 ⑥マニュアルの丸写しとならないよう，注意する。 ⑦対応処置まで一緒に書かないよう，注意する。 ⑧特殊な工事，専門性の高い作業などは，工事に精通していない採点者でも理解できるよう，わかりやすい表現を使う。 ⑨技術用語・専門用語は，公的機関から発行されている仕様書・要綱・指針などで使用されているものを使う。 ⑩ 1 行目に「～以下を検討した。」と書いてあれば，検討項目ごとに「～を検討した。」と書かなくてよい。

(3) 上記検討の結果，現場で実施した対応処置とその評価(10 行)

(1行) 前文	○○するため，以下の(次の)処置をした。
(8行) 処置内容	検討項目と対応させて記述する。 (a→a'，b→b') ①対応・処置では，技術的な結果・内容を具体的に書く(「大幅に」「適切に」などのあいまいな表現を避け，数値等を活用する)。 ②現場の状況を踏まえての対応・処置が大切である(マニュアルどおりの対応・処置であっても，現場での工夫・状況からの判断などを入れる)。 ③課題に対しての対応処置を書く。(安全管理に対し，工期を○日短縮した。など他のことを加えない)
(1行) 評価	…以上により ○○を△△以内で完成した。○○ができた。 課題の再提示と達成の確認・評価

注. 指定行数は，年度により異なることがある。

施工経験記述

Ⅲ．施工経験記述添削例

A．安全管理

【問題1】　あなたが経験した土木工事の現場において，その現場状況から特に留意した安全管理に関して，次の〔設問1〕,〔設問2〕に答えなさい。

1.〔設問1〕の解答例（安全管理）
添削前（赤字は，記述内容への添削指導）

(1)　工事名

工事名	F県H町下水処理場水処理棟FRP管理設工事

注．例文は，工事名・発注者名・工事場所等について，記号などで表記してある。

本試験では，実際に経験した工事について，具体的に記述すること。

(2)　工事の内容

①	発注者名	㈱TT工業製作所	実際の発注者名を記入
②	工事場所	F県H町	できるだけ詳細に記入
③	工期	令和〇年6月～令和〇年12月	「日」まで記入する。
④	主な工種	掘削・埋戻し 管路埋設工事	「工」を入れる。 工事を「工」とする。
⑤	施工量	掘削，埋戻し　土量　498 FEP管布設　　4条　400 m	単位をつける。 形状を記入する。

(3)　工事現場における施工管理上のあなたの立場

立　場	工事課係長

現場施工管理での監督者としての立場を記入する

立場は，現場における指導，管理・監督者であること。

(例)現場監督員，現場監督，現場主任，主任技術者，現場代理人，発注者側監督員

> 〔設問2〕 上記工事の現場状況から特に留意した**安全管理**に関し，次の事項について解答欄に具体的に記述しなさい。

2. 〔設問2〕の解答例（安全管理）
添削前（赤字は，記述内容への添削指導）　　　　　　1行30字程度

(1) 具体的な現場状況と特に留意した技術的課題（7行）

　本工事は，H町の下水処理場内の水処理棟へ幅1m×深さ1.5m×延長100mの掘削を行い，エフレックス（FEP）管を地中埋設するものである。
→ 工事概要・工事目的などを入れる。

　作業は夜間に限定されたため，狭い区域での夜間工事における掘削機械と作業員との接触事故や通路を通る交通車両等に対する安全確保が課題であった。
→ もっと具体的な現場状況を記入する。

→ 6行で終わっている，7行全部を埋めること。

(2) 技術的課題を解決するために検討した項目と検討理由及び検討内容（10行）

　作業員の安全確保等について，以下の検討を行った。

① 掘削機と作業員の接触事故を防ぐための掘削作業中のわかりやすい警告・注意の方法。
→ 検討理由を書く。

② 夜間工事なので，現場全体の照明と作業での照度の確保，影などの視認障害の防止方法。

③ 掘削溝はFEP管理設まで間，開口したままになっている。掘削溝脇の通路を通る交通車両等の転落などの安全を確保する方法。

→ 空白行がある。

→ 8行で終わっている。10行まで埋めること。

(3) 技術的課題に対し，現場で実施した対応処置と評価（10行）

　作業員等の安全確保のため，以下の処置を行った。

① 掘削機と作業員との接触事故を防ぐため，旋回時には，赤色ランプ回転灯と笛の二つの方法による注意喚起によって，事故を防止した。
→ 笛の警告の方法を書くこと。

② 夜光発色テープと手すりを1.8m高にし，中桟を設置して，転落防止など，作業員の安全を確保した。
→ (2)の②の対応処置が書かれていない。評価が書かれていない

→ 空白行がある。

施工経験記述

5行で終わっている。10行まで埋めること。

3.〔設問1〕の解答例　添削後

(1)　工事名

工事名	F県H町下水処理場水処理棟FRP管埋設工事

(2)　工事の内容

①	発注者名	㈱TT工業製作所
②	工事場所	F県H町字Y地区1丁目1番地
③	工期	令和◯年6月1日〜令和◯年12月20日
④	主な工種	掘削・埋戻し工, 管路埋設設置工
⑤	施工量	掘削,埋戻し：土量　498 m³ FEP管布設：φ100　4条　総延長400 m

(3)　工事現場における施工管理上のあなたの立場

立　場	現場主任

4.〔設問2〕の解答例（安全管理）　添削後　　　1行30字程度

(1)　具体的な現場状況と特に留意した技術的課題(7行)

　本工事は,H町の下水処理場内の水処理施設と幅3mの通路との間の幅5m程度の区域で,幅1m×深さ1.5m×延長約100mの溝掘削を行い,通信ケーブル用のFEP管を埋設布設するものである。｝工事概要

　作業は,午後8時から12時までの夜間に限定されたため,狭い区域での夜間工事における掘削機械と作業員との接触事故や掘削箇所への転落,および,脇の通路を通る交通車両等の掘削溝への転落防止等に対する安全確保が課題であった。｝工事目的,具体的な現場状況を追加 課題の明確化と提示

(2) 技術的課題を解決するために検討した項目と検討理由及び検討内容(10行)
　　作業員の安全確保等について，以下の検討を行った。

① 掘削期間短縮のため，バケット容量 0.8 ㎥のバックホウを採用
　　した。後方張出しが大きいため，旋回時の掘削機と作業員の接触事
　　故の防止方法。

② 夜間工事中の現場全体の照度確保のための照明配置と，通路に沿
　　って高さ約2mの樹木が3〜5m間隔で植わっているため，作業
　　中の影などによる視認障害の防止方法。

③ FEP管埋設は，通信用ケーブル施工と合わせて行うこととな
　　っていた。このため，掘削溝は約2か月間，開口したままの状態
　　となり，脇の通路を通る車両等に対する転落等の防止対策。

検討した3項目と検討理由および検討内容

(3) 技術的課題に対し，現場で実施した対応処置と評価(10行)
　　作業員等の安全確保について，以下の処置を行った。

① 掘削機に赤色回転灯を設置し，旋回時に点滅させた。また，掘削
　　場所に監視誘導員を配置し，笛による注意・警告を行った。

② 高さ4mまで伸びる工事用灯光器 400 W × 4 灯を，掘削場所
　　と作業範囲全体を照らせる位置に設置し，作業場所の照度 150 lx
　　を確保した。また，視認障害も排除した。

③ 掘削範囲には，単管パイプに夜行発色テープを巻いた高さ 1.8 m
　　の墜落防止柵を設置した。通路側には，単管パイプで繋げた樹脂製バリ
　　ケードと工事案内板を設置し，通行車両等への注意喚起を図った。
　　これらの措置により，無事故・無災害で工事を完了した。

検討3項目の再提示と評価，達成の確認

施工経験記述

B. 品質管理

【問題1】 あなたが経験した土木工事の現場において，その現場状況から特に留意した品質管理に関して，次の〔設問1〕，〔設問2〕に答えなさい。

1.〔設問1〕の解答例（品質管理）
添削前（赤字は，記述内容への添削指導）

(1) 工事名

工事名	F 県 H 町用地造成工事

注. 例文は，工事名・発注者名・工事場所等について，記号などで表記してある。

本試験では，実際に経験した工事について，具体的に地名などを記述すること。

(2)　工事の内容

①	発注者名	F 県 T 土木事務所	実際の発注者名を記入
②	工事場所	F 県 H 町 H 地区内他	できるだけ詳細に記入
③	工期	令和○年 9 月～令和△年 2 月	「日」まで記入する。
④	主な工種	宅地造成 区画内道路新設工事	「工」を入れる。 工事を「工」とする。
⑤	施工量	用地造成盛土　土量　49000 区画道路　　　400 m	単位をつける。 形状を記入する。

(3)　工事現場における施工管理上のあなたの立場

立　場	工事係長

現場施工での管理者としての立場を記入する

立場は，現場における指導・管理・監督者であること。

(例) 現場監督員，現場監督，現場主任，主任技術者，現場代理人，発注者側監督員

〔設問 2〕　上記工事の現場状況から特に留意した**品質管理**に関し，次の事項について解答欄に具体的に記述しなさい。

2.　〔設問 2〕の解答例 (品質管理)

添削前 (赤字は，記述内容への添削指導)　　　　　1 行 30 字程度

(1)　具体的な現場状況と特に留意した技術的課題 (7 行)

　本工事は，東日本大震災の津波で被災した畑・水田などの農地 4.5 ha を盛土し，商業用地および宅地とするものである。
　盛土に使用する土は，近くの山を切り崩して使用することとなっていた。〔工事概要〕

　この現地採取土は，見かけは礫質であるが，風化した泥岩で，土質試験よりシルトがほとんどで，かつ，スレーキングする土であることが判明した。このため，盛土の締固め管理を課題とした。〔課題の明確化と提示〕

(2)　技術的課題を解決するために検討した項目と検討理由及び検討内容 (10 行)

　現地採取の盛土材料は粘性土 (シルト) で，かつ，スレーキングする土であることより，以下を検討した。

① 締固め度管理はできないため，規格値を満足する他の管理方式について，具体策を作成する。

② スレーキング性の土は，水分を含むと崩壊して転圧不能となり，トラフィカビリティの確保もできなくなる。このため，降雨時の対策を作成する。

③ 広い面積を，効率的に管理するための試験方式を決定する。

8行で終わっている。練習では10行まで全部を埋めること。

(3) 技術的課題に対し，現場で実施した対応処置と評価（10行）

① 試験施工において，振動ローラで片道3回，6回，9回の締固め走行を行い，砂置換法による締固後のデータをとった。その値より，6回の走行が最適となった。

② 降雨時に締固めを実施し，降雨対策として，天気予報が1mm以上の雨の日は，運搬および締固めを行わないこととした。

③ RI計器と締固め試験のデータを比較して値を補正し，規定値の間隙率の確保に万全を期した。

これらの処置により，所定の品質で盛土を完了した。

課題の再提示と達成の確認

8行で終わっている。10行まで埋めること。

3. 〔設問1〕の解答例　添削後

(1) 工事名

工事名	F県H町H地区用地造成工事

(2) 工事の内容

①	発注者名	F県T土木事務所
②	工事場所	F県H町H地区内他
③	工期	令和○年○月○日～令和△年△月△日
④	主な工種	宅地造成工 区画内道路新設工

場所の特定ができること
「日」まで記入する。

⑤	施工量	用地造成盛土　面積 64,000 m² 　土量 49,000 m³ 区画道路　　幅員 12 m　総延長 400 m

(3)　工事現場における施工管理上のあなたの立場

立　場	現場監督員

4.〔設問2〕の解答例　添削後　　　　　　　　　　1行30字程度

(1)　具体的な現場状況と特に留意した技術的課題(7行)

　　本工事は，東日本大震災の津波で被災した畑・水田などの農地
4.5 ha を盛土し，復興のための商業および住宅用地とするものである。　　｝工事概要と
　　盛土材料とする土は，3.5 km ほど離れた県有地の山を切り崩して　　具体的な
使用することとなっていた。この現地採取土は，見かけは礫質であ　　現場状況
るが，土質試験より最大乾燥密度 1.3 〜 1.4 g/cm，塑性図から
シルト(高液性限界)で，スレーキングする土であることが判明した。　　｝特に留意した技術
このため，盛土の品質を確保するための締固め管理が課題となった。　　｝的課題の提示

(2)　技術的課題を解決するために検討した項目と検討理由および検討内容(10行)

　　現地採取土による盛土の品質を確保するため，以下を検討した。

①　現地採取土について，現場密度試験を行った結果，締固め度が
100 〜 105 ％で，締固め度管理はできない土と判明した。この
ため，他の管理方法と管理値を作成する。

②　現地採取土は，見かけは礫状であるが，スレーキングする土で　　｝検討3項目
ある。そのため，水分を含むと崩壊し，転圧により泥ねい化して，　　検討理由および
トラフィカビリティの確保もできなくなる。このため，降雨時の　　検討内容
運搬および転圧の対策を作成する。

③　広い面積の締固め結果を迅速に把握し，施工を効率的に管理す
るための試験方法の選定。

(3)　技術的課題に対し，現場で実施した対応処置(10行)

①　現地採取土について，10 t の振動ローラによる締固めの試験施
工を行った。片道3回から9回の締固め走行を行い，空気間隙率 13
％以下，締固め走行回数6回が最もよく締まる，との結果を得た。
発注者と協議し，この値を管理値に決定し，盛土の施工を行った。

②　降雨時に締固め試験を実施し，降雨対策として，1 mm 以上の雨　　｝検討3項目の再提示
の場合は，運搬および締固めを行わないこととした。

③ 空気間隙率の測定は，RI 計器により行うこととした。締固め試験のデータを用いて RI 計器の補正を行い，規定の値に締固められていることを迅速に把握した。

これらの処置により，所定の品質を確保し，盛土を完了した。　評価と達成の確認

Ⅳ．施工経験記述のヒント

◎施工管理の技術的課題の検討内容と対応処置の例

	技術的課題	検討内容・対応処置
品質管理	①路床・路盤の品質確保 ②舗装の品質確保 ③盛土の品質確保 ④コンクリートの品質確保 ⑤打継目など，構造物の接合の品質確保	a．使用材料 　①材料の品質管理（粒度分布等） 　②材料の温度管理（アスファルトコンクリート・レディーミクストコンクリート） 　③材料の受入検査（内部規格の設定等） b．使用機械 　①材料に適合した機械の使用 　②適正な能力の機械の使用 　③施工方法に適合した機械の選定 c．施工法 　①敷均し厚・仕上げ厚の管理 　②締固め・養生の管理 　③締固め度，密度・強度の管理 　④出来形の管理
工程管理	①各工程の遵守による工期の確保 ②各工程の短縮による工期の確保 ③各工程の相互調整による工期の短縮	a．使用材料 　①材料手配の管理 　②工場製品の利用による短縮 　③使用材料の変更による短縮 b．使用機械 　①機械の大型化による短縮 　②使用台数の増加による短縮 　③使用機械の適正な組合せによる短縮 c．施工法 　①施工箇所の複数化 　②班の増加，並行作業 　③作業の平準化 　④工法の改良

施工経験記述

	技術的課題	検討内容・対応処置
施工計画	①仮設備の安全確保（足場，型枠支保工，土留め工，仮設通路など） ②工程計画：工期の確保 ③品質計画：品質の確保 ④環境保全計画	施工計画は，施工の全てが対象となるので，品質管理・工程管理・安全管理の内容を参照する。
安全管理	①労働者の安全確保 ②施工機械の転倒等の防止 ③仮設構造物，および，施工の安全確保 ④歩行者の安全確保 ⑤一般車両との事故防止	a．使用材料・設備 　①仮設備の設置及び点検 　②仮設材料の安全性の点検 b．使用機械 　①使用機械の転倒防止処置 　②機械との接触防止対策 　③機械の日常点検・使用前点検 c．施工法 　①安全用囲い，離隔距離等の設置 　②立入禁止措置 　③安全管理体制の強化・適正化 　④危険物取扱いの教育

[編著者] 佐々木 栄三（ささき えいぞう）

1969 年　岩手大学工学部資源開発工学科　卒業
　　　　　東京都港湾局に勤務（以下，都市計画局，
　　　　　下水道局，清掃局，港湾局を歴任）
2002 年　東京都港湾局担当部長
2005 年　東京都退職
　　　　　技術士 衛生工学部門，技術士 建設部門，
　　　　　1 級土木施工管理技士

霜田 宜久（しもだ よしひさ）

1974 年　信州大学大学院工学研究科　修了
2007 年　東京都都市整備局参事　退職
現 在　福島工業高等専門学校　客員教授
　　　　　博士（工学）

エクセレント ドリル　1 級土木施工管理技士

試験によく出る重要問題集

2020 年 1 月 21 日　初 版 印 刷
2020 年 2 月 10 日　初 版 発 行

編著者	佐	々	木	栄	三
	霜	田		宜	久
発行者	澤		崎	明	治

（印刷）　新日本印刷㈱
（製本）　三省堂印刷㈱

発行所　　株式会社 市ヶ谷出版社
　　　　　東京都千代田区五番町 5 番地
　　　　　電話　03-3265-3711（代）
　　　　　FAX　03-3265-4008

© 2020　　　　　ISBN978-4-87071-887-6